Hand Made 皮包皮夾皮環皮套統統自己做的

# 愛上皮革小物

三悅文化

HEART

# CONTENTS

10 皮革工藝的基本知識

12 何謂「革」?

14 革的種類

16 皮革工藝必要工具

22 不需縫製的小皮件

24 六股編手環的作法

28 魔法編手環的作法

32 髮飾的作法

46 手縫製作的小皮件

48 基本手縫技巧

52 萬用手冊皮套的作法

66 隨身包的作法

80 午餐包的作法

96 鑰匙包的作法

110 短皮夾的作法

130 車縫製作的小皮件

132 基本車縫技巧

134 流蘇束口包的作法

146 iPod nano皮套的作法

158 數位相機皮套的作法

170 小皮件永遠保持乾淨漂亮的方法

172 材料&工具店家一覽表（日本）

## 六股編手環

這只手環作法看起來好像很複雜，事實上這是一款學會編法，再花上30分鐘即可輕易完成的飾品。變換一下皮繩種類或穿在皮繩端部的圓形小皮塊，即可做出無限多種造型變化。趕快動手挑戰一下風格獨特的皮革飾品吧！

作法P24

## 魔法編手環

配戴造型簡單的皮編手環時，不需要特別挑選搭配的服飾或飾品。將古銅色釦件套在皮革上，再利用固定釦固定住。於兩端不切斷狀態下，在皮條上劃開兩道切口後編製，運用魔法編技巧，動動手製作一只使用起來非常方便的手環吧！

作法P28

## 髮飾

利用皮料，設計令人眼睛一亮的髮飾，一定能夠成為眾人注目的焦點。只須準備一些小皮塊，加上美工刀、黏著劑、打孔工具（圓斬）和木槌等必要工具，即可輕易地製作出不管擁有多少個都令人愛不釋手的漂亮髮飾。

## 萬用手冊皮套

越是隨身攜帶的物品，使用質料較好的皮革，再以手作方式完成，就越令人愛不釋手。這是一款精心挑選過，能夠越使用越有光澤，觸感平滑細緻的皮革，再將針目縫得非常可愛的萬用手冊皮套。因造型簡單，百看不厭而可經久使用。

作法P52

## 隨身包

略帶圓潤度的整體造型，最具獨創性的皮製隨身包。內有夾層，最大特徵為可依據內裝物品改變寬度和可折疊伸縮的襠布。可完全依照自己的需要擺放物品。這是一款將手縫部分控制在最低限度，作法非常簡單的小皮件。

作法P66

## 午餐包

初學者通常會做先動手製作包包，而本書中介紹的都是能夠輕易完成的作品。外表看起來挺柔軟的皮料，加上大大的襠部，你我都可隨心所欲地擺放各種物品。假使是您的話，會裝什麼物品呢？會帶著包包參加哪種聚會呢？

作法P80

## 鑰匙包

使用胎牛皮素材的心型裝飾吸引眾人目光的鑰匙包，這款肉面層起絨的粉紅色內裡皮革，專為女孩子量身打造的小皮件。整個作品以雕切的愛心形狀和使用胎牛皮為兩大重點，仔細處理每個部分，任何人都能做出非常漂亮的作品。

## 短皮夾

使用純白色皮革，再加上重點閃亮的裝飾，皮革工藝愛好者以能夠做出難得一見的作品為目標，這就是箇中樂趣。將兩折式短皮夾當作零錢包使用，加上擁有收納名片的功能，讓愛好皮革工藝的同好們相當著迷，值得作為挑戰的目標。

## 裝飾著流蘇的束口包

圓滾滾的外型搭配非常俏麗可愛的流蘇。放入包包中當做隨身包，或以皮繩為提把當做包包來用都非常方便。使用質地又薄又軟的皮革，經由縫紉機車縫完成，因此沒有手縫工具的人也可以製作。

作法P134

## 數位相機皮套

可配合自己使用的數位相機尺寸，這一點也是DIY最令人激賞之處。此作品可配合內裝相機尺寸調節蓋子部位，使用起來非常方便。參考作法即可為自己的照相機製作一個專屬量身打造的皮套。

作法*P158*

## iPod nano皮套

自己動手作，即可做出自己最喜歡的行動數位產品的皮套。單元中利用皮革製作了最符合第五代iPod nano尺寸的皮套。同時製作的提帶部位，亦可做成可調節長度的頸掛式，熱愛DIY的你不可錯過。

作法*P146*

# 皮革工藝的基本知識

實際動手製作小皮件之前，多少知道一些基本常識，即一從事皮革工藝時絕對不可或缺的材料以及必要的工具，這樣就能完成漂亮的作品。以下篇幅中將依序解說皮革種類及各式工具等。

# 何謂「革」?

從事皮革工藝之前，具備皮革相關基本知識，即可大幅拓展作品的創作範疇，製作出完成度更高的作品。

## 從皮到革

動物的毛皮歷經各式各樣的皮革處理步驟後，成為我們所使用的手工藝專用皮革。從動物身上剝下毛皮後未經處理，就會馬上腐爛掉或出現乾燥、龜裂等現象，因此必須經由水洗、除毛、清除多餘的油脂，並經過對皮革品質影響至鉅的「鞣製」處理，以及隨後的好幾個處理流程處理過後，才會成為我們所見到的「革」。經由上述流程處理出使用方便性和經久耐用性。日本皮革業界則明確區分，稱「鞣皮前」為「皮」，稱「鞣皮後」為「革」(譯註：台灣方面通稱皮革)。鞣皮方法共分為以天然、不傷害皮質為主的「植物鞣」，和可處理出柔軟、絕佳耐熱性的「鉻鞣」兩種方式。

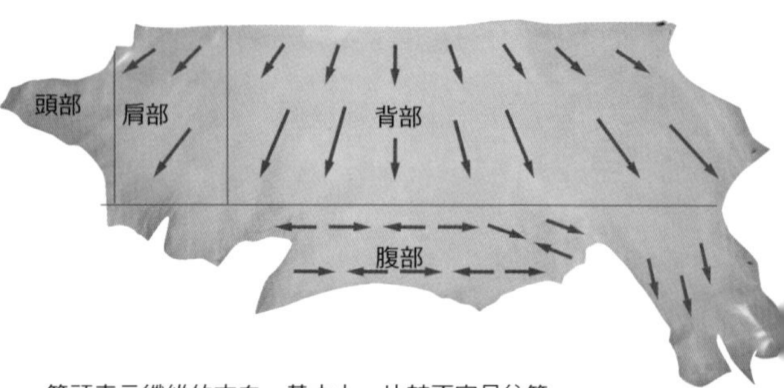


箭頭表示纖維的方向。基本上，比較不容易往箭頭方向延展，容易朝著和箭頭垂直的方向延展。應以此為前提，考慮該哪個部位裁剪部件。

## 計算革料的單位

日本的皮革用品店通常以DS為表示革料大小的單位，將邊長10㎝的正方形革料稱之為1DS，革料交易時即採用此單位。裁切成右上方照片中狀態的半裁（以背部為中心裁切開來）革料上，通常會貼著以DS為單位記載著皮革尺寸的貼條。

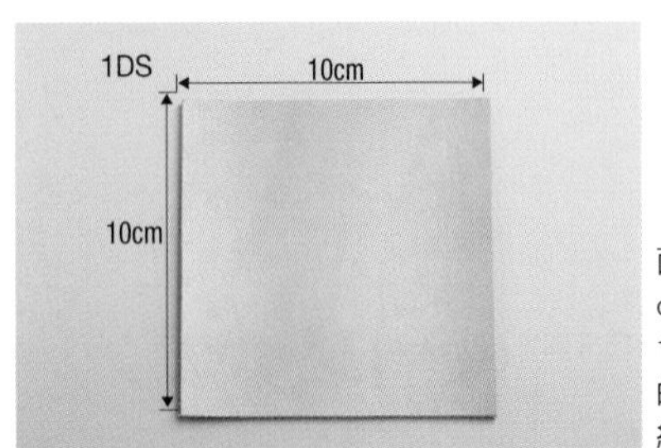


面積為10㎝×10㎝的革料就叫做1DS。一片成牛的半裁革料面積約200～300DS。

## 購買革料時

適合採用哪種革料或厚度，因製作的小皮件種類而不同，找店裡有專業人員編制的店家，必要時可請教對方，令人更安心。其次，確實了解到底需要多大的革料後才購買吧！革料上很容易出現早先留下的皺紋或瑕疵等情形，建議看到實物後才購買。

## 革料的用法

和人們的肌膚一樣，革料上很容易產生皺紋或褶紋。其次，養殖過程中可能為了辨別個體而在動物身上留下烙印痕跡，因此，很難找到完全沒有上述情形的皮革，建議購買時掌握皮革所具備的其中一種特性。必須特別留意的是，前往用品店等處選購革料或縫製作品過程中必須接觸到革料時，應極力避免指甲刮傷革料或將其他物品擺在革料上。

### 革料的正反面名稱

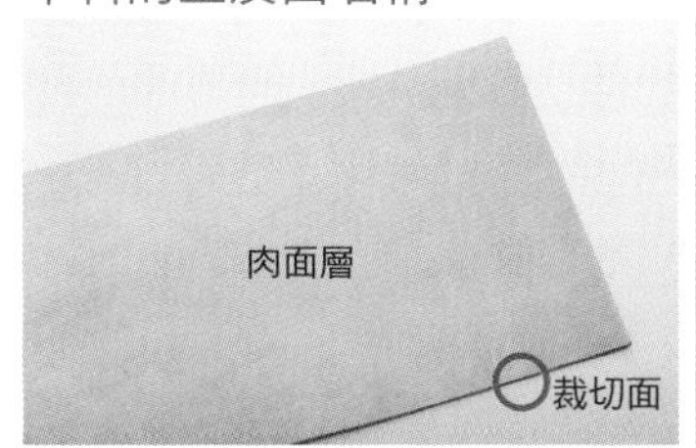


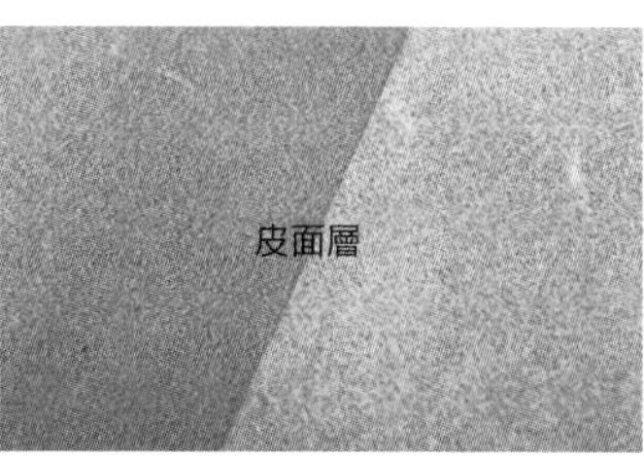


光滑且有光澤的皮革表側稱之為「皮面層」〔日本稱「銀面」（ginmen）〕；起毛粗糙的皮革裡側稱之為「肉面層」〔日本稱「床面」（tokomen）〕。另外，革端（koba）係指皮革的裁切面。

### 小心指甲刮傷皮革

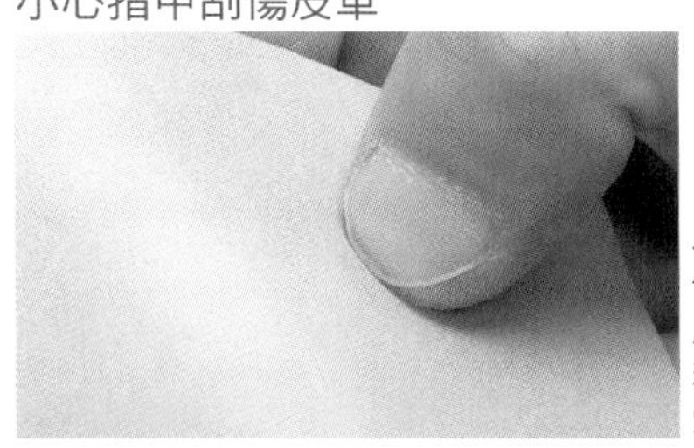

以堅硬的指甲搔刮皮料，很容易刮傷皮料或在皮料上留下深深溝痕。嚴重影響商品價值。粗暴地處理皮料是NG的行為。處理時務必以手掌確實地支撐皮料，動作務必輕柔。

## 皮料的保管

皮料的最大敵人為濕氣。將皮料擺在濕氣較重的場所就很容易發霉。皮面層發霉初期經過擦拭即可清除，發霉現象深入纖維時就很難完全清除乾淨。不過，經常使用就不需要那麼神經質。最好擺在通風狀況良好的場所，半裁等面積較大的皮料最好如照片般，先捲成一捆捆，再以模造紙等包好後存放。

皮革專賣店通常將各式各樣的皮料分門別類地擺在棚架上。將皮料捲成一捆捆並以模造紙包裹，除可節省空間整齊存放外，也比較不容易出現刮傷皮料等情形。照片中為以販售半裁大小的皮料為主要商品的業者保管皮料情形。

# 革的種類

革料種類非常多，可充分運用革料特有紋路或觸感等特質，依縫製作品種類選用皮料。本單元中主要介紹的是以牛皮為首的皮革種類。

## 牛 皮

### 馬鞍革

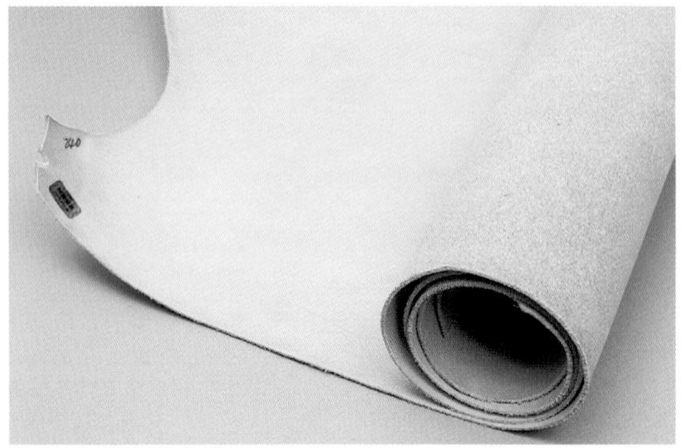

鞣製後將皮面層打磨出光澤並處理出堅韌質地的革料，因常用於製作馬鞍而被稱之為「馬鞍革」。本書中於製作萬用手冊皮套時採用。

### 半光澤鉻鞣軟皮

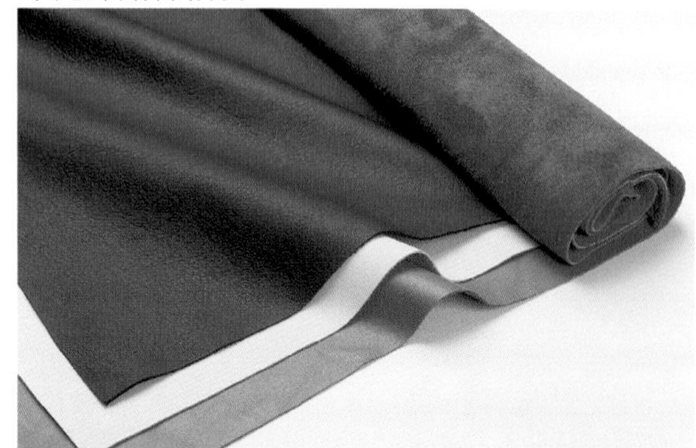

革料質地柔軟，適用於製作充滿柔美氣氛的作品，營造出軟綿綿的印象。本書中於製作流蘇束口包時採用。

### 荔枝紋有色牛皮

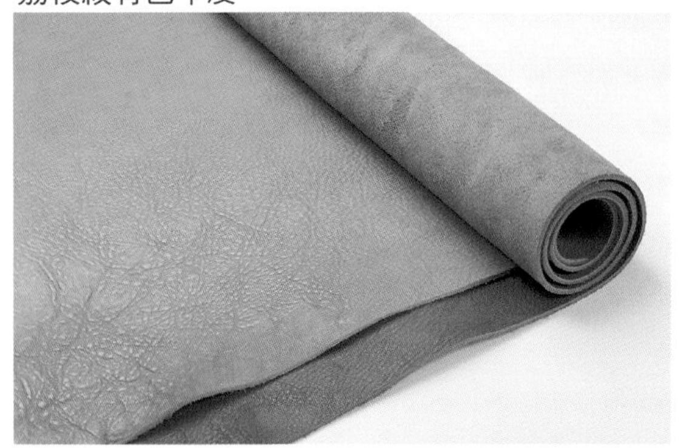

皮面層上充滿皺折感，厚實且質地堅韌的革料。皺皺的革料和具有光澤的革料氛圍大不相同。本書中於製作隨身包和午餐包時採用。

### 植物鞣有色軟牛澀皮

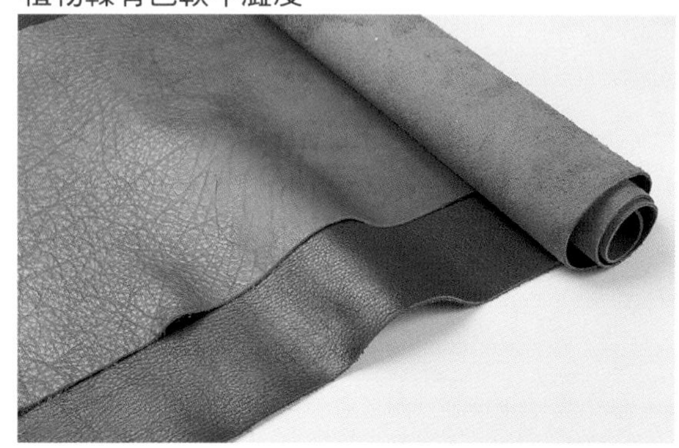

皮料厚度最適合用於製作堅固耐用小皮件。半光澤的皮面層經久使用後就會產生光澤上變化。本書中於製作iPod皮套採用。

### 無鉻染有色牛皮

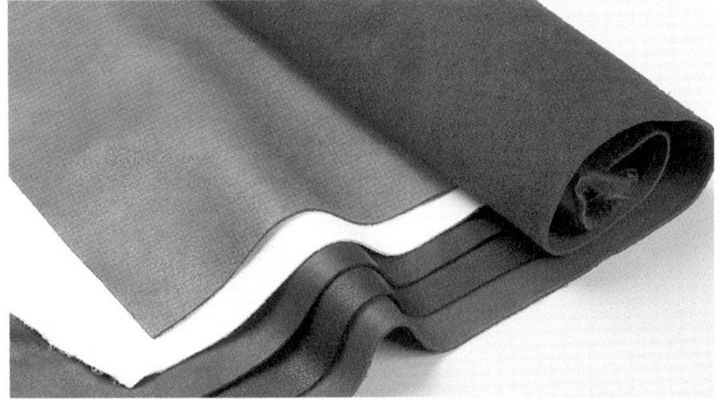

只以染料染色加工後乾燥而成，有非常豐富的色彩可供選擇。質地柔軟觸感光滑，摸起來非常舒服的皮料。本書中用於製作髮飾。

### 鼓染有色牛皮

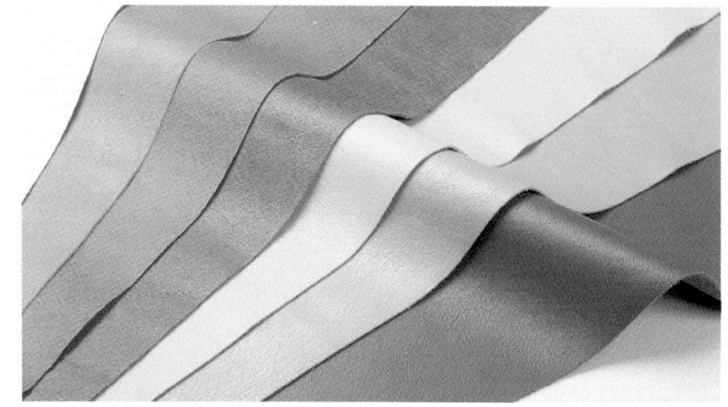

多達50種顏色，可依據作品意象挑選革料。觸感柔軟，價格平實。本書中於製作數位相機皮套時採用。

## 鹿 皮

### 麋鹿皮

採自於棲息在加拿大等地的大型麋鹿的革料，比一般鹿皮厚實，並經由仿皺處理。質地柔軟，觸感絕佳。本書中於製作六股編手環時採用。

## 豬 皮

### 豬絨面革

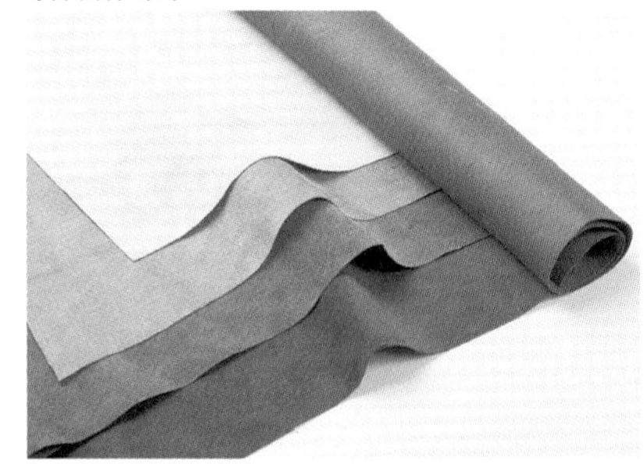

光滑的皮面層為裡側，以呈起毛狀態的肉面層（絨面）為表側。最適合用於製作充滿素材質感的作品。本書中於製作髮飾時使用。

## 其 他

### 兔皮

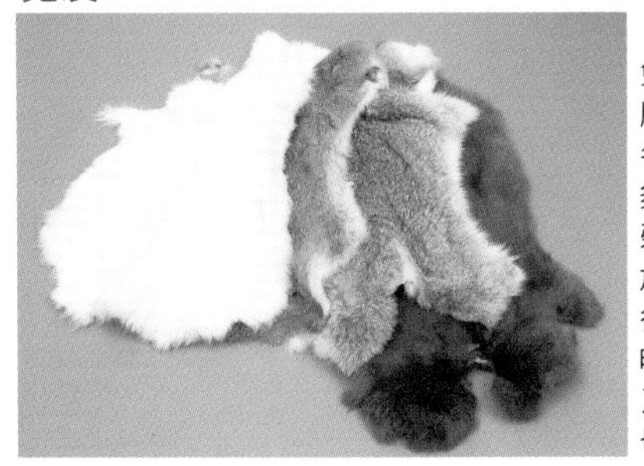

兔皮質地柔軟，廣泛用於製作秋冬服飾。兔毛不夠厚實且質地脆弱，因此，通常於背面黏貼底皮後才使用。裁切時最好使用剃刀，並從內側裁切以免削掉兔毛。

### 胎牛皮(腹子)

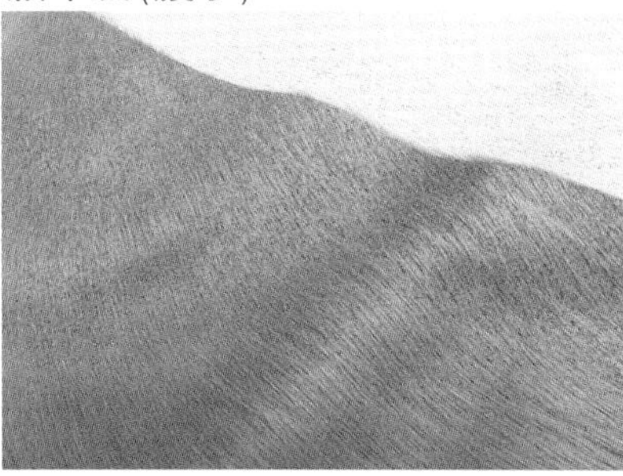

取自牛胎兒或出生後不久的小牛的革料。最大特徵為表面上有質地柔軟、光滑細緻的胎毛。適用於製作皮包或皮鞋。本書中用於製作鑰匙包。

# 皮革工藝必要工具

本單元中介紹的是裁切、打磨、縫製革料時絕對不可或缺的專用工具。請視個人需要陸續添購或購買整組工具吧！

## 裁 切

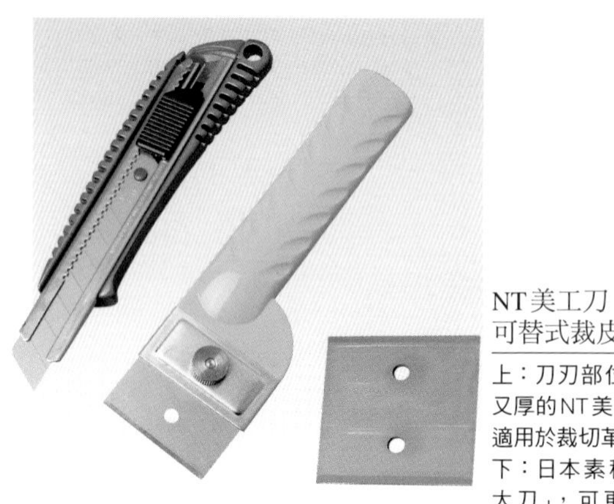

NT美工刀
可替式裁皮刀

上：刀刃部位又大又厚的NT美工刀，適用於裁切革料。
下：日本素稱「別太刀」，可更換刀片，用法同裁皮刀。

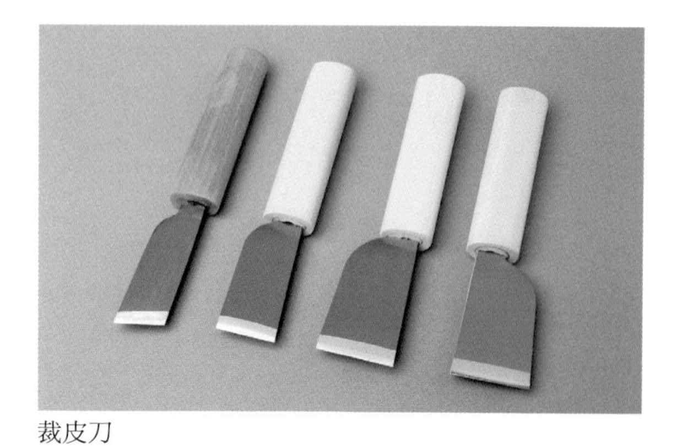

裁皮刀

專為裁切革料而打造的裁皮刀。市面上可買到刀刃寬度、形狀各不相同或適用於左、右手持刀的裁皮刀。必須研磨以確保鋒利度。

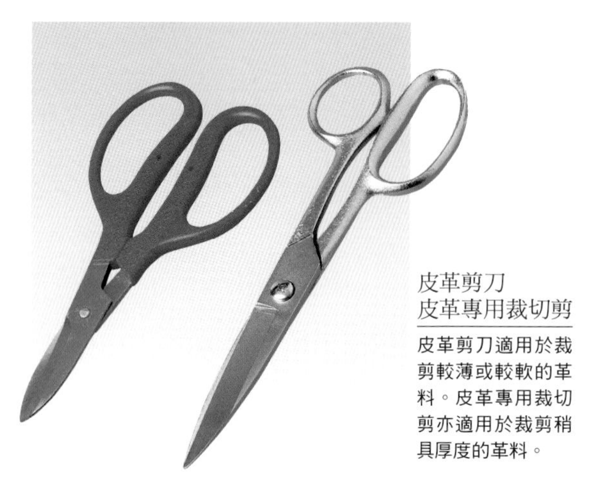

皮革剪刀
皮革專用裁切剪

皮革剪刀適用於裁剪較薄或較軟的革料。皮革專用裁切剪亦適用於裁剪稍具厚度的革料。

塑膠墊

裁切時墊在革料底下以避免割傷書桌或工作檯的工具。本書中共準備2種尺寸的塑膠墊。

## 描線

間距規

兩腳為銳利的針狀，將其中一隻腳靠在皮革邊緣以描出導引線（guideline）的工具。

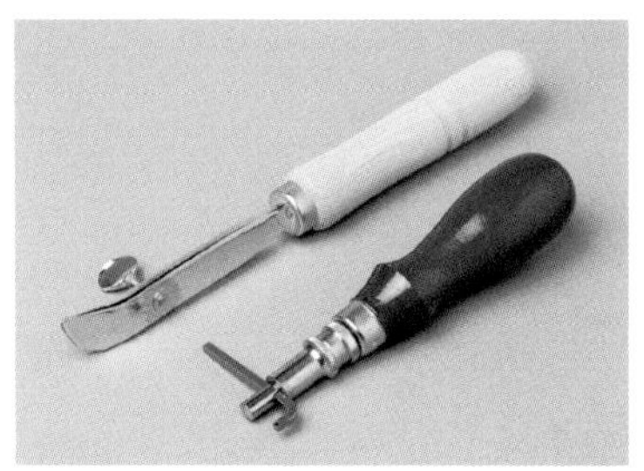

邊線器／拉溝器

使用邊線器即可在革料表面上描出均等寬度的記號。使用拉溝器即可靠刀刃部位在革料表面削刮記號。

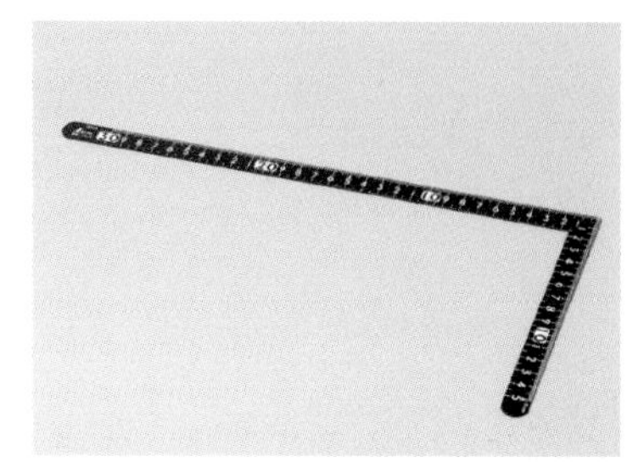

曲尺

畫直線時絕對不可或缺的工具。從事皮革工藝時，準備一把方便取出直角的曲尺，使用起來不但方便，又能使作品美觀。

## 接著黏合

快乾膠／超透明強力接著劑／ECO橡皮膠

橡膠類接著劑。雙面塗抹後，等膠料完全不黏手後黏合。

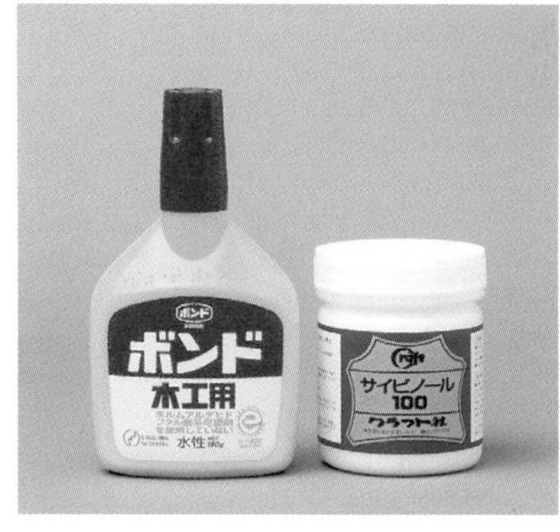


CH18白膠
100號白膠

含聚醋酸乙烯成分的接著劑。水性接著劑，使用方便。雙面塗抹，趁乾燥前黏合。

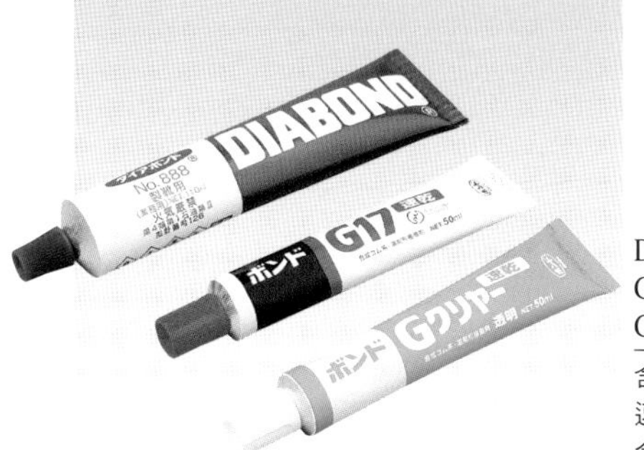


DIABOND快乾膠
G17快乾膠／
G快乾膠

含合成橡膠成分的速乾性接著劑，黏合革料與金屬時亦可使用。

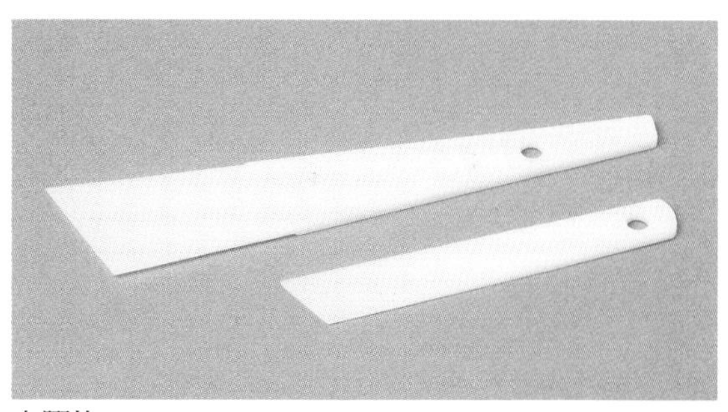

上膠片

塗抹接著劑或仕上劑時使用。大：寬40㎜。小：寬20㎜。

## 打孔

橡膠板／毛氈墊

打孔時革料底下鋪墊橡膠板以承受刀刃斬打力道。橡膠板底下鋪著毛氈墊可減少噪音。

木槌

用於敲打錐子或圓斬。配合個人喜好選用木槌形狀或重量。

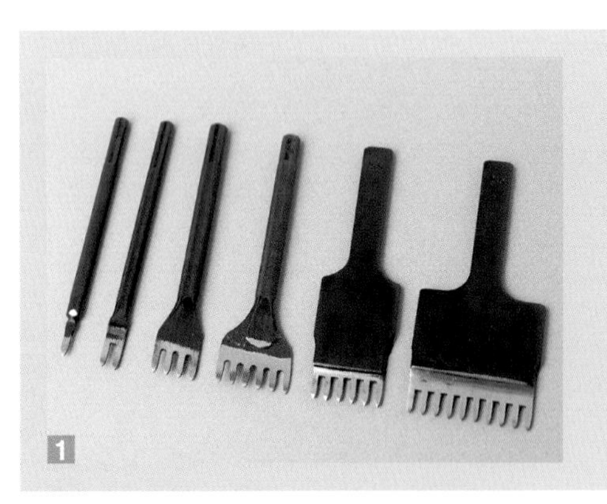

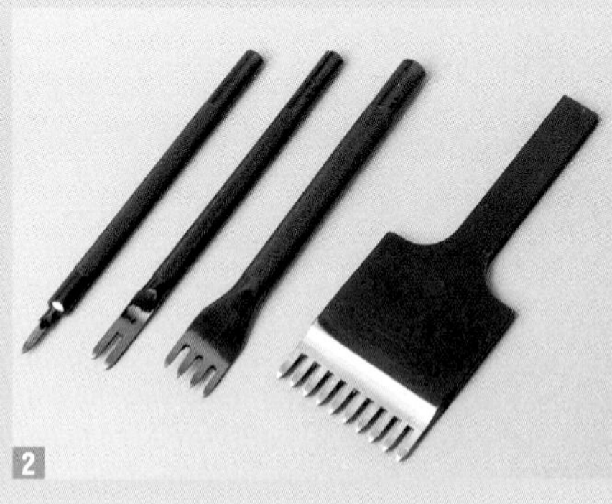

菱斬

用於斬打菱形孔。

1 比較普遍採用的是1～10根刀刃的菱斬。初學者準備2根和4根刀刃的菱斬就夠用。

2 刀刃間距各不相同的菱斬。菱斬間距表記方式因廠家而不同，通常為1.5mm、2mm、2.5mm、3mm。

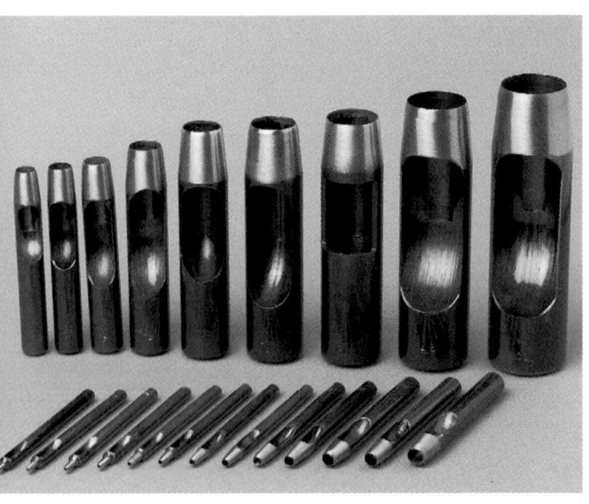

圓斬

在革料上斬打圓孔時使用的工具。市面上可買到各廠牌產品，CRAFT產製圓斬陣容為2號(φ0.6mm)～100號(φ30mm)。本書中介紹的號數表記方式完全遵照CRAFT公司之記載。

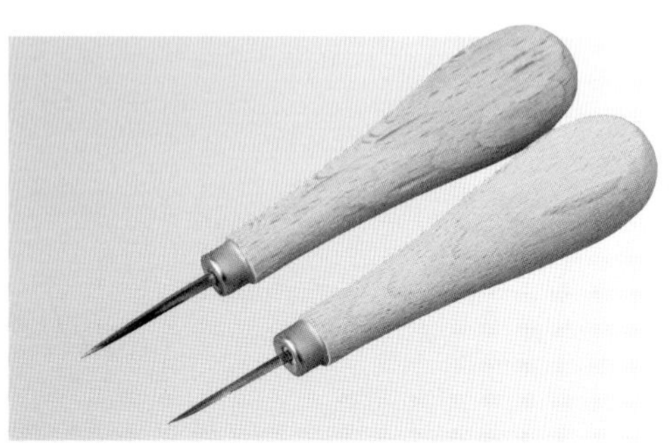

菱錐

用於鑽出菱形縫孔，除可取代菱斬外，也非常適合於處理較厚的作品或於處理菱斬不易打孔部位時作為輔助的工具。

## 縫合

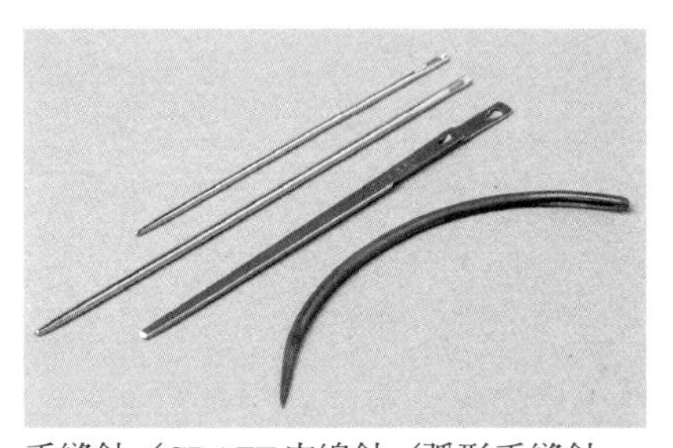

手縫針／CRAFT皮線針／弧形手縫針

基本的手縫針分為細、粗、極粗等不同粗細度的縫針和三角針。

尼龍線、麻線

含膠合劑成分的尼龍線係經膠合劑加工處理而提升強度。麻線則經由加工以增添光澤或染上顏色。

線臘

具備抑制麻線起毛作用，使麻線更容易穿入針孔的線臘。縫線必須確實過蠟後才使用。共分為皮革工藝專用線臘或蜜蠟等數種線臘。

手縫固定夾

縫製時用於固定作品的夾具。先將作品夾在分成兩部分的夾具頂端，再按下控桿即可固定住作品。可用腳操作，縫製作品時使用起來非常方便。另有一款品名為Lacing Pony，可夾在膝蓋部位使用的簡易式手縫固定夾。

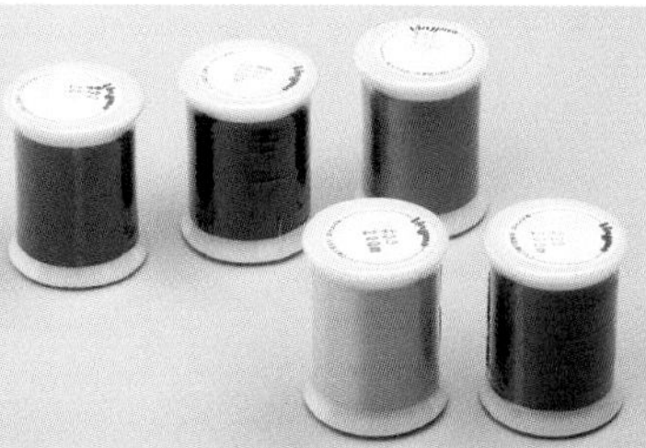

縫紉機／車縫線

車縫植物鞣革料厚度高達4.5㎜的縫紉機〔Home Leather 110〕，附腳踏控制器。車縫線為滑潤度絕佳的聚酯材質皮革專用車縫線。

## 黏合、修飾

削邊器

裁妥革料後用於修整邊角的工具。依刀刃寬度差異分為No.1和No.2。

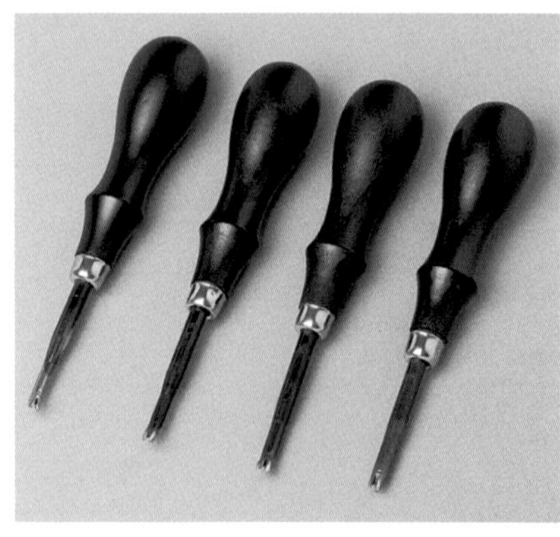

KS削邊器

刀刃寬度分別為0.8、1.0、1.2.、1.4mm的四種高精密度削邊器。

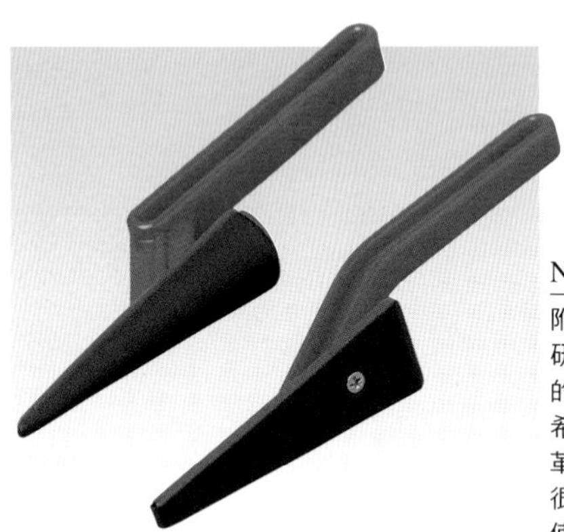

NT研磨器

附把柄，可用於研磨平面和曲面的兩用研磨器。希望將側面的皮革裁切面打磨得很平整等狀況下使用。

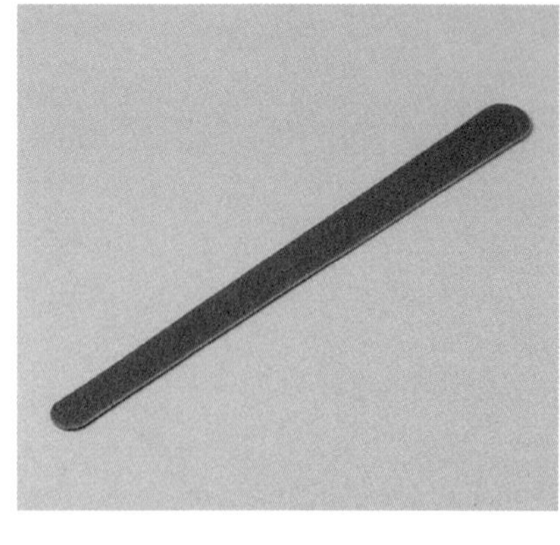

磨砂棒

和研磨器一樣，適用於處理皮革裁切面使用的棒狀研磨器。

玻璃板

用於打磨皮料肉面層或已塗抹仕上劑的皮革裁切面。另外非常適合於打薄時墊在革料底下。

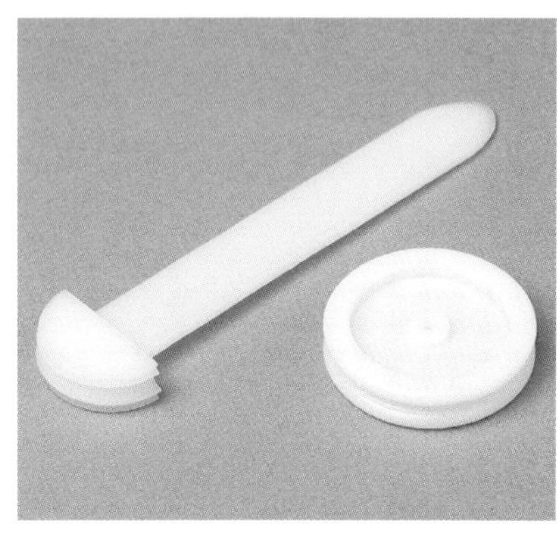

三用磨緣器

圓形磨緣器

樹脂材質的磨緣器。適合於加工修飾皮革裁切面等狀況下使用，亦可用於彎曲革料或塗抹膠料。

帆 布

用於打磨皮革裁切面的布。質地堅硬粗糙的帆布最適合用於打磨皮革裁切面。

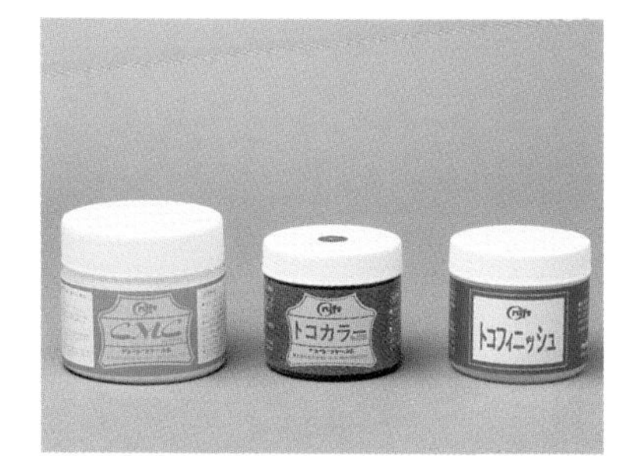


CMC／肉面層艷色劑／透明肉面層處理劑

塗抹肉面層、裁切面以抑制起毛現象的仕上劑種類之一。CMC為粉狀，必須用水稀釋後使用。

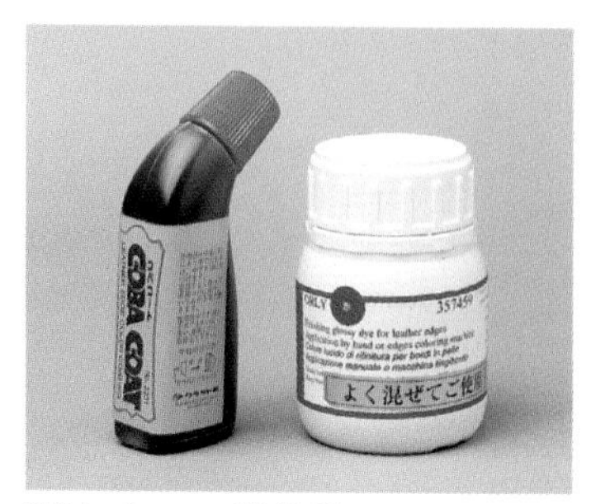


邊油／ORLY艷色劑

邊油為直接塗抹在皮革裁切面的仕上劑。利用商品名為「輕～鬆塗」的毛氈或免洗筷等，塗抹ORLY艷色劑時更輕鬆。

## 安裝金屬配件的工具

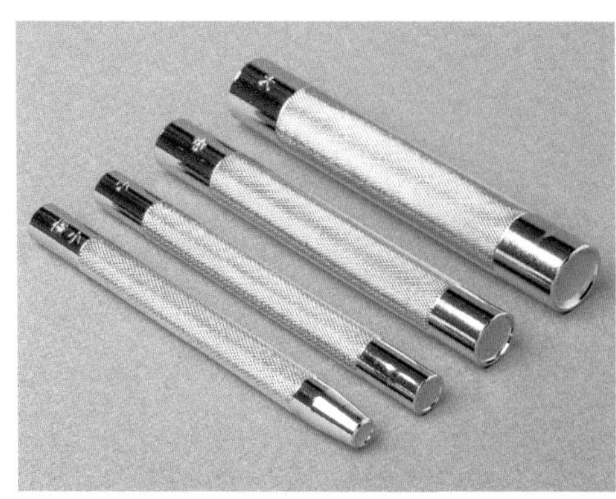

固定釦斬

用於安裝固定釦的棒狀斬具。左到右：分別為斬打極小、小、中、大孔洞的斬具。必須選用適當的環狀台。

兩用環狀台／萬用環狀台

必須配合四合釦斬、牛仔釦斬、固定釦斬選用適當的環狀台。萬用環狀台上設有數個凹孔，必須視金屬配件頭部尺寸選用。

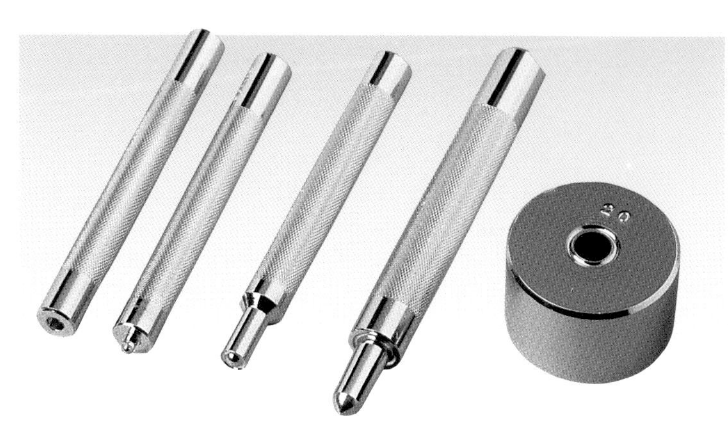

四合釦斬／牛仔釦斬／環釦斬

每組2把，分別對應四合釦的凹凸面。改變一下環狀台的使用面，牛仔釦斬兩頭都可使用。環釦斬和環狀台通常成組販售。

# 不需縫製的小皮件

準備好美工刀、剪刀、皮革接著劑和安裝金屬配件的工具，參考書中作法，任何人都可輕易地完成以下單元中介紹的各款小皮件作品。初次挑戰皮革工藝的朋友們，建議您先從這裡開始吧！

# 六股編手環的作法

恰到好處的份量感和存在感，事實上這只手環是以3條皮繩編出來的。皮繩的編法和打結方法因使用皮繩條數不同而衍生出各式各樣的變化，本書中係經由六股編和打結固定方法的組合運用而完成手環。成為手環重點裝飾的圓形小皮塊作法也非常簡單。

製作　CRAFT公司

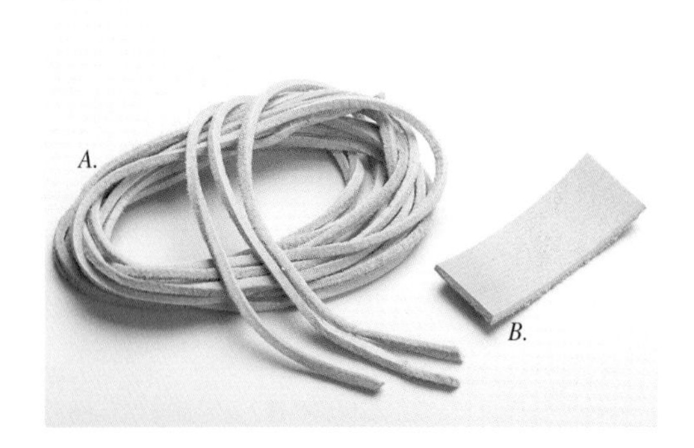


## 材　料

*A.* 經皮面層處理的鹿皮繩（寬2㎜）900㎜ 3條，*B.* 牛皮（厚2㎜）15㎜ × 30㎜

## 製作要點

配合手腕粗細度，改變一下皮繩寬度或編目長度，試著編編看吧！鹿皮繩是一種質地非常柔軟，伸縮性絕佳的素材。鹿皮編出來的手環可能因使用而變大，因此，最好一開始就編緊一點。

# 開始編製

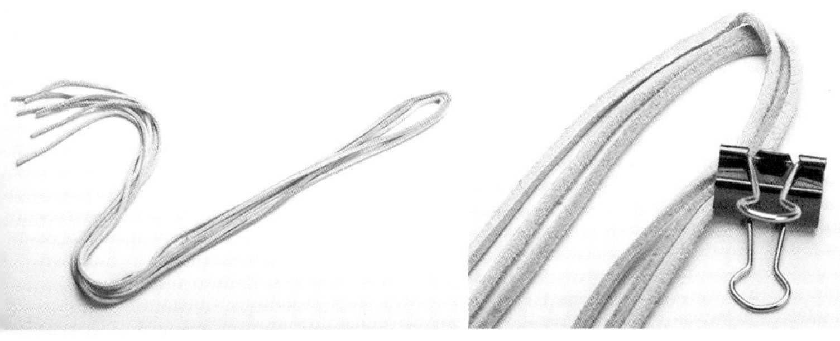

1 先將3條相同長度，皮面層起絨（Nubuck）的鹿皮繩對齊後對折，再將燕尾夾夾在距離對折部位25㎜處以固定住皮繩。

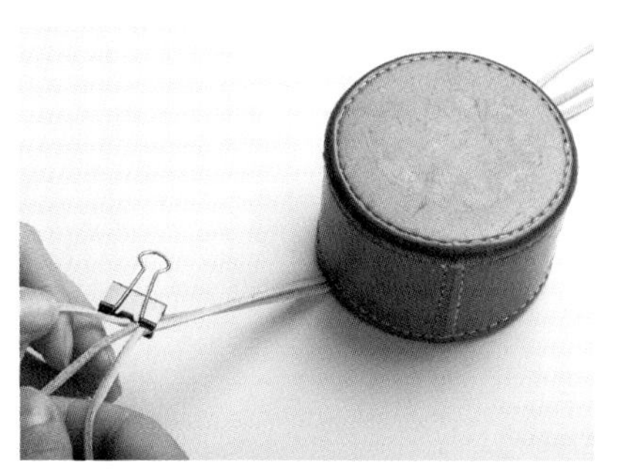

2 以燕尾夾為中心用文鎮壓住皮繩（短的一頭），從燕尾夾開始進行三股編。

3 完成50㎜三股編後狀態。編緊一點比較容易調整出漂亮的形狀。

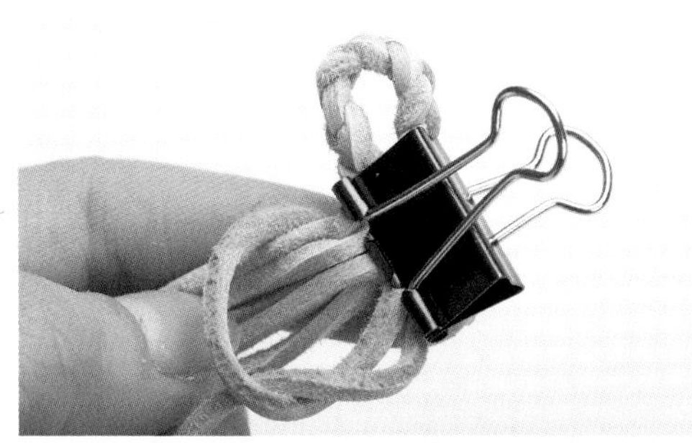

4 先將三股編中心對折，再將最旁邊的1條皮繩繞過其他5條皮繩後，打上止索結以固定皮繩。

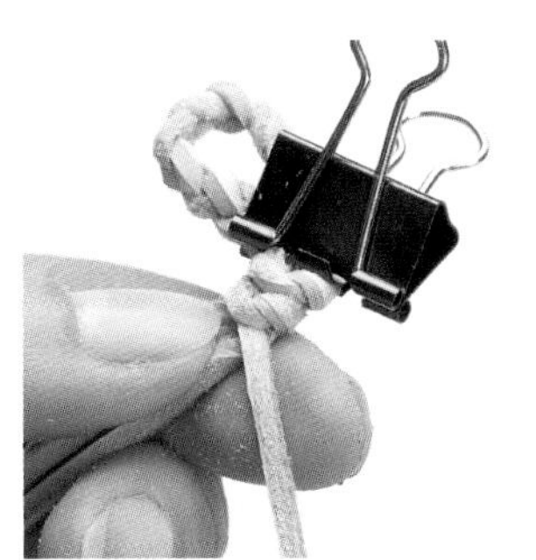

5 再打一次止索結，確實固定住三股編部位後，將皮繩分成6條，參考P26的編製要點，進行六股編。

6 編好45㎜後。編緊一點，於左、右側各為3條皮繩時進入下一個編製流程。

## Point 六股編的編法

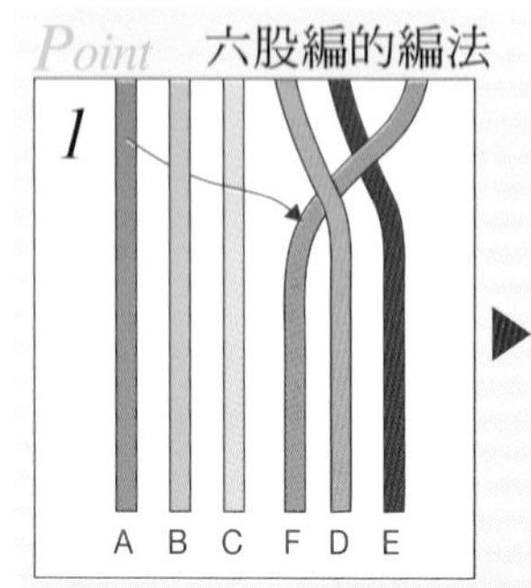


先將F搭在E上，再從D底下穿過，然後如箭頭指示，和A交叉而過。

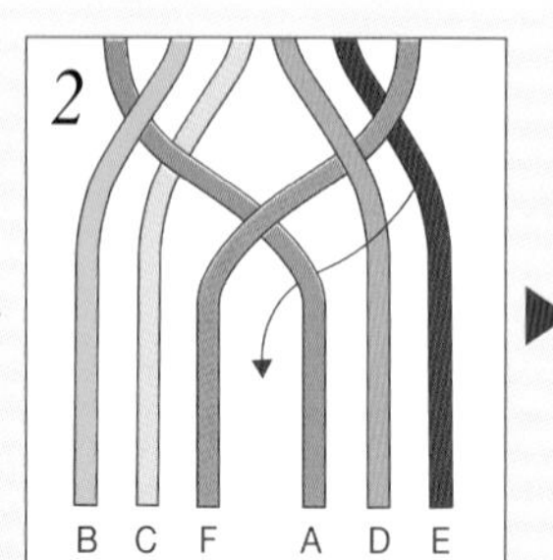


如箭頭指示，將最右側的E搭在旁邊的D上，然後從A底下穿過。

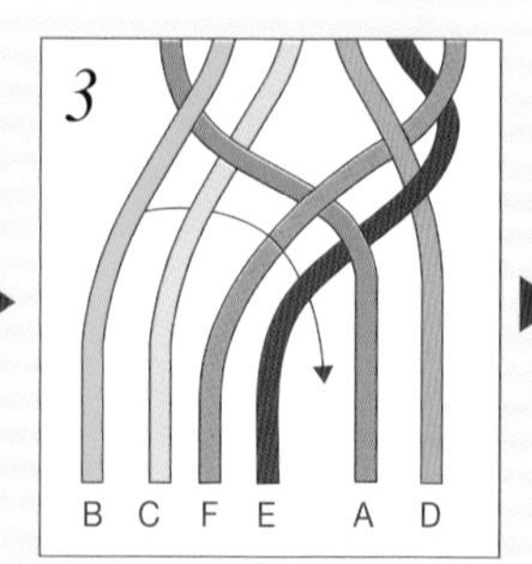


最左側的1條皮繩從隔壁的C底下穿過後，先經過F上方，再從E底下穿過。

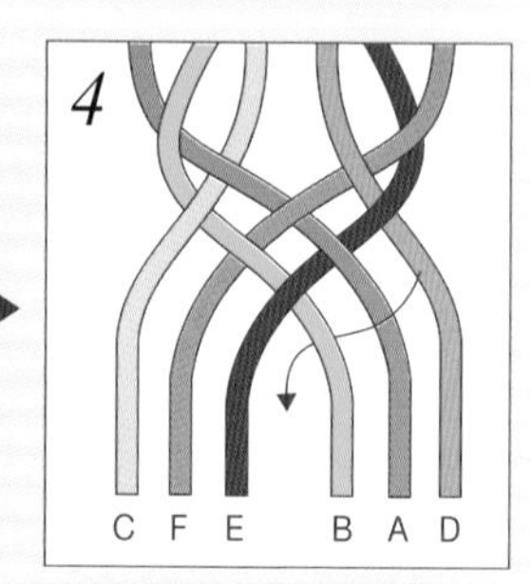


反覆步驟2和3，繼續編製。一面編，一面拉緊皮繩，即可編出整齊漂亮的編目。

7 利用3條皮繩中位於最旁邊的一條皮繩，繞住其他2條皮繩後，打2回止索結。

8 將燕尾夾夾在距離步驟7的止索結底下約25㎜處，緊貼燕尾夾再打上2回止索結。

9 以步驟7和8要領處理另一側的皮繩。步驟8打的止索結必須位於相同高度。

10 繼續完成45㎜的六股編，然後於分成3條處打2回止索結。

# 製作圓形小皮塊

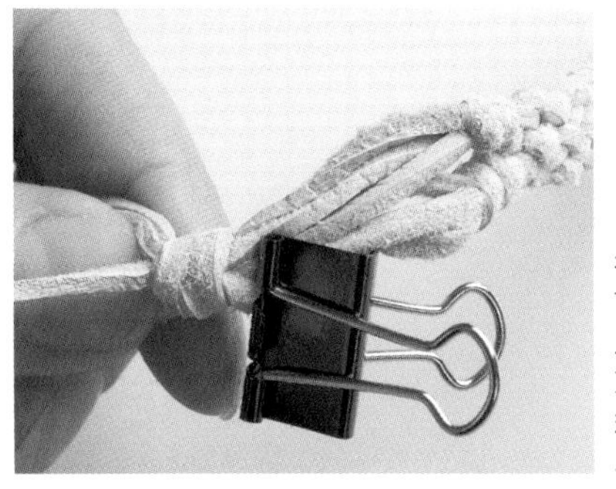

*1*

在距離止索結底下25㎜處，將皮繩整理成一整束，再利用最旁邊的一條皮繩打上2回止索結。

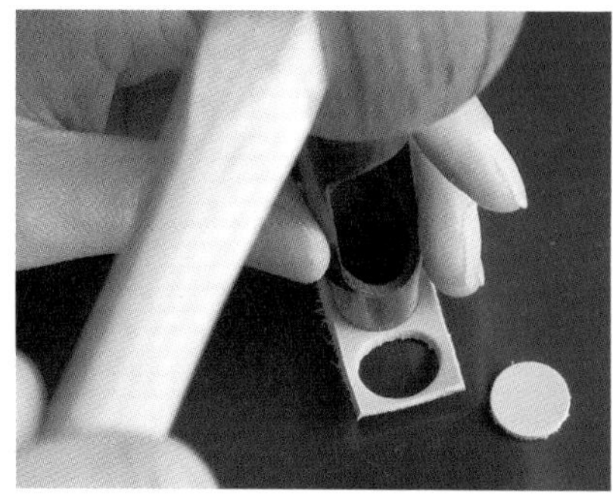

*2*

利用50號圓斬，在牛皮上斬打圓形小皮塊。亦可利用美工刀割出φ15㎜的小皮塊，共製作2片。

*3* 利用18號圓斬，在步驟2完成的圓形小皮塊中央打上圓孔。

# 最後修飾

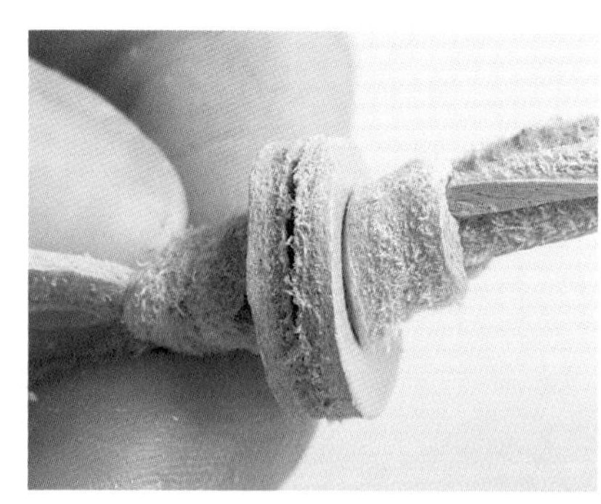

*1*

將2片小皮塊背面對背面重疊在一起，再將皮繩穿過小皮塊上的圓孔，然後在小皮塊底下打上2回止索結。

*2*

將剩下的皮繩剪成相同長度。從距離止索結120㎜處剪斷皮繩。

*3*

完成圖。三股編部位穿上圓形小皮塊，不必擔心三股編會鬆開。

# 魔法編手環的作法

造型簡單的皮手環是一種非常適合搭配任何服飾穿著的作品。利用具備吸附功能的金屬配件固定住，這樣配戴穿脫非常方便。皮革材質的手環越使用越服貼，皮質越柔軟，顏色越耐看，除配戴外，還可好好地享受一下所謂「皮革經年變化」的樂趣。

製作　CRAFT公司

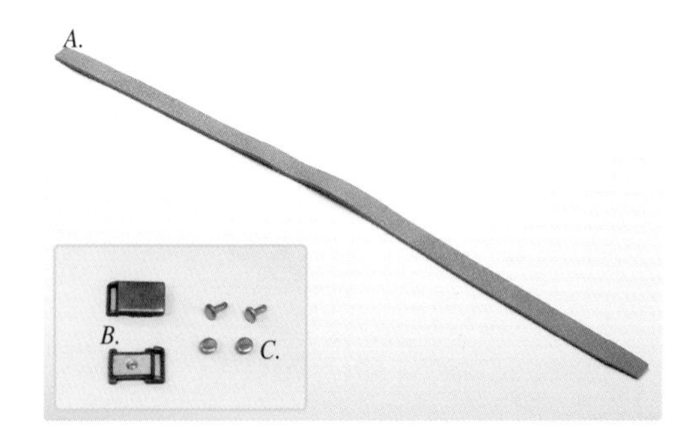


## 材　料

*A.* 牛皮帶（厚2㎜）12㎜×390㎜。*B.* 金屬磁釦1只。*C.* 雙面固定釦[小]（$\phi$6㎜）2個

## 製作要點

考量配戴的感覺，建議選用質地柔軟的皮革。金屬配件會直接接觸到皮膚，因此最好使用雙面固定釦。必須在皮革上、下端相連狀態下編製的魔法編，看起來好像很困難，動手試試看就會發現令人意外得簡單，不妨改變一下皮革寬度或顏色，試著做出不同的造型變化吧！將編目調整得齊整均一就是提升作品完成度的重要關鍵。

# 編　製

1 皮帶兩端割窄一點，距離端部5㎜和25㎜處做記號標出固定釦的安裝位置。

2 端部預留30㎜，將間距規距離設定為4㎜後，描出切割皮革的導引線。

3 將美工刀刀刃靠在導引線上，開始裁切皮革。

4 在皮革兩端相連狀態下，參考下圖運用魔法編技巧，開始編製已經裁切成3條皮繩的部位。

## Point 魔法編的編法

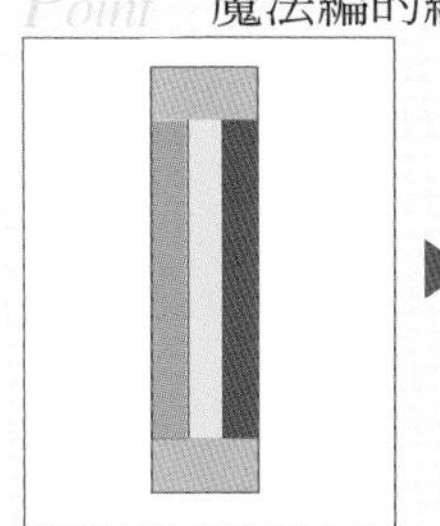

運用魔法編技巧編製裁切成3條皮繩的部位。

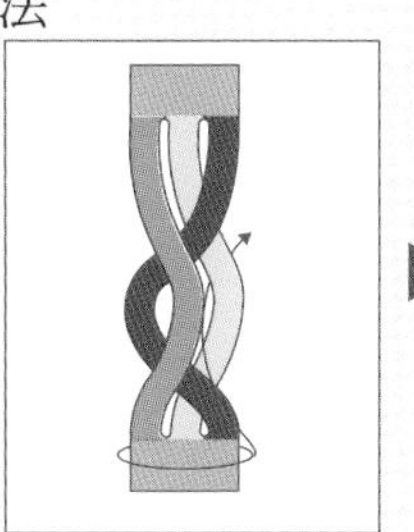

完成2回三股編後，如箭頭指示，穿入下端。

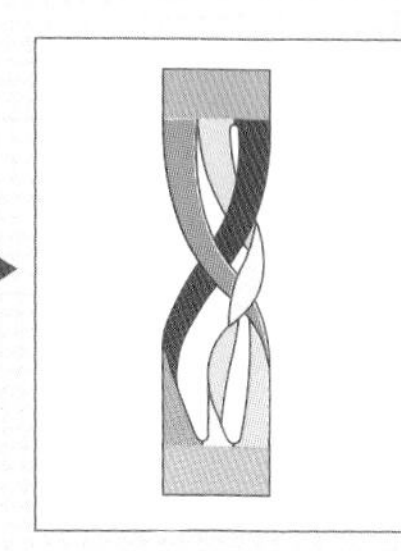

將相連的皮革下端穿過皮繩之間就變這樣。

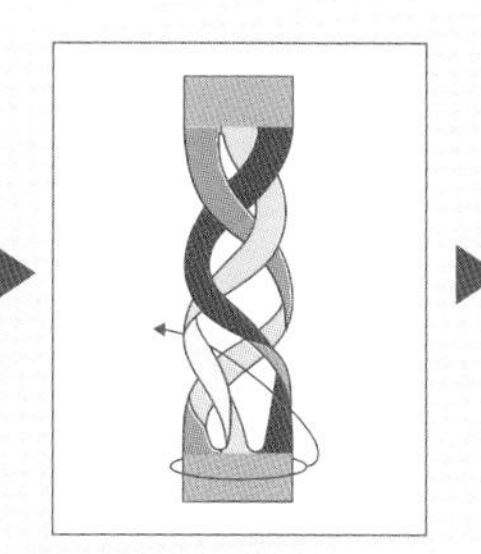

完成2回三股編後，如箭頭指示穿入皮繩。

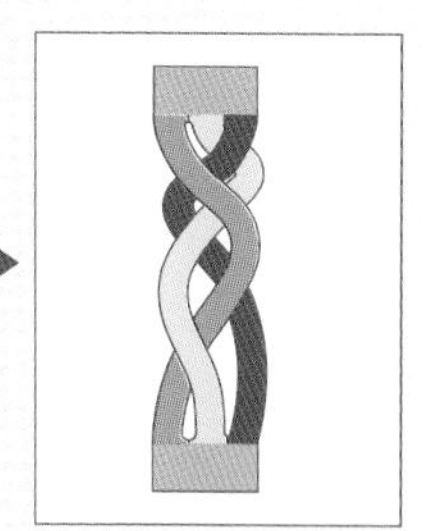

呈現扭擰狀態。反覆編到出現自己滿意為止。

4 參考前頁作法，一直編到裁切開來的皮繩完全編出編目形狀為止。

5 編目的鬆緊度和手環長度因編製次數而不同。編到出現自己很滿意的編目為止。

6 拉一拉編好的皮繩，調整一下編目的間隔。

7 完成魔法編後狀態。改變一下皮繩粗細度或長度，即可做出迴然不同的作品。

## 安裝金屬配件

1 先用錐子做好記號，再利用8號圓斬在記號上打出圓孔。

2 皮繩兩端共計打上4個相同大小的圓孔。

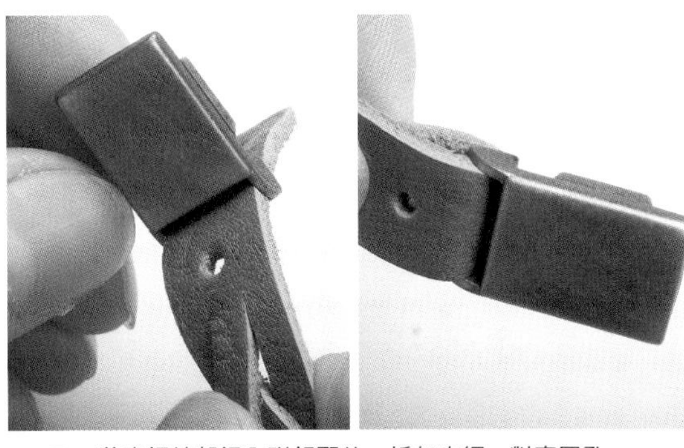

3　將皮繩端部插入磁釦配件，折起皮繩，對齊圓孔。

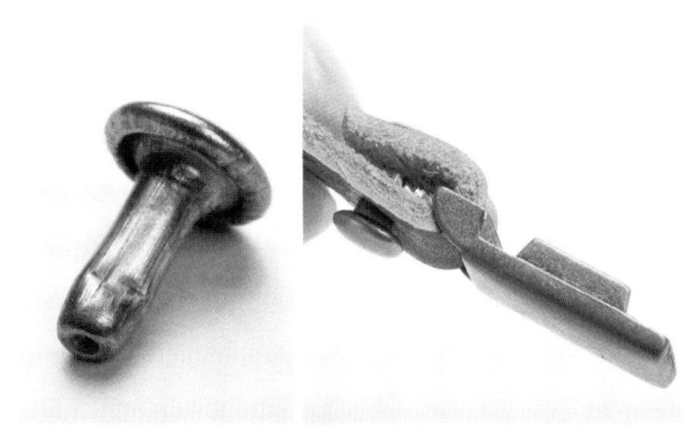

4　由正面插入固定釦的釦腳，蓋上釦頭後，壓入至發出咔聲為止。

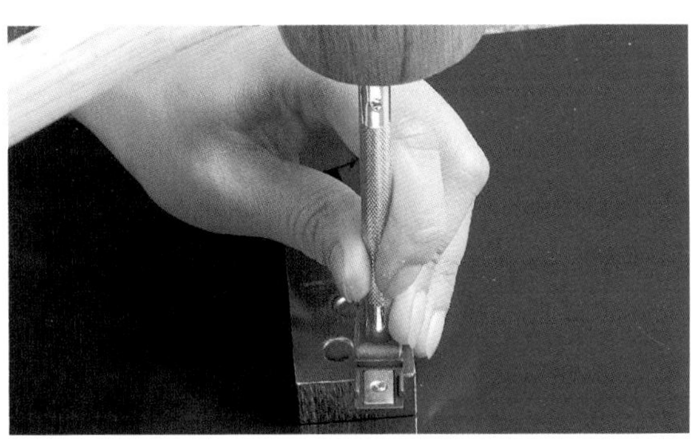

5　利用萬用環狀台和固定釦斬，釘上固定釦。

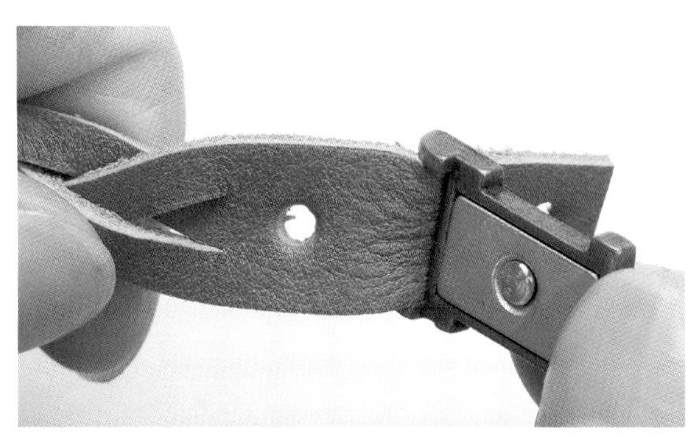

6　參考步驟3～5要領，在皮革的另一頭釘上磁釦配件。

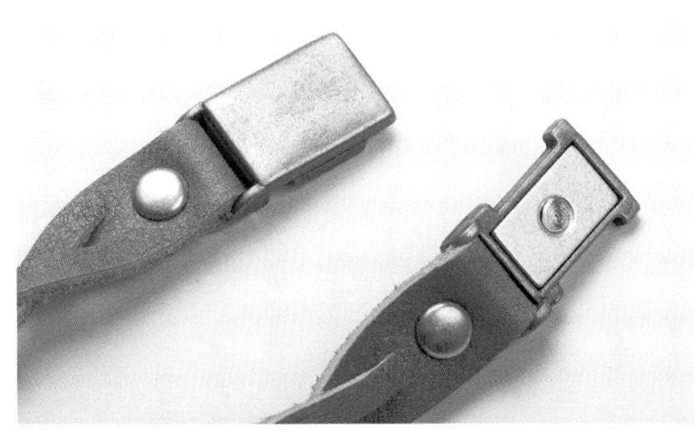

7　留意磁釦配件的安裝方向，仔細確認過後才釘上固定釦。

8　魔法編手環完成圖。長度為可在手腕上繞2圈的手環。

# 髮飾的作法

造型變化萬千的髮飾，不管擁有多少個都令人愛不釋手。將同一種造型分別做成綁髮帶、髮箍、髮帶或髮夾等，盡情地享受一下造型變化樂趣吧！將皮革浸水以形成皺折的作品，可能因為皮革浸水而褪色，因此建議不妨於製作前利用零碎的小皮塊確認看看。

製作　CRAFT公司

## 經過皺折加工的深棕色花

■材　料（約可製作1朵）

花瓣：豬絨面革（厚0.7㎜）70㎜×140㎜。花蕊：豬絨面革（厚0.7㎜）深棕色15㎜×100㎜，粉紅色10㎜×50㎜。花心：豬絨面革（厚0.7㎜）6㎜×30㎜，2way胸花別針或髮飾用髮圈。

■製作要點

將製作花瓣和花蕊的皮革浸水以形成皺折。製作髮箍和綁髮帶時，花蕊部位的固定方法不一樣。

## 玫瑰花

■材　料（約可製作1朵）

花瓣：牛皮（厚1.2㎜，使用質地柔軟的皮料）150㎜×25㎜。花蕊：牛皮（和花瓣使用相同皮料）10㎜×80㎜。黏貼髮夾基座的皮革：牛皮（同花瓣）30㎜×90㎜。金屬髮夾配件或髮飾用髮圈。

■製作要點

將構成花瓣的皮革緊緊地捲在花心部位，轉眼就完成玫瑰花造型。用水潤濕皮革以形成皺折，即可做出酷似玫瑰花的作品。

## 彩色花

■材　料（約可製作3朵花）

花瓣：彩色牛皮（厚1㎜）170㎜×120㎜。花蕊：牛皮繩（寬5㎜）450㎜ 2條，內裡用皮：豬絨面革（厚0.7㎜）50㎜×50㎜。髮飾用髮圈或金屬髮箍配件。表面用皮：彩色牛皮（厚1㎜）30㎜×400㎜。內裡用皮：豬絨面革（厚0.7㎜）10㎜×500㎜。

■製作要點

將2枚花瓣重疊在一起，利用1條皮繩將花朵彙整在一起即構成彩色花造型。

# 紙　型

下圖就是製作髮飾的紙型。這是實物大小的紙型，請將本頁影印後使用，或在厚紙板上描出相同大小的圖案後當做紙型吧！

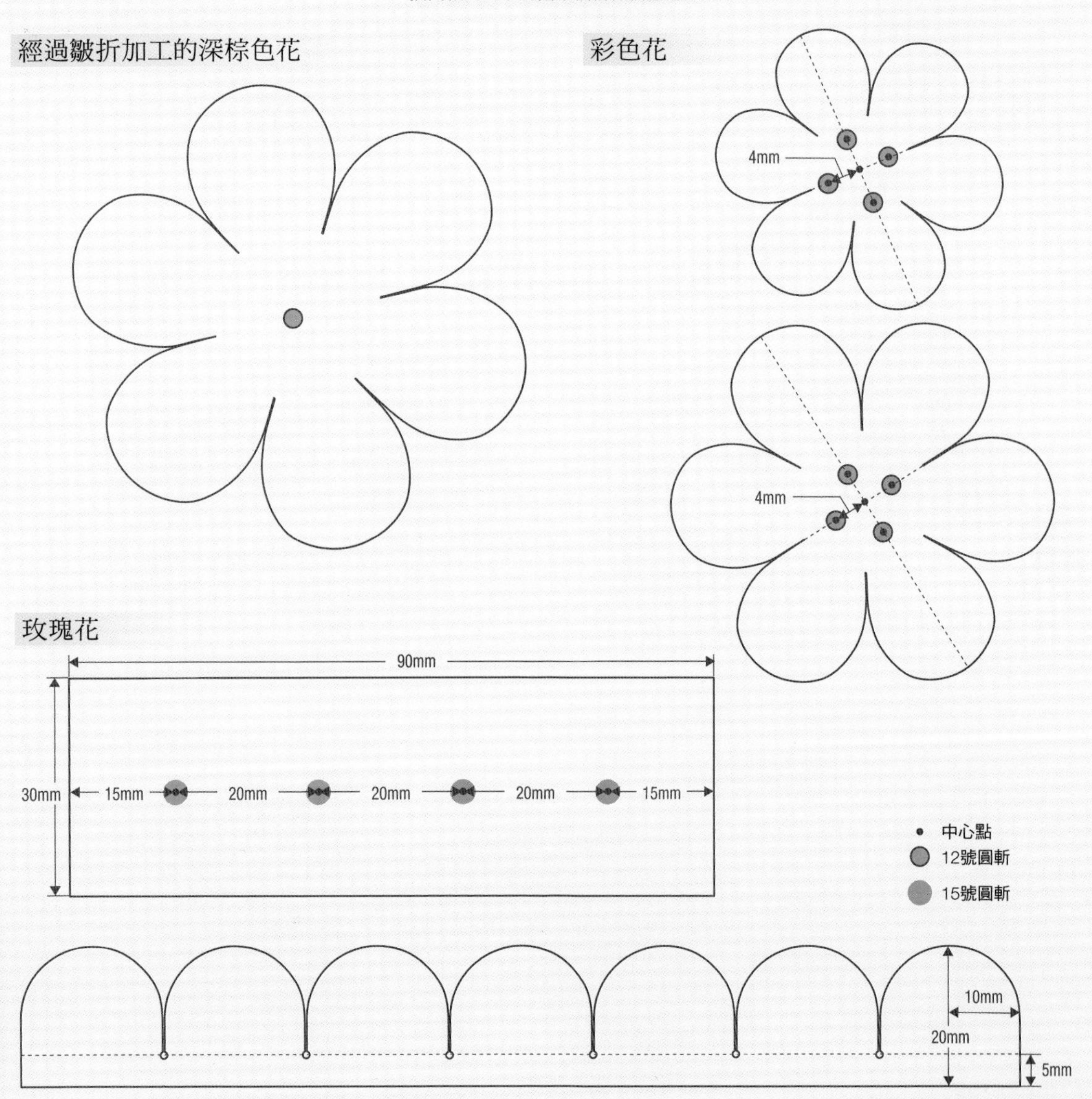

# 經過皺折加工的深棕色花

剪裁部件為從事皮件工藝之基本入門。以下步驟將詳盡介紹。

## 製作小花飾

1 將P33的紙型描在厚紙板上，剪下紙型後利用圓錐，沿著紙型邊緣於皮面層描出輪廓。

2 進行粗裁以便順利裁切比較細微的部位，範圍必須大於描繪的輪廓。

3 利用美工刀或剪刀，往比較容易裁切的方向，邊轉動皮革，邊沿著圓錐描出來的輪廓線裁切。

4 每一朵花都準備2枚花瓣。

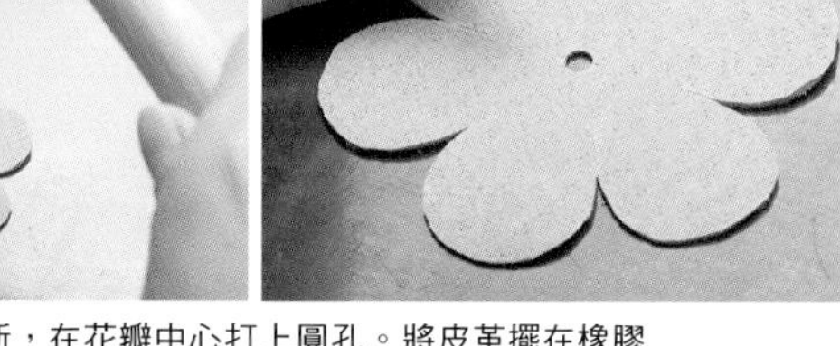

5 利用12號圓斬，在花瓣中心打上圓孔。將皮革擺在橡膠板上，圓斬垂直打入就不容易失敗。

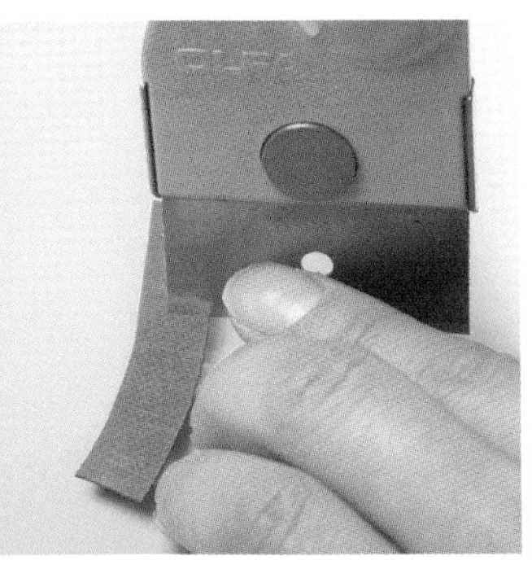

6 構成花蕊的皮革端部預留3㎜後，分別切割間隔2㎜的切口。建議使用可替式裁皮刀更能等間隔距離切出漂亮切口。

7 深棕色花蕊端部也預留3㎜後，分別切割出間隔2㎜的切口。

8 所有的部位都泡入水中。完全泡入水中以便皮革內部吸足水份。

9 等皮革吸足水份後，撈出水中的皮革並擰乾水份。

10 朝著花瓣中心抓出皺折。可隨心所欲地抓出皺折。

11 花瓣與花蕊部位分別抓出皺折後，擺放至完全乾燥為止。

## 固定在胸花別針上

1 構成花蕊的皮革端部預留的3㎜處均勻地抹上皮革專用強力膠，兩面都必須塗抹。

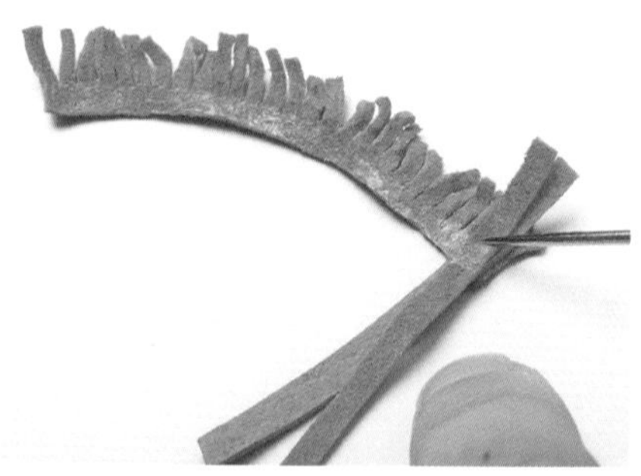

2 位於花蕊中央的6㎜×30㎜部分也抹上強力膠，然後黏在粉紅色花蕊的端部。

3 以細長型皮革為中心，緊緊地捲上花蕊部位。利用圓錐按壓，操作起來更方便。

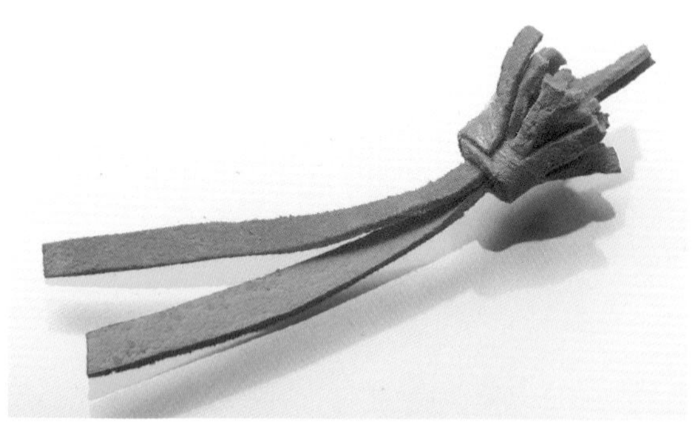

4 兩面都薄薄地抹上強力膠，等強力膠不再黏手時黏貼以促使緊密黏合。

5 將深棕色花蕊捲在粉紅色花蕊的周圍。謹慎拿捏塗抹份量以免膠料溢出。

6 花蕊部位完成圖。緊緊地捲上，切口就會自然地散開，形成漂亮的花蕊形狀。

*7* 將兩枚花瓣重疊在一起，再將構成花蕊的粉紅色皮革穿過花瓣中央的圓孔後，拉到背面打上平結並剪短。

*8* 花瓣背面緊貼即將黏貼的胸花別針基座，利用圓錐沿著基座描線做記號。

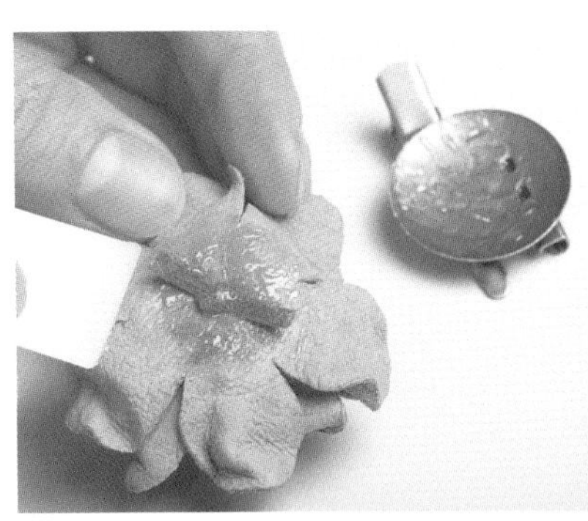

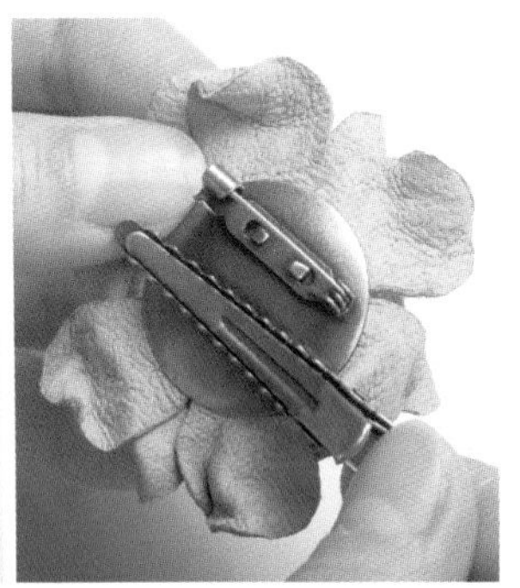

*9* 將強力膠抹在胸花別針基座，以及步驟8做記號標出的基座範圍內，等膠料乾燥至不黏手時，將兩部分黏合在一起。

*10* 最後，將構成花心的2條皮革修剪整齊以融入花蕊之中，完成整個胸花製作步驟。

## 使用髮圈

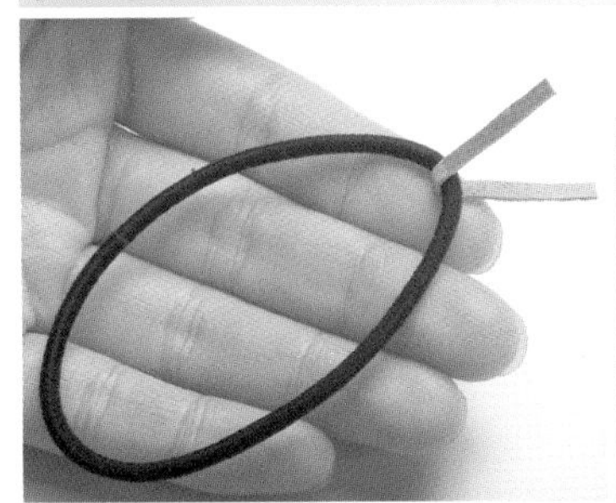

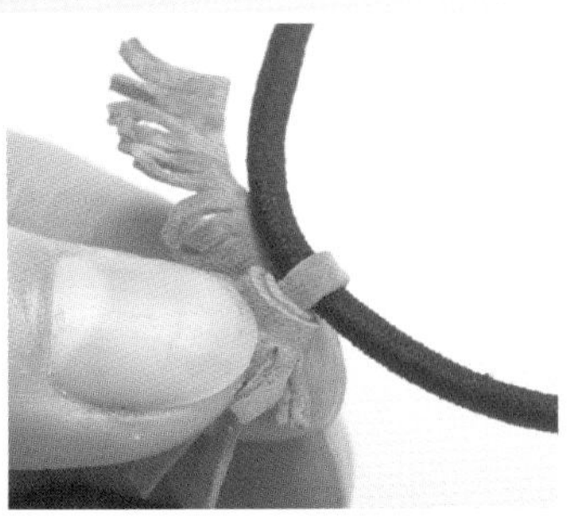

*1* 製作綁髮帶時，將一條花蕊搭在髮飾用髮圈上，對折後以該部位為中心，捲上構成花蕊的皮革。髮圈穿入花瓣部位的圓孔中即可完成作品。

經過皺折加工的胸花和綁髮帶完成圖。這是初學者也能輕易地挑戰的小皮件作品。

# 玫瑰花

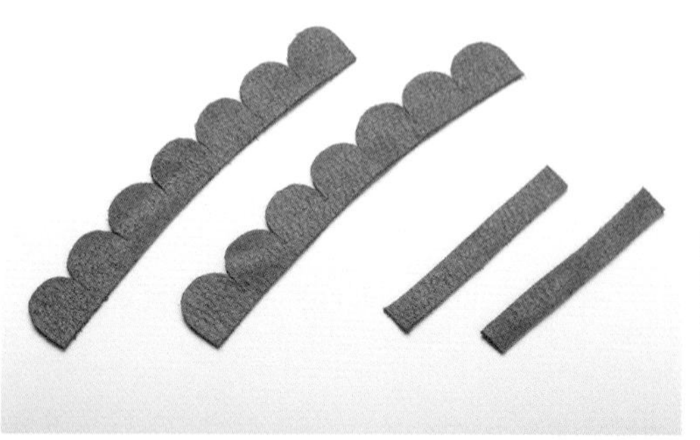

參考P34，依據紙型裁切皮革。花心大小為10㎜×80㎜。照片中為製作2朵玫瑰花的皮料。

## 固定在髮飾用髮圈上

1 利用磨砂棒打磨皮面層下方10㎜處以便上膠後提升黏合效果。

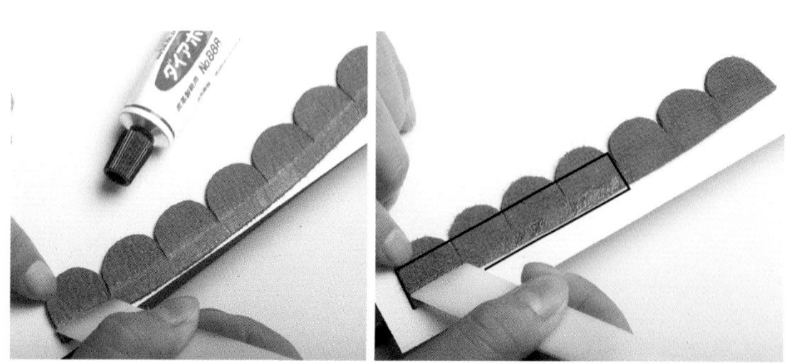

2 將強力膠抹在打磨過的皮面層上，等膠料乾了以後才黏合。肉面層上只有照片（右）中框起的部分塗抹強力膠。

3 花心部位的肉面層全面塗抹強力膠。

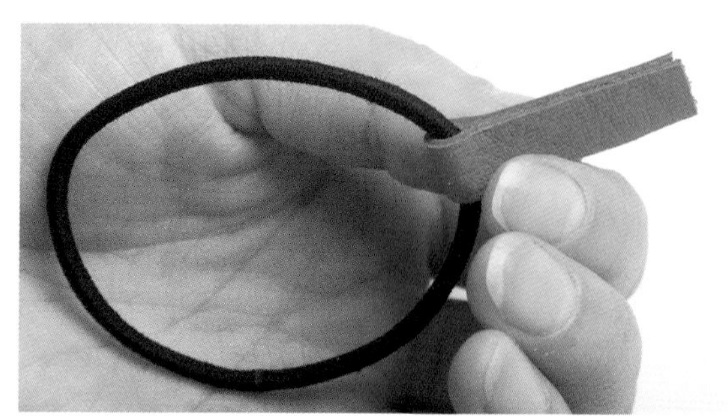

4 將花心部位的皮革搭在髮飾用髮圈上，對折後確實黏合。

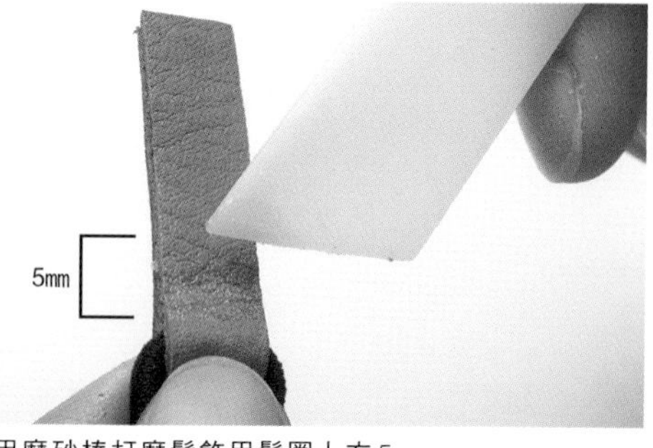


5 利用磨砂棒打磨髮飾用髮圈上方5㎜處，兩面都經過打磨後抹上強力膠。

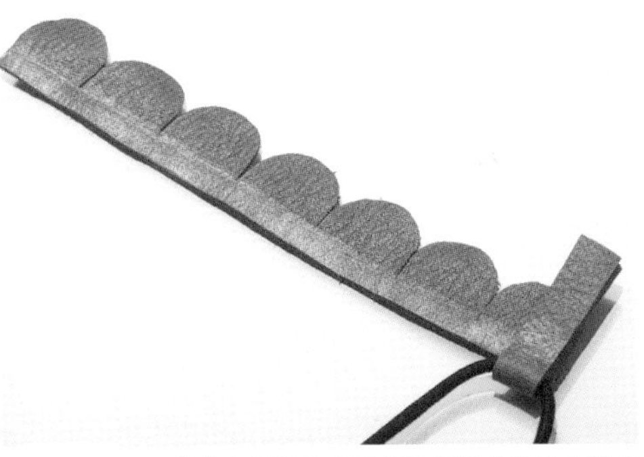

6 將花心部位的皮革擺在花瓣部位的皮革端部。此時必須擺在已經抹好強力膠的肉面層之一端。

7 利用圓錐，邊擠壓花心部位的皮革中心，邊捲上花瓣部位的皮革。使用圓錐，即可捲得更緊實。

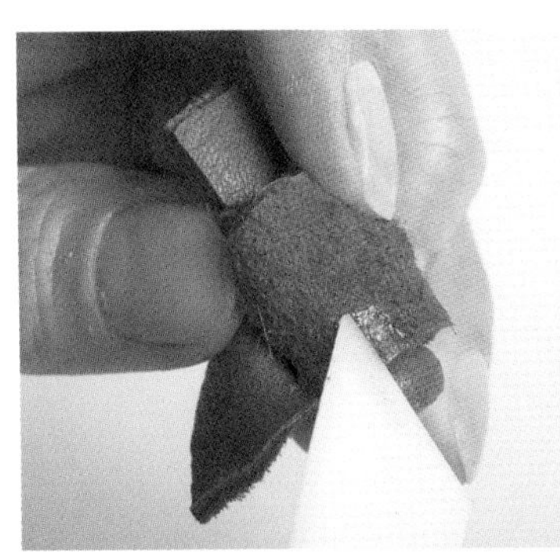

8 捲到終點附近時，先做記號，再確認過捲好後花瓣端部會位於肉面層的哪個部位後才抹上強力膠，緊緊地捲繞到終點。

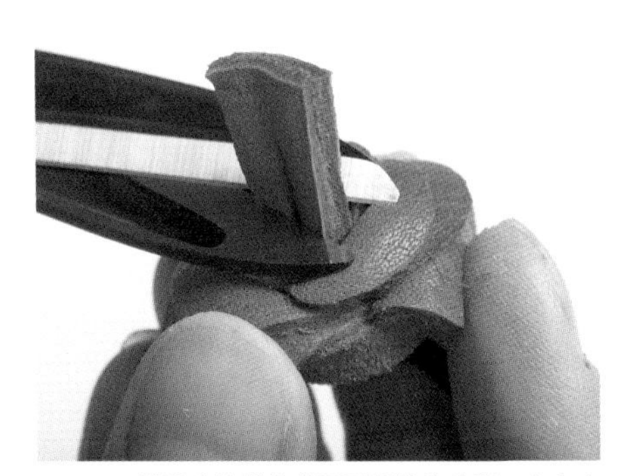

9 將構成花瓣的半圓形部位往外翻，突出中央的花心儘量剪短一點。

10 將花瓣部位往外翻以調整花型，若覺得花心太長，可再度修剪。

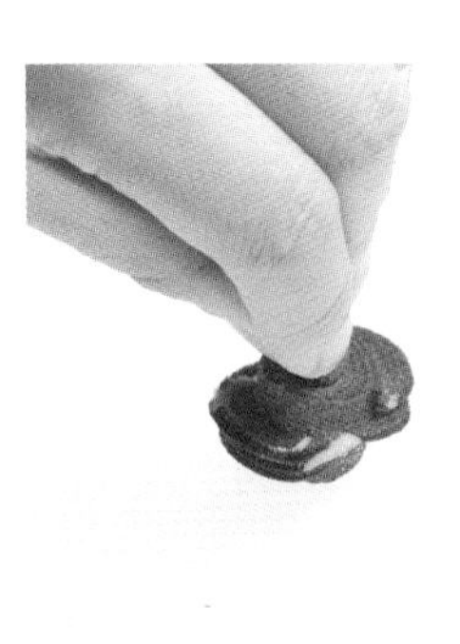

11 僅半圓形部位浸水，利用面紙邊擦乾水份，邊調整花型。反覆步驟1～11，固定幾朵玫瑰花視個人喜好而定。

## 固定在髮夾的金屬配件上

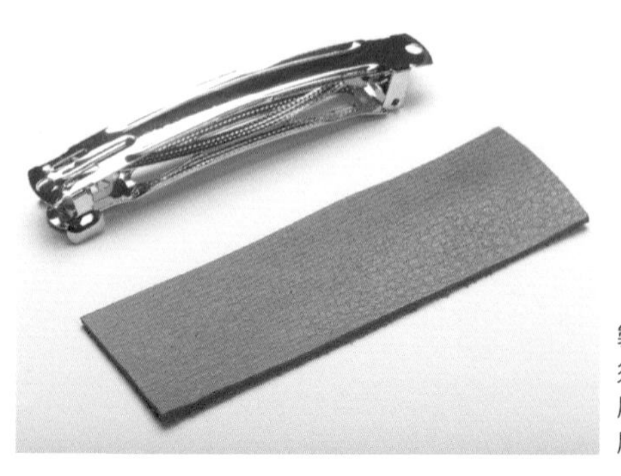

1
製作髮夾時，必須準備髮夾的金屬配件和黏貼金屬配件的皮革。

2
花心部位的皮革中央預留20㎜，利用磨砂棒打磨皮面層之兩端。

3
在花心部位的皮革肉面層上塗抹強力膠，塗抹中間的20㎜部分，再將皮革對折後黏合，緊接著在距離對折點10㎜處塗抹寬約5㎜的強力膠。

4
參考P38，在花瓣部位的皮革上塗抹強力膠，然後和綁髮帶相反，黏貼花心部位的皮革後捲起。

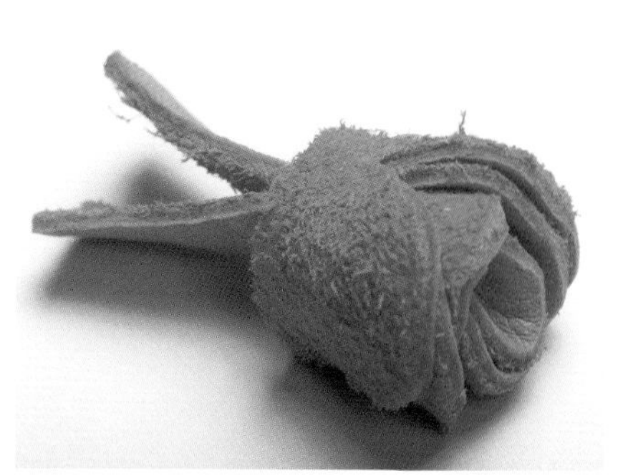

5
以製作綁髮帶要領，將花瓣緊緊地捲在花心上，總共製作4朵玫瑰花。

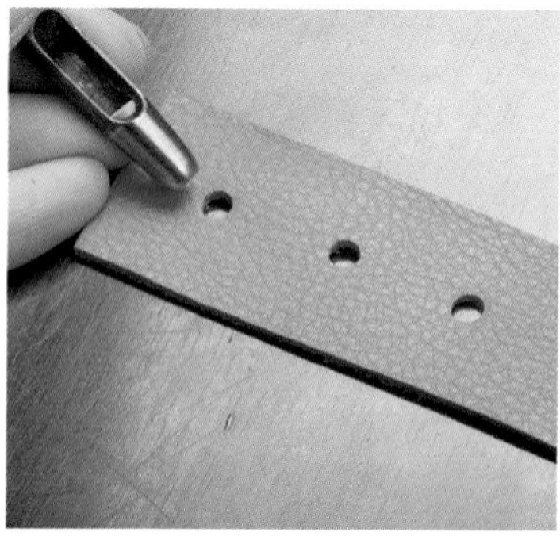

6
參考紙型，利用15號圓斬，在黏貼髮夾基座的皮革上打孔，然後在肉面層上薄薄地塗抹強力膠。

7 從黏貼髮夾基座的皮革皮面層上插入玫瑰花。在花瓣緊閉狀態下操作起來更方便。

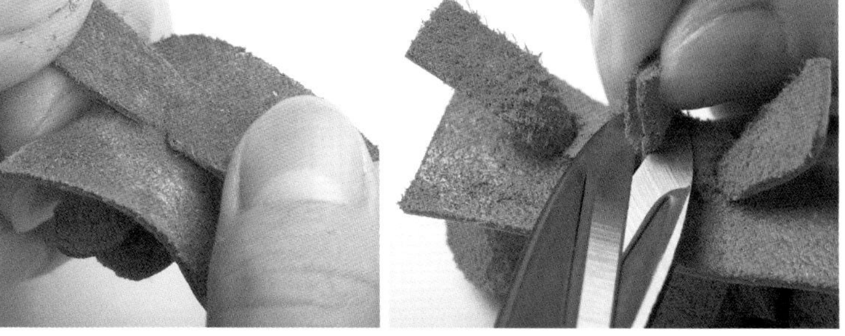

8 插入玫瑰花後，將花心部位的皮革往左、右側攤開，以便玫瑰花緊緊貼在髮夾基座上。4朵花都插好後配合相鄰的玫瑰花修剪花心部位的皮革。

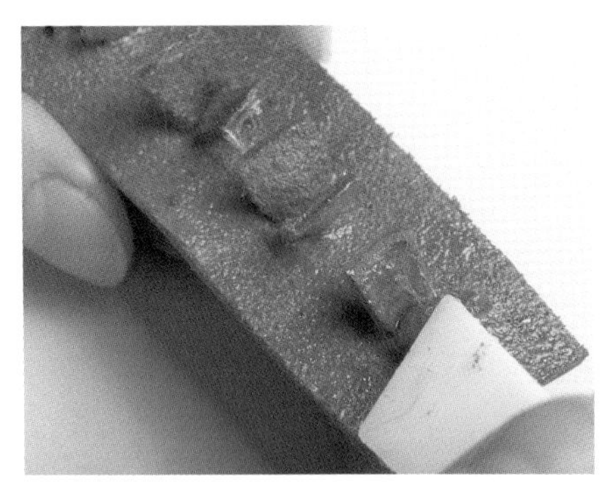

9 花心和髮夾基座的皮革肉面層上均勻塗抹強力膠後，擺放至整體呈半乾狀態為止。

10 強力膠不再黏手時，將花心部位的皮革往左、右側攤開，黏在髮夾基座的皮革上，然後以花心為中心，將髮夾基座的皮革兩邊往內折，並緊緊地往基座上壓黏。

11 參考P39步驟10和11，將花瓣部位的皮革浸水後整形、陰乾，然後打磨基座背後，抹上強力膠，黏在髮夾的金屬配件上。

做好花心、捲上花瓣，玫瑰花造型的髮飾就完成了。改變花瓣的裁切形狀，即可做出不同印象的髮飾。

# 彩色花

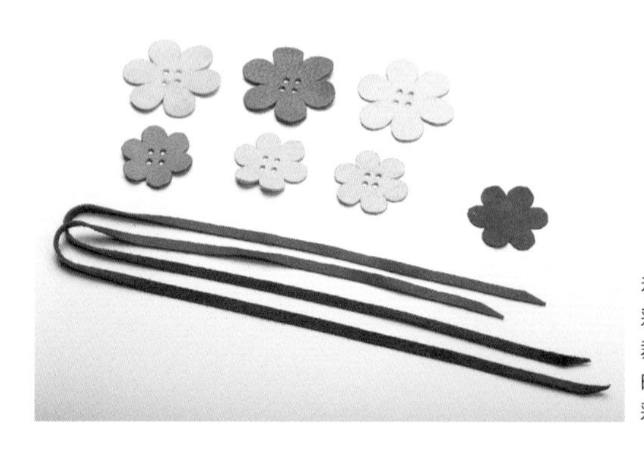

利用3種顏色的彩色牛皮，分別裁切出不同大小的花片，製作色彩繽紛的小花飾。

## 製作小花飾

1 對齊事先以圓斬打好的孔洞，再將2片裁切成不同尺寸的皮革疊在一起。依喜好搭配色彩。

2 首先，1條皮繩由花片背後穿出後穿入旁邊的圓孔。其次，另一條皮繩從花片背後穿出後，先穿過第1條皮繩形成的圈圈後才插入圓孔。

3 先將皮繩拉到花片背，再將皮繩調整出相同長度後拉緊皮繩。

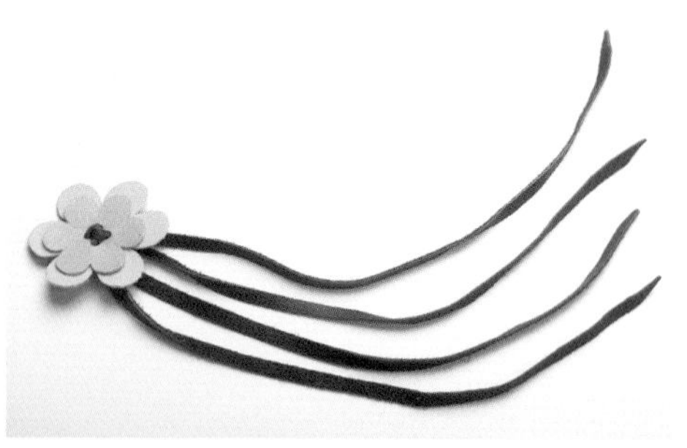

4 進行到此，第一朵花就完成了。皮繩端部事先斜切，更容易穿過孔洞。

5 將皮繩拉到花片背後打上單結以免花瓣偏離位置，再以相同要領，完成另一朵花。

6 穿好1條皮繩後，穿入相鄰的另一條皮繩。

7 和第1朵花一樣，第一條皮繩必須穿過第二條皮繩形成的圈圈後才可穿向花片背後拉緊。

8 從背面觀看步驟7時之狀態。此時不打單結，維持照片中狀態。

9 利用第一朵花背後的另外2條皮繩，以相同要領穿上第三朵花。

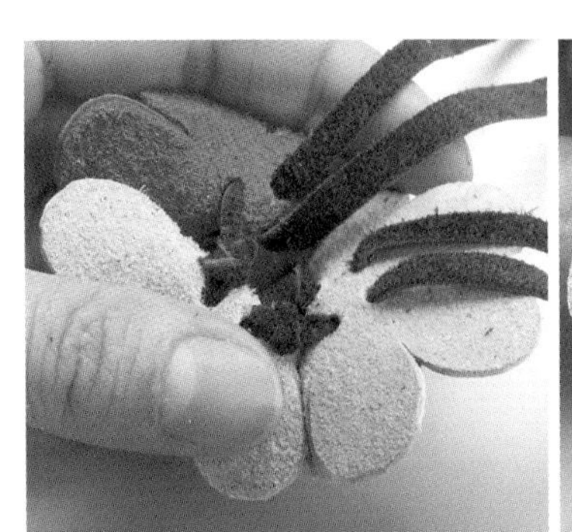

10 讓原本橫向並排的花片，儘量靠近第2朵和第3朵花片，將出現在該部位的皮繩彙整在一起，打結後調整整體形狀。

11 彩色花小花飾完成圖。亦可加上四朵小花。

12
在相鄰的花瓣背面，抹上少許強力膠。

13
經過黏貼，好讓花瓣和花瓣的形狀更加地融合在一起，調整形狀後即完成作品。

## 固定在髮箍上

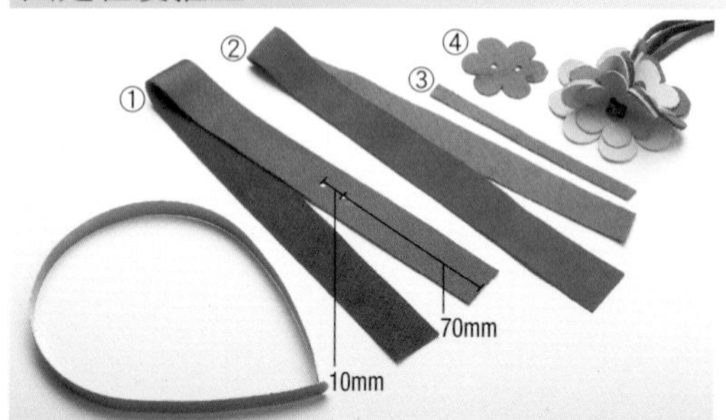


1
準備①黏貼髮箍表側的皮革。②黏貼髮箍裡側的皮革。③裁成5㎜×10㎜的皮革。④貼在花片背後的絨面革。

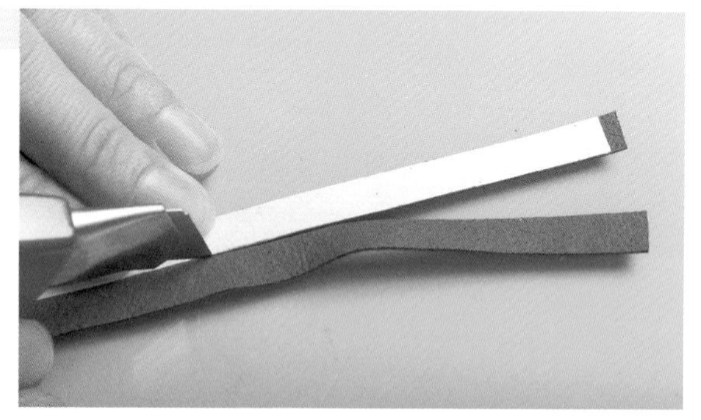

2
將寬8㎜的雙面膠帶貼在②黏貼髮箍裡側的皮革皮面層上，然後沿著寬邊，切掉超出範圍的部分。

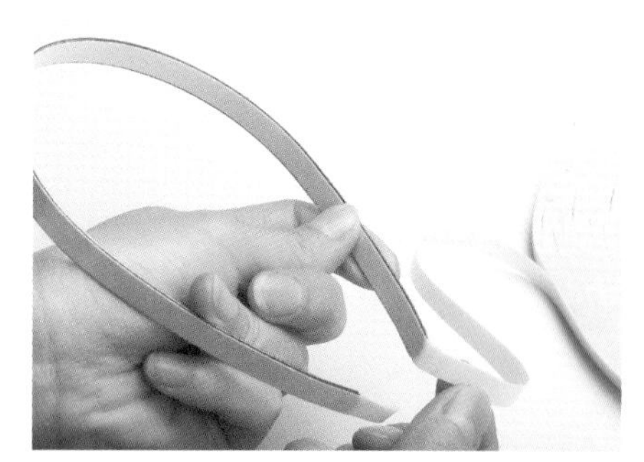

3
將寬8㎜的雙面膠帶貼在髮箍的金屬配件上，兩面都貼。

將③裁成5㎜×100㎜的皮革，穿入④貼在花片背後的絨面革的圓孔。緊接著利用強力膠黏在花片背面，穿入①的圓孔並以強力膠黏好。

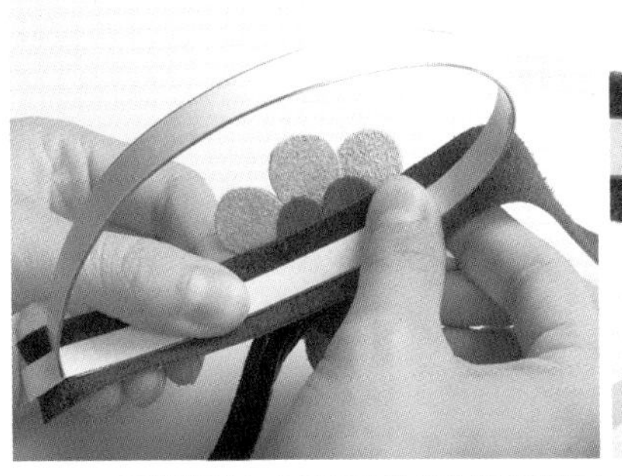

5 邊撕掉貼在金屬配件外側的雙面膠帶上的背紙，邊黏合黏貼髮箍表側的皮革，再將超出金屬配件的皮革往內折，然後黏在金屬配件的裡側。

6 邊撕掉雙面膠帶上的背紙，邊把步驟 2 時黏好雙面膠帶，用於黏貼髮箍裡側的皮革，黏在髮箍裡側並緊壓以促使緊密黏合。

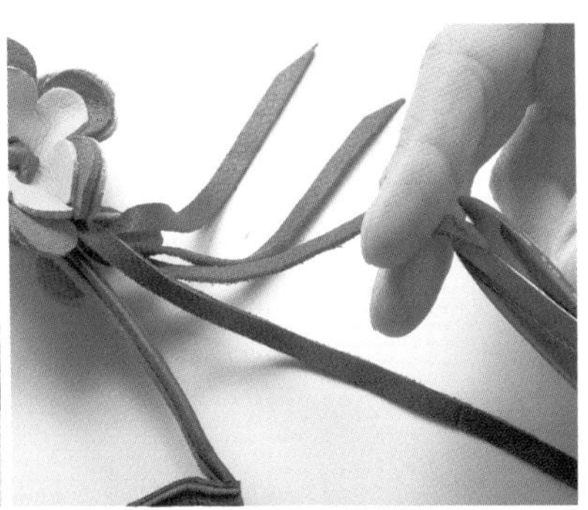

7 超出髮箍的金屬配件兩端的皮革留下5㎜，剩下部分用剪刀剪斷，花朵部分的皮繩也於修剪出適當長度後斜切尾端。

## 固定在鬆緊帶上

1 製作綁髮帶時，將製作髮箍的步驟 4 中使用的③裁切的皮革換成鬆緊帶。

2 將鬆緊帶穿入④貼在花片背後的皮革上的孔洞後打死結，再利用強力膠黏貼皮革和花朵。事先利用銀筆畫出皮革黏貼在花朵上的位置，更方便塗抹強力膠。

髮箍和綁髮帶完成圖。以上照片中，髮箍上固定著3朵花，綁髮帶上固定著4朵花。

# 手縫製作的小皮件

利用2根縫針和1條縫線，以手縫方式縫出小皮件，可說是從事皮革工藝之醍醐味。整齊劃一的漂亮針目是決定整體造型的重要關鍵。所以建議您一針一針地耐心地縫吧！

# 基本手縫技巧

本單元中介紹的是手縫小皮件的基本方法。先把步驟記在腦海中，操作起來更順暢。建議讀者們閱讀過本單元後才開始動手製作小皮件。

從將紙型描在皮革上，到完成整個作品為止，本單元中將皮革工藝的基本流程分成九個步驟並詳加說明。各部位的縫合步驟因作品而不同。

不過，基本上學會這九個步驟，任何人都能勝任需以手縫方式完成的小皮件。

仔細確認各製作要點或注意事項，對於製作小皮件絕對有幫助。

## 描繪紙型

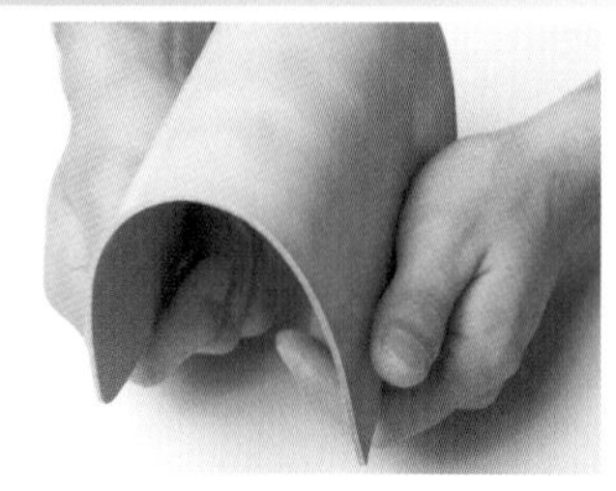

1 首先，確認一下皮革的延展方向（容易彎曲的方向）。

2 需考量皮革的延展性，將紙型擺在皮革表面上，利用圓錐，描出線條。

## 裁切皮革

1 皮革面積太大就不方便裁切細微部分，最好先裁切出比畫線部位大上一圈的皮革（粗裁）。

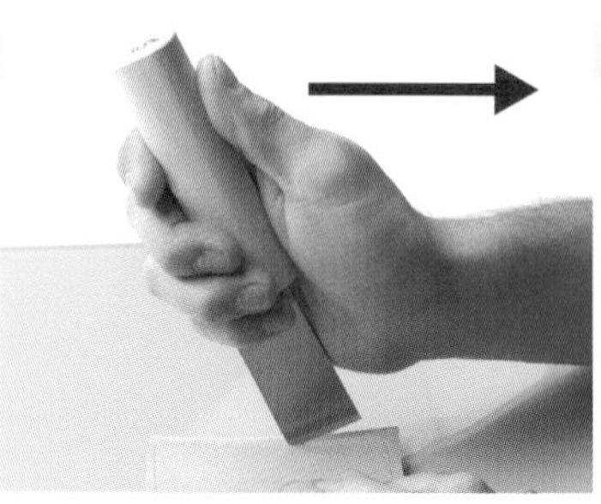

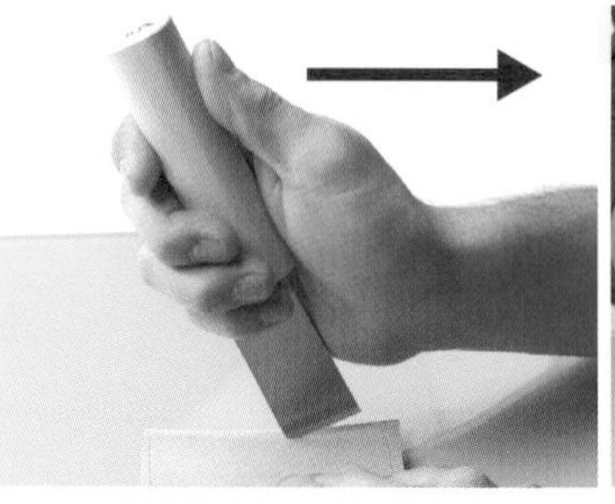

2 沿著描繪紙型的線裁切（正式裁切）。使用裁皮刀之際，裁切直線部位時，必須由遠而近，朝著身體方向，筆直地拉動裁皮刀。裁皮刀微微地偏向外側就無法裁出垂直的切口。

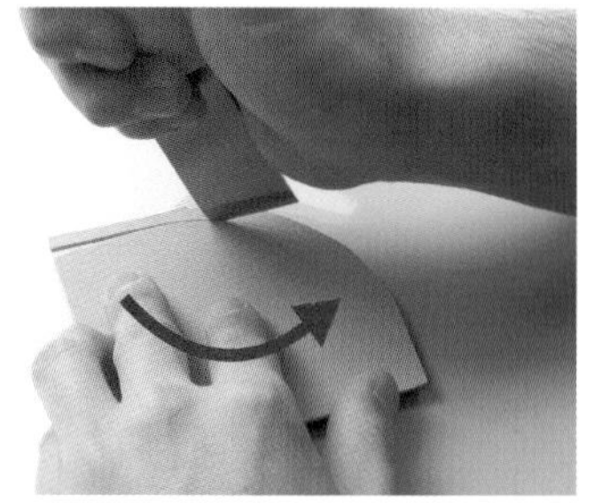

3 裁切曲線部位時，亦須由遠而近，朝著身體方向拉動。邊裁切，邊移動皮革，隨時移動到最方便裁切的位置。

## 打磨肉面層

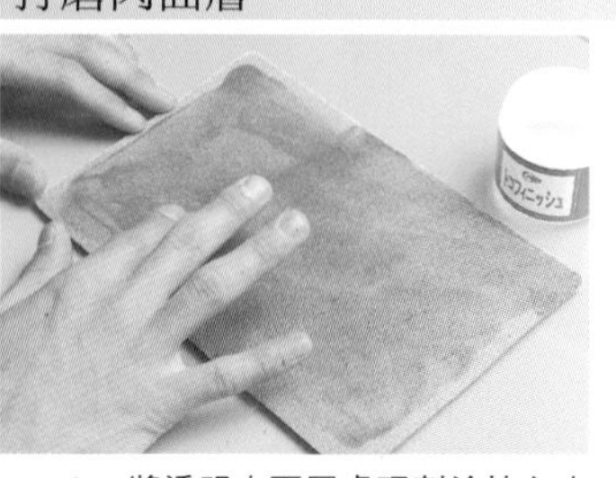

1 將透明肉面層處理劑塗抹在肉面層上。縫份部位不塗抹。

2 利用玻璃板，在半乾狀態下打磨皮革背面以抑制起毛現象之發生。

## 黏合

1 縫份部位塗抹白膠等接著劑。

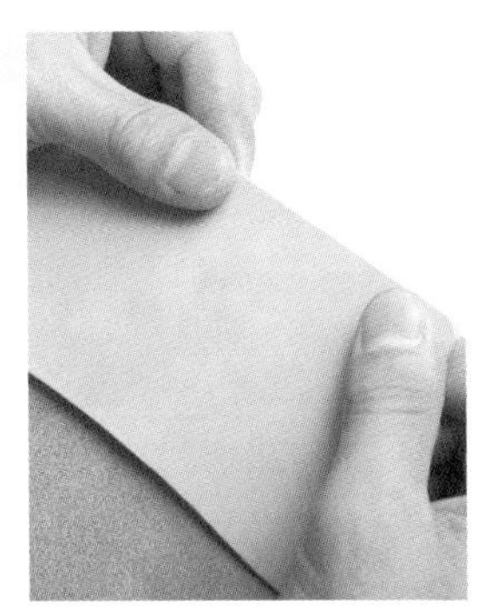

2 皮革都必須分別塗抹接著劑後黏合。

## 描畫導引線

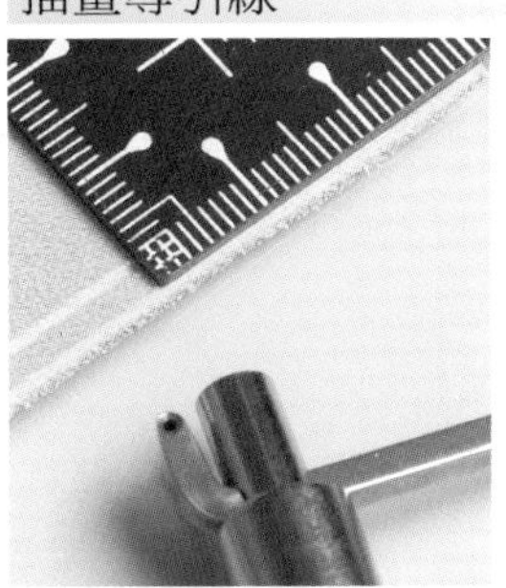

1 在皮塊上拉動拉溝器，調整刀刃間隔。

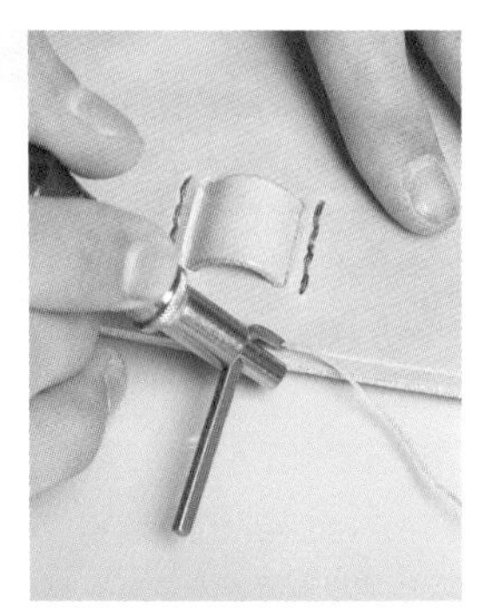

2 將拉溝器靠在皮邊上，在縫合部位拉溝。

## 打孔

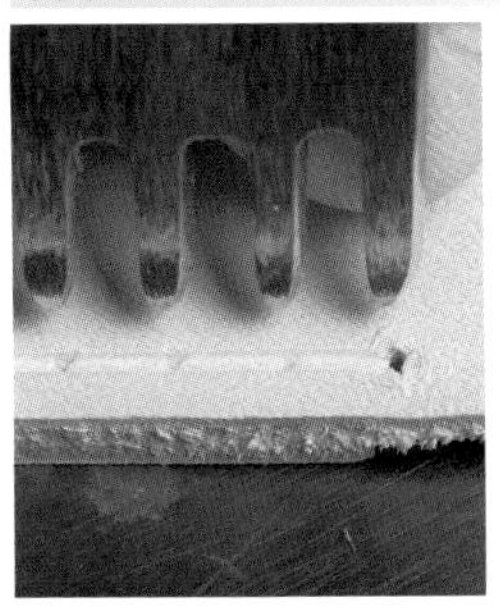

1 圓錐鑿孔後，以菱斬壓痕做記號。

2 將菱斬刀刃瞄準事先壓好的記號。

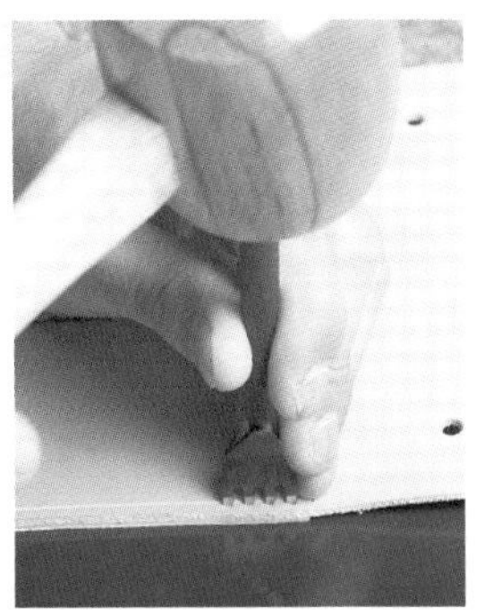

3 以木槌敲打菱斬的頭部以便打上縫孔。

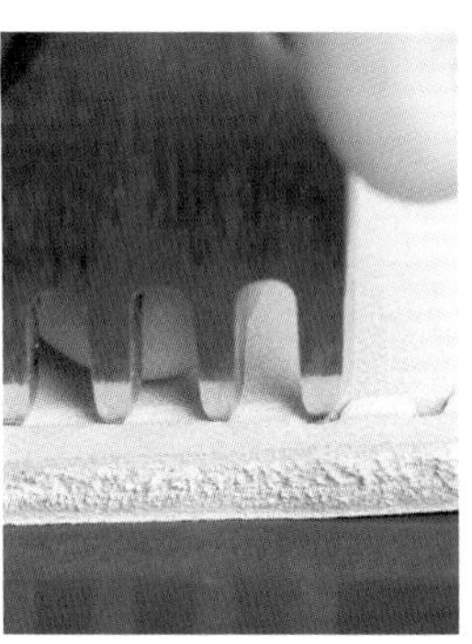

4 菱斬刀刃重疊在前一個縫孔，依序打好。

5 利用雙菱斬打好曲線部位的縫孔。

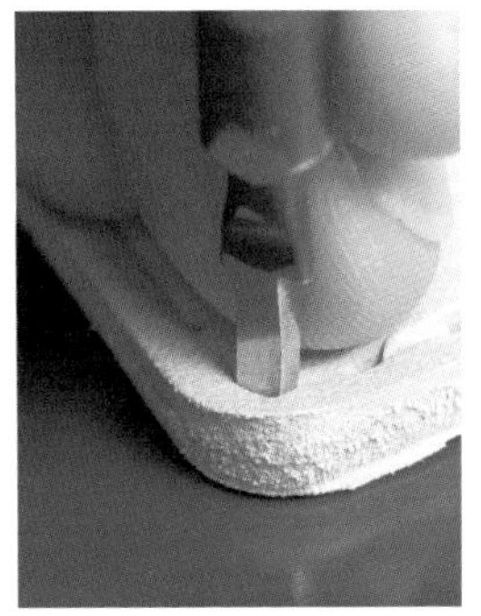

6 在角落部位打孔時使用單菱斬。

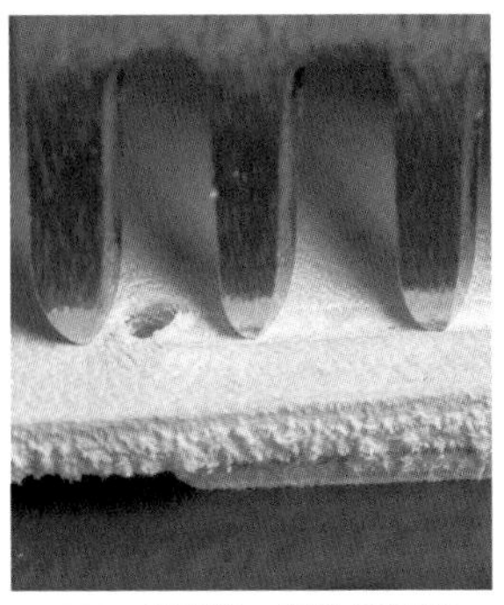

7 打最後一個孔時可能無法完全吻合。

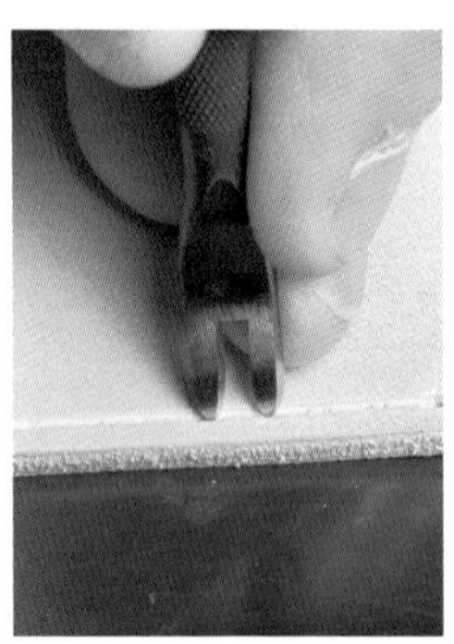

8 遇步驟7情形，利用雙菱斬調節。

## 準備縫針和縫線

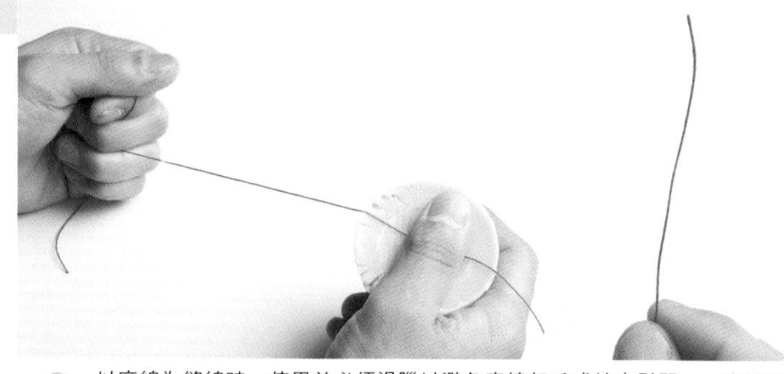

1 必須準備長度為手縫部位3～4倍的縫線。準備縫線時必須預估長度。

2 以麻線為縫線時，使用前必須過臘以避免麻線起毛或線束鬆開。一直過臘到線頭會豎立起來為止。

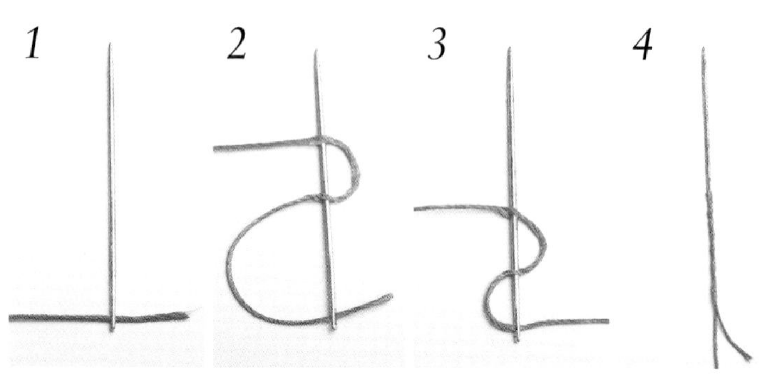


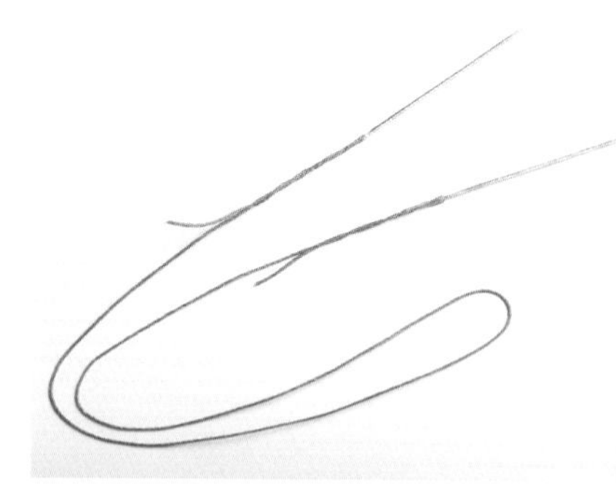

3 在穿好縫線狀態下，參考照片中作法，縫針邊挑撥邊刺穿縫線。發現縫線穿過縫孔後形成雙線部位的縫線太粗時，將線頭打散削薄，再將2條縫線捻在一起。

4 縫線兩端都穿上縫針後即完成縫針和縫線準備工作。

## 縫合

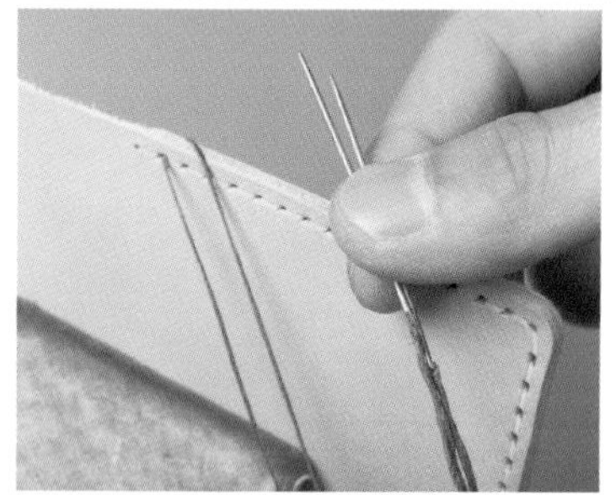

1 於起縫孔下一縫孔入針，整理相同長度後，左右兩針回縫。

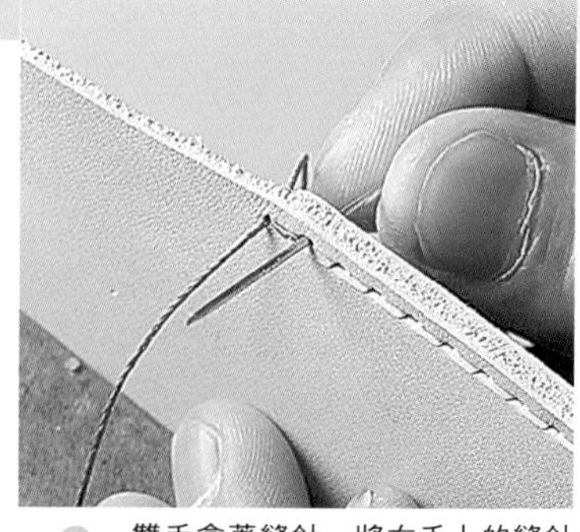

2 雙手拿著縫針，將右手上的縫針穿過緊接著縫合的縫孔。

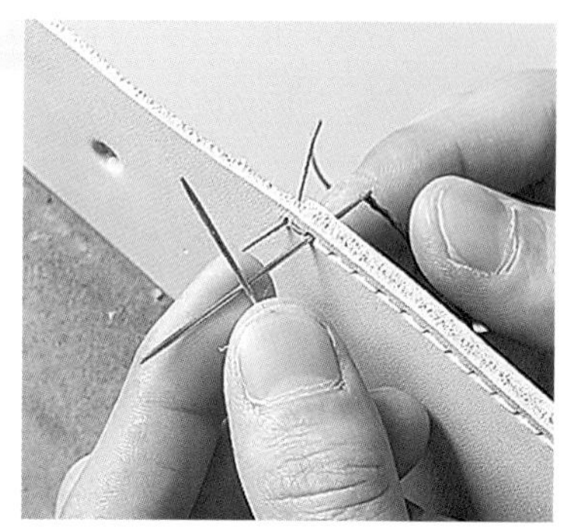

3 左手上的縫針搭在已穿過縫孔的縫針上，使兩根縫針交叉而過。

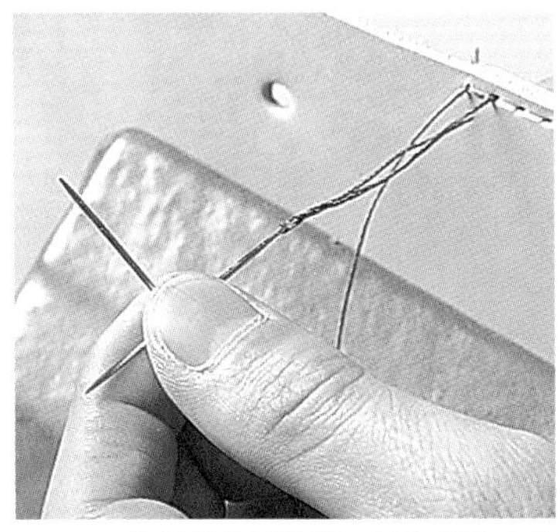

4 縫針呈交叉狀態，拉出縫孔中的縫針，將縫線拉到中途為止。

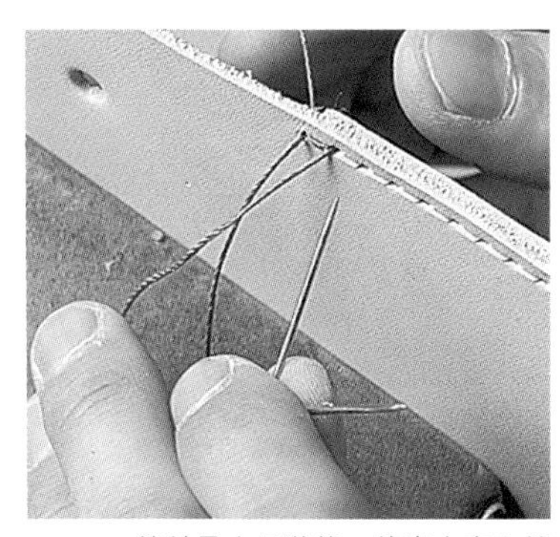

5 縫針呈交叉狀態，使尚未穿入縫孔中的縫針針尖朝著縫孔。

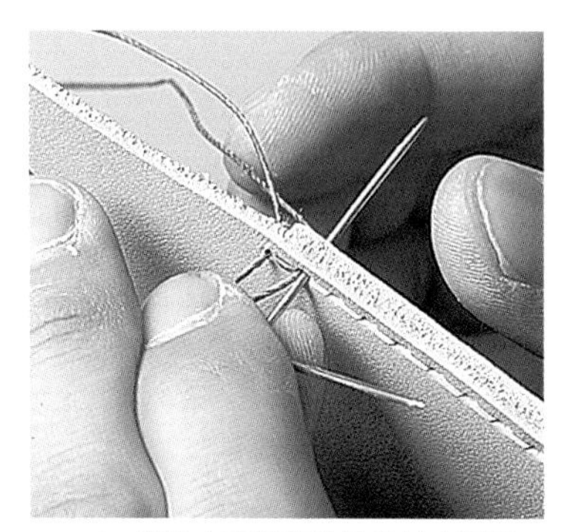

6 將尚未穿過縫孔的縫針穿過同一個縫孔後，以右手接住縫針。

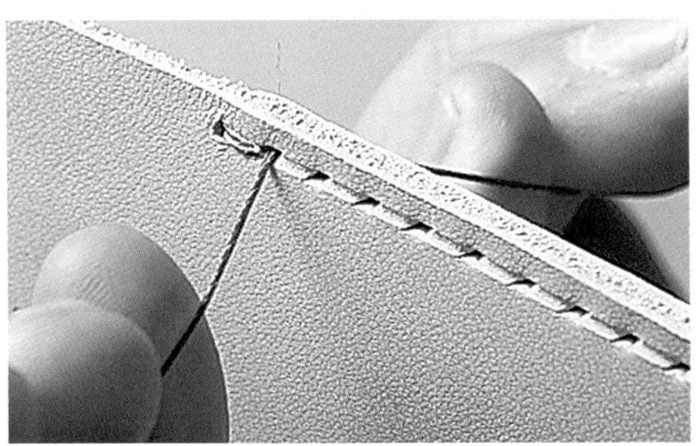

7 拉緊左、右側的縫線，調整針目後，反覆步驟2～7，繼續縫合。避免縫針戳到縫線，拉線力道務必均等。

8 縫好後，將縫線剪短。抹上強力膠亦可。

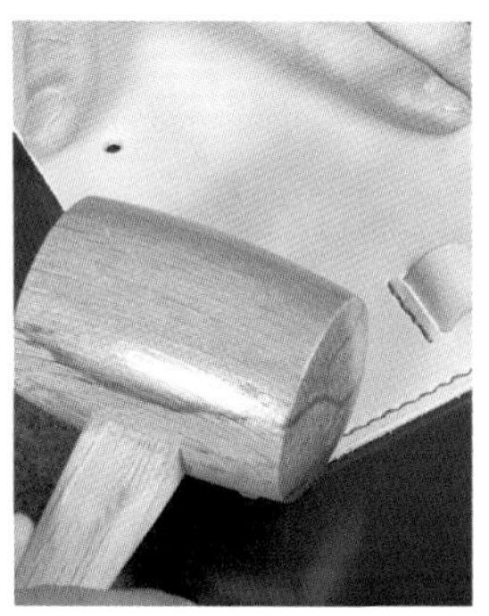

9 以木槌的側面敲打針目，處理整齊。

## 修整裁切面

1 利用研磨棒打磨裁切面，磨得非常平整。

2 利用削邊器削掉裁切面上的邊角。

3 塗抹透明肉面層處理劑，利用帆布或磨緣器等工具，將裁切面打磨的非常光滑。

# 萬用手冊皮套的作法

製作可使用一整年的萬用手冊皮套時，採用了使用越久越有味道，還可好好地欣賞皮革風味變化的馬鞍皮。製作得非常堅固，可長期使用。這是一個造型非常簡單的作品，因此，可依照個人喜好，打上印花圖案或雕刻花樣等作為重點裝飾。不分男女老幼，這是筆者最想推薦給讀者們的作品。

製作　CRAFT公司

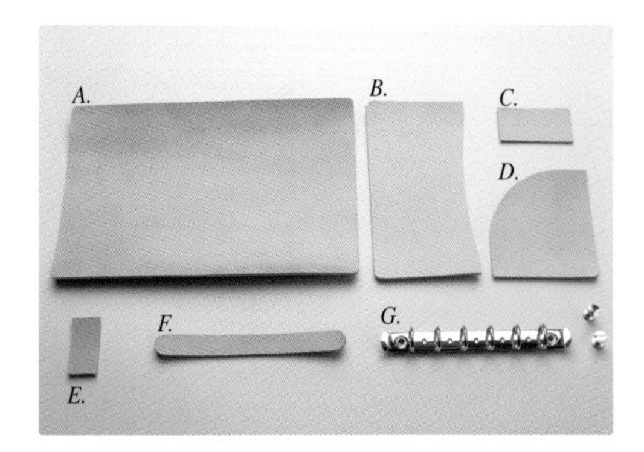


## 材料

*A*～*F*：馬鞍皮（*A*、*E*厚2mm。*B*、*C*、*D*厚1.5mm。*F*厚3.0mm）400mm×200mm。*G*：孔夾（130mm、6孔）麻線

## 製作要點

先利用圓錐，在本體（A）上輕輕地做記號，標出扣帶部位（F）的固定位置、扣帶環（E）、孔夾金屬配件（G）的打孔位置吧！縫合時，扣帶必須和本體平行，扣帶環必須和扣帶垂直交叉而過。另外必須將扣帶環彎曲到可插入扣帶為止，扣帶環和主體之間必須留下空隙。縫合前黏合各部位皮革以確認位置。

# 紙 型

分別將左右側的口袋、筆插、扣帶、扣帶環固定在面積最大的主體部位。事先做記號標出扣帶的固定位置、扣帶環、孔夾金屬配件的打孔位置吧！將扣帶端部的中心點對準記號，標出扣帶的安裝位置。請將紙型放大250%後使用。

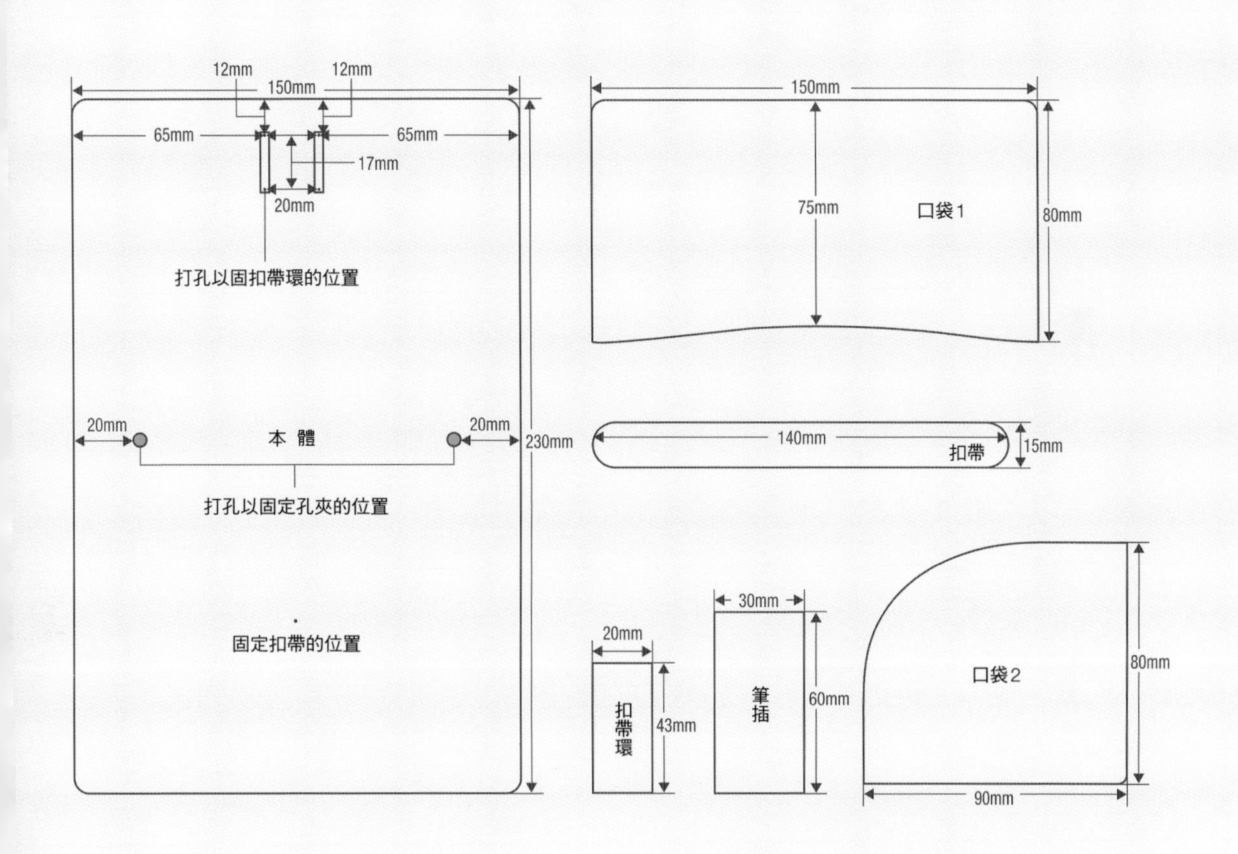

# 製作之前的材料處理

1　在扣帶環部位的皮革上描線，描在距離端部15㎜處。

2　將扣帶環部位的皮革擺在玻璃板上，從描線部位朝著端部打薄。

3　皮革經過打薄後狀態。將端部打薄至原來厚度的一半。

4　將紙型擺在本體上，利用圓錐做記號，標出固定扣帶環的位置。請參考照片（右）中框起來的部分。

5　如照片中所示，稍後會將裁好的各部位皮革縫到本體上。

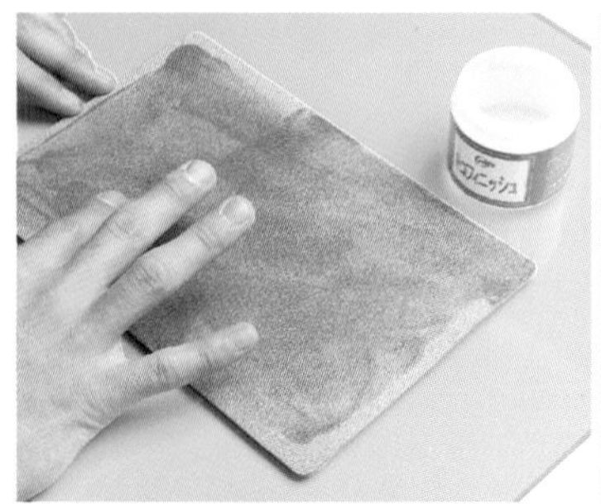

6　以本體為首，將透明肉面層處理劑分別塗抹在各部位皮革的肉面層上，再利用玻璃板打磨。黏合部位不塗抹。

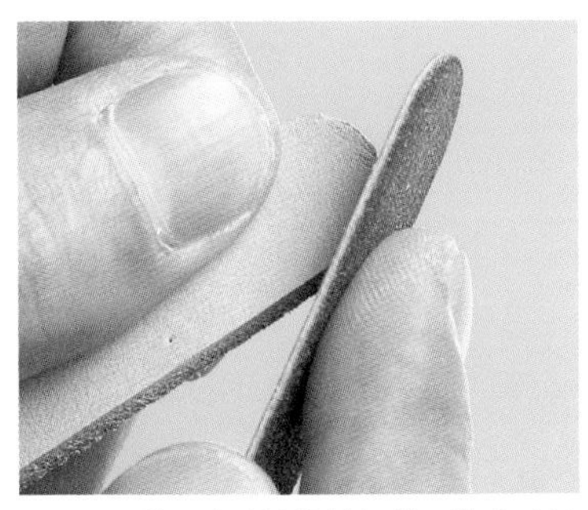

7　利用磨砂棒修整扣帶。將磨砂棒靠在皮邊上以磨出圓潤的曲線。

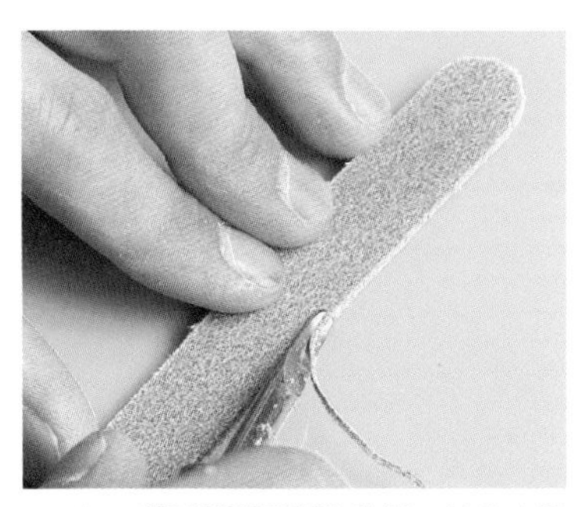

8　利用削邊器削除稜邊，繞著皮邊削上一整圈。

9　皮革裁切面塗抹仕上劑時，使用「輕～鬆抹」，操作起來更方便。

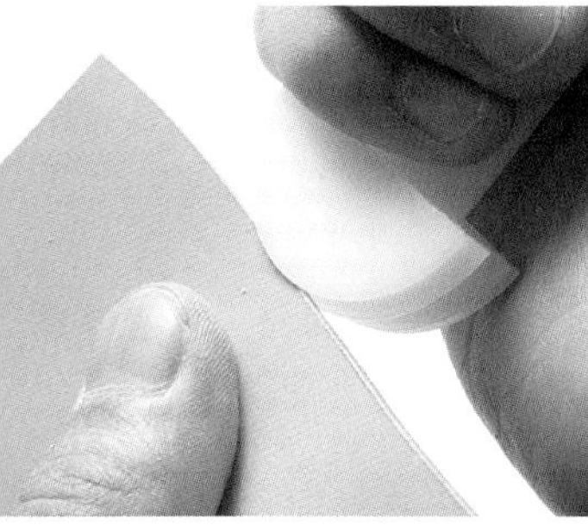

10　先將透明肉面層處理劑塗抹在扣帶、扣帶環、口袋、筆插部位的裁切口上，再利用三用磨緣器打磨。縫合前先磨好。

11　備妥材料。縫合部分不塗抹肉面層處理劑。

## 在本體上打孔

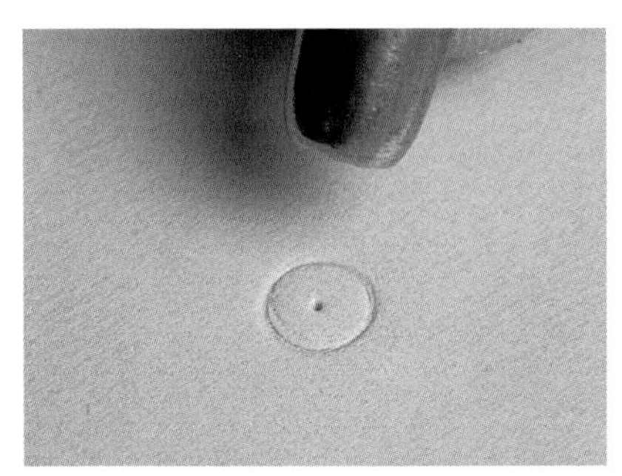

1　將圓斬刀刃抵住安裝金屬配件的位置，確認是否位於正確位置。

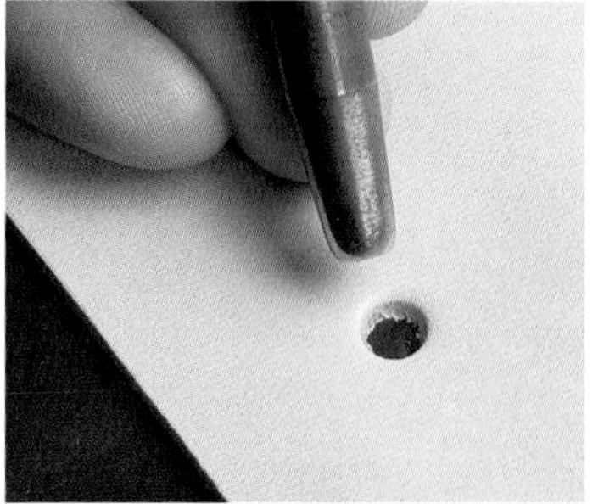

2　皮革底下鋪著橡膠板和毛氈墊，打好安裝金屬配件的孔洞。上圖中使用15號圓斬。圓斬必須垂直打入。

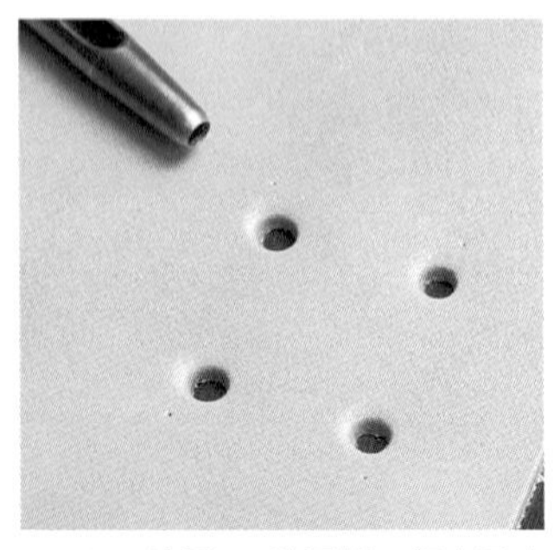

3 使用10號圓斬，打出固定扣帶環的孔洞。

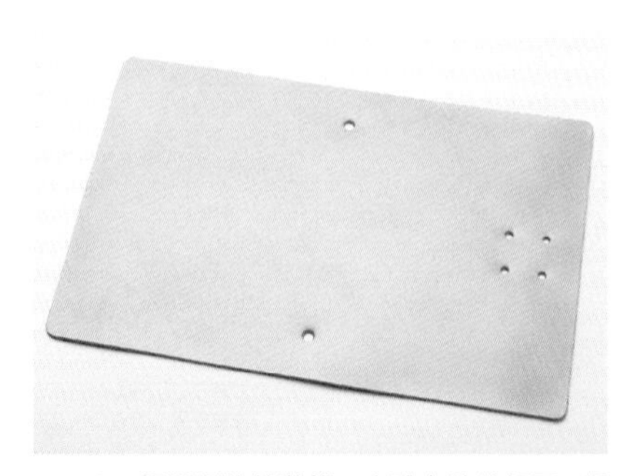

4 打好洞後的狀態。本體上總共打了6個洞。

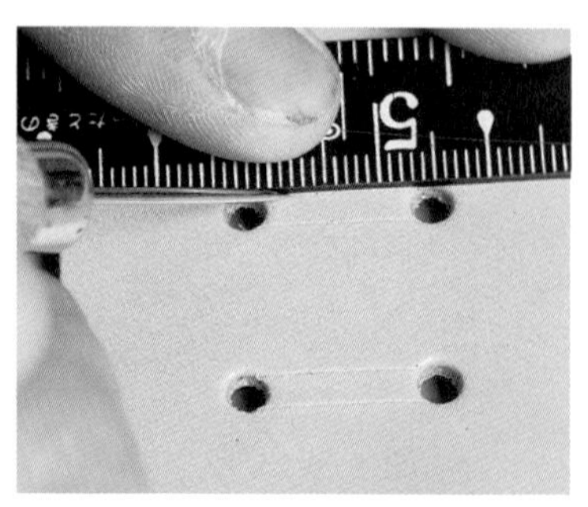

5 如照片中作法，在打好固定扣帶環的4個孔洞之間描線。

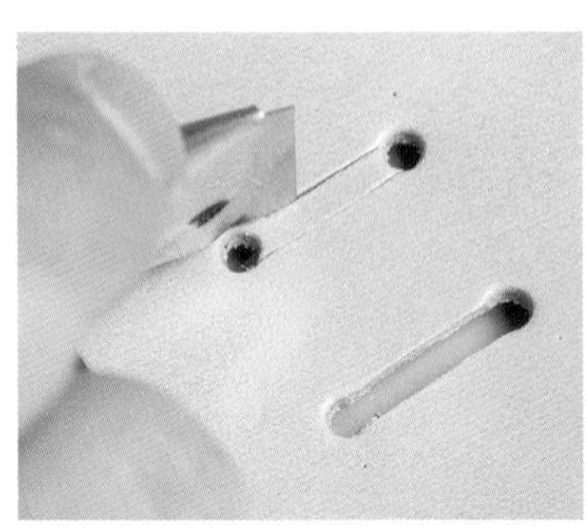

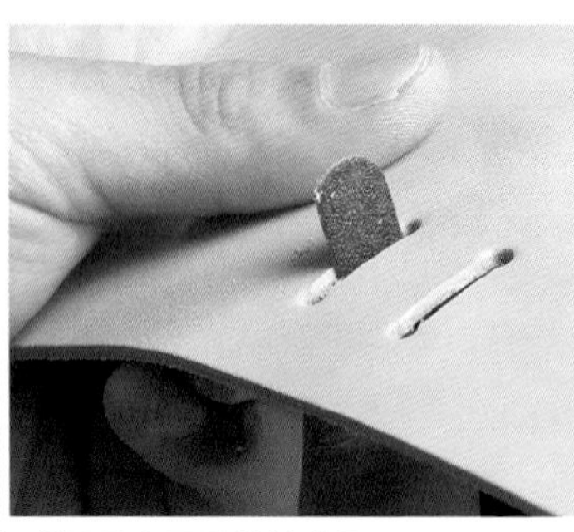

6 拿起美工刀，沿著描線痕跡切割，將圓孔和圓孔連結成長形孔。然後利用磨砂棒打磨長形孔內側，修整孔洞形狀。

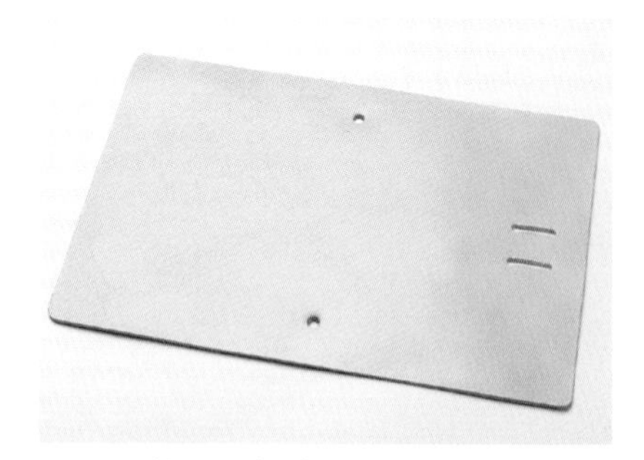

7 利用10號圓斬打出來的4個孔洞變成2個長形孔後的狀態。

# 縫上扣帶、扣帶環

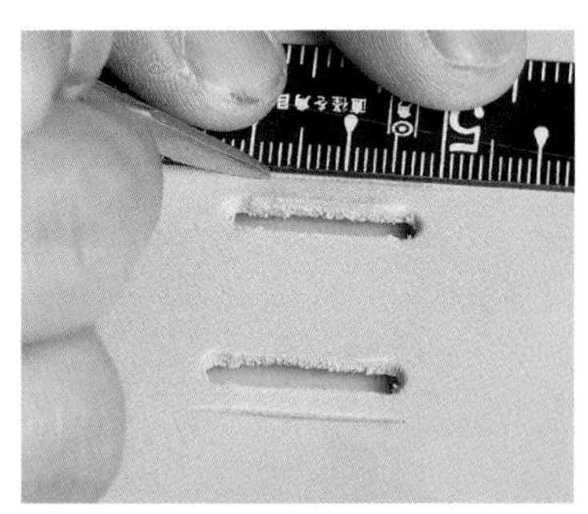

1 利用曲尺，在長形孔外側（距離裁切口3㎜）描上手縫導引線。

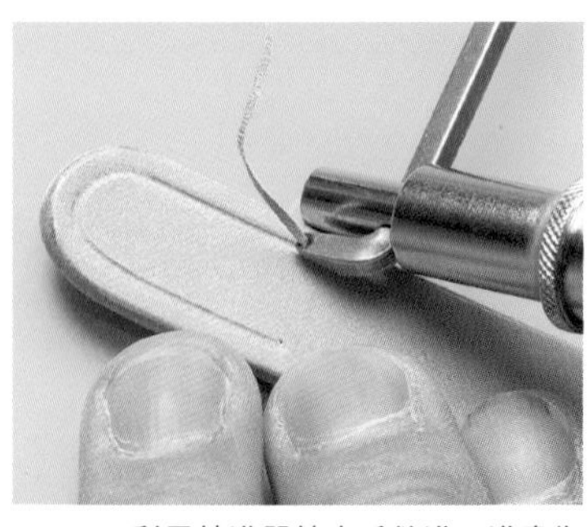

2 利用拉溝器拉出手縫溝，溝寬為3㎜。

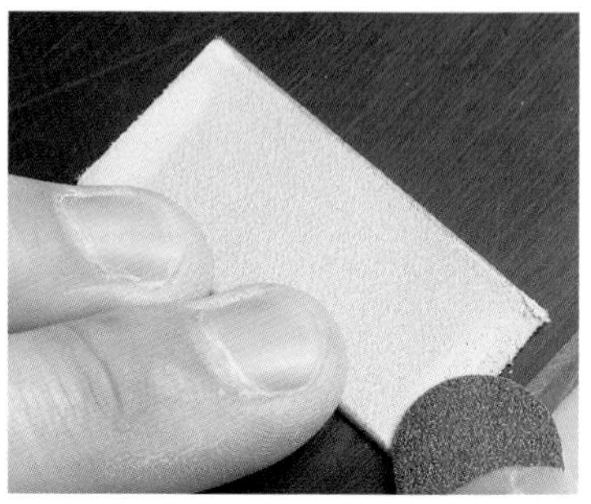

3 兩端用磨砂棒打磨約5㎜，以提升扣帶環部位的黏合效果。

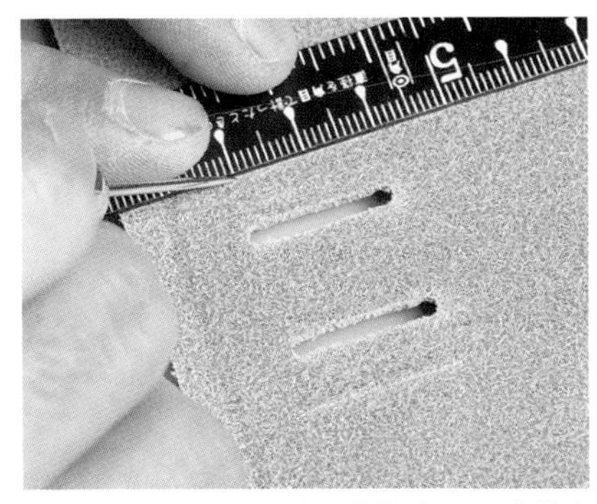

4 在本體肉面層上距離長形孔８㎜處描上黏合扣帶環的導引線。

5 將扣帶環的兩端分別插入長形孔中。

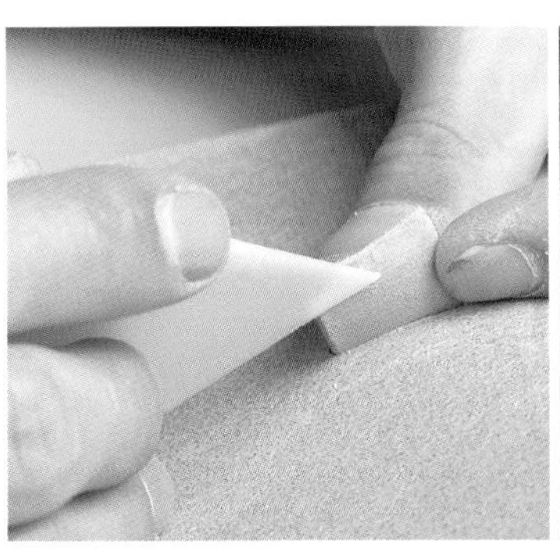

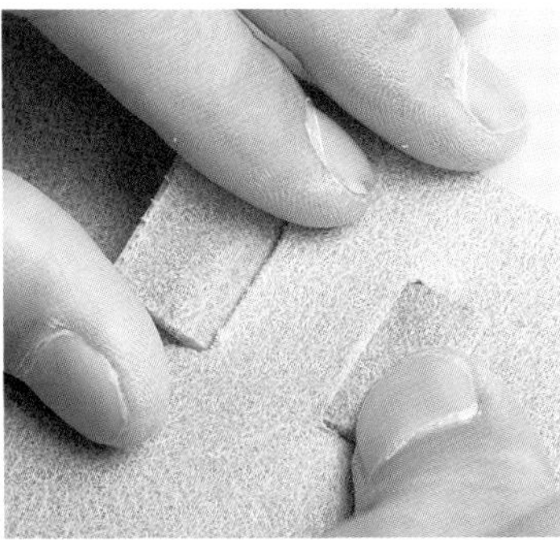

6 將白膠塗抹在扣帶環端部的皮面層上，對齊黏合導引線後黏合。對好位置後用力按壓以促使緊密黏合。

7 利用滾輪，用力地滾壓，即可避免貼合部位綻開。

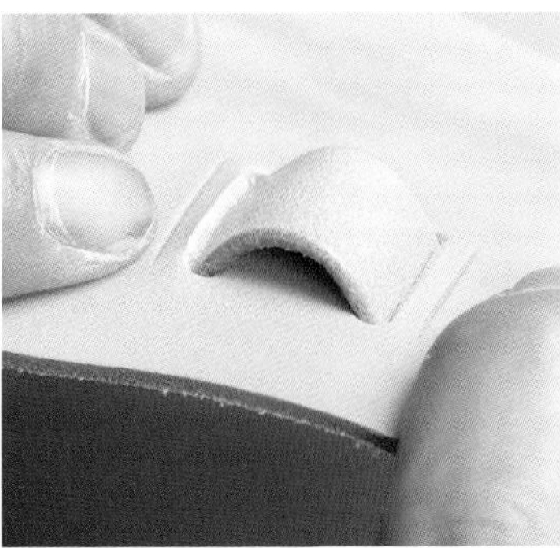

8 黏合另一端的扣帶環。慎重地對好位置以便邊黏合、邊留下足以讓扣帶穿過扣帶環的空間。

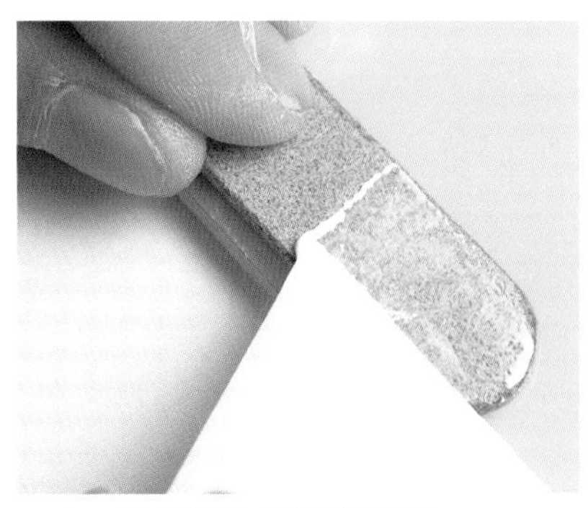

9 將白膠抹在扣帶的黏貼面上。

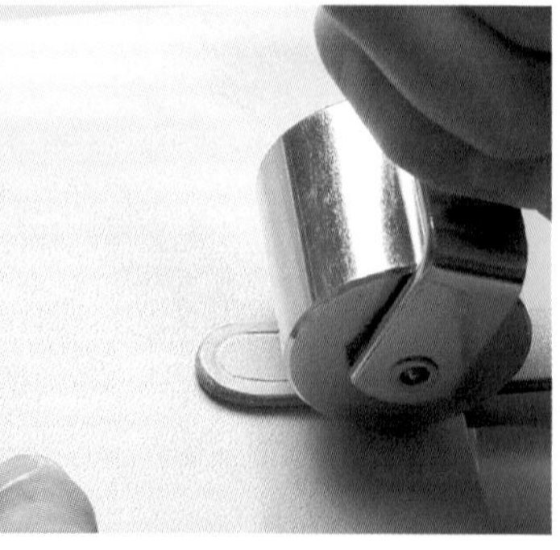

10 將扣帶黏在本體上。黏合位置和本體平行。黏合後經由滾輪滾壓。

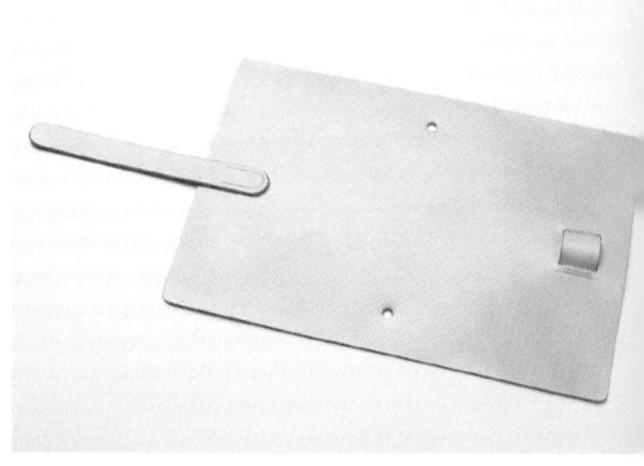

11 黏貼扣帶環、扣帶後狀態。開始縫合各部位。

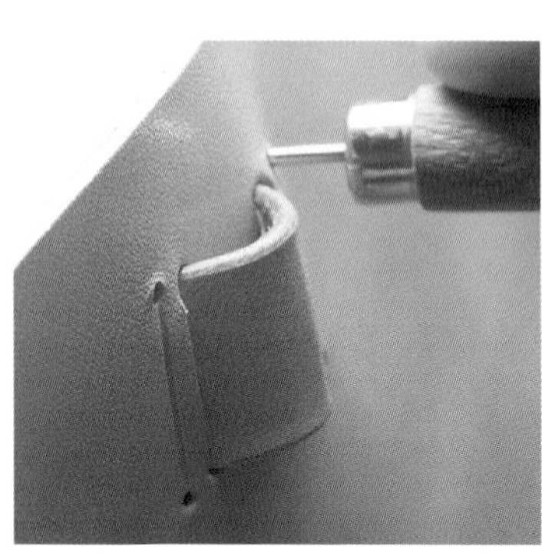
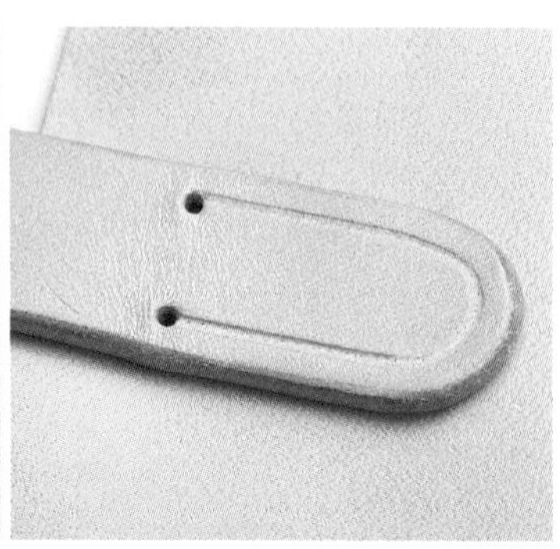

12 利用圓錐，在扣帶環、扣帶縫合部位的起點和終點鑽孔。

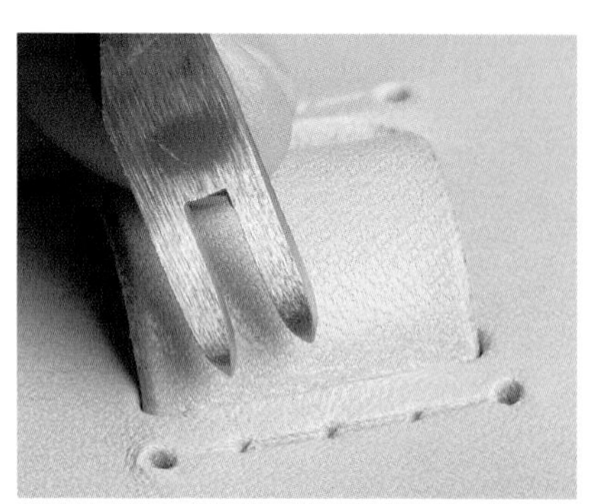

13 先以圓錐鑿孔，再利用菱斬於孔洞之間適度地壓出縫孔位置。

14 壓出縫孔位置後，利用菱斬，邊瞄準位置、邊依序打好縫孔。菱斬必須垂直打入。

## Point 菱斬的打入深度

菱斬不需完全打穿皮革。打入深度因皮革厚度或片數而不同，通常打到菱斬刀刃透出皮革背面約1㎜的深度就夠了。

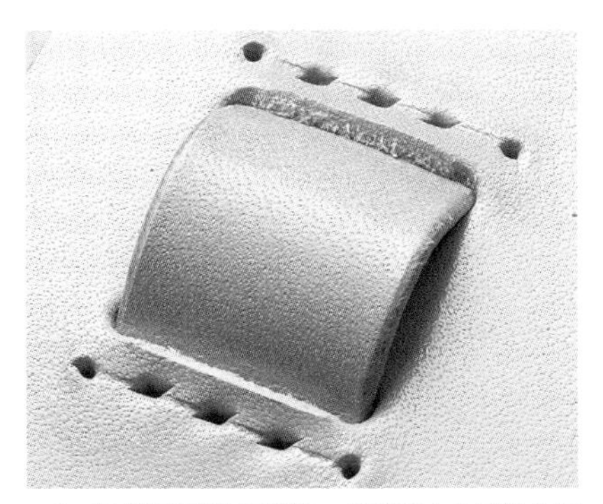

15 對齊起點和終點，分別打上5個縫合扣帶環的縫孔。

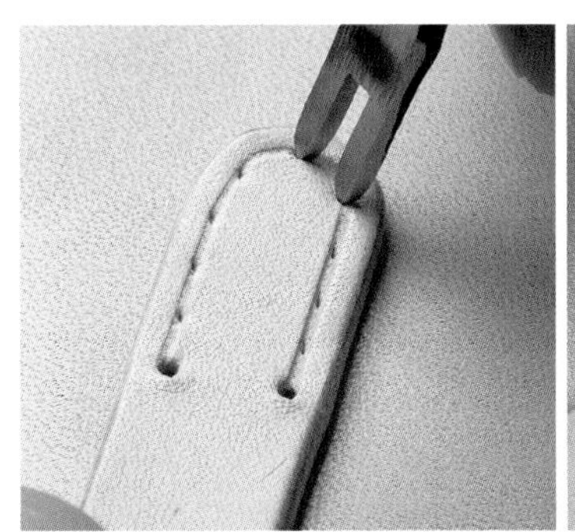

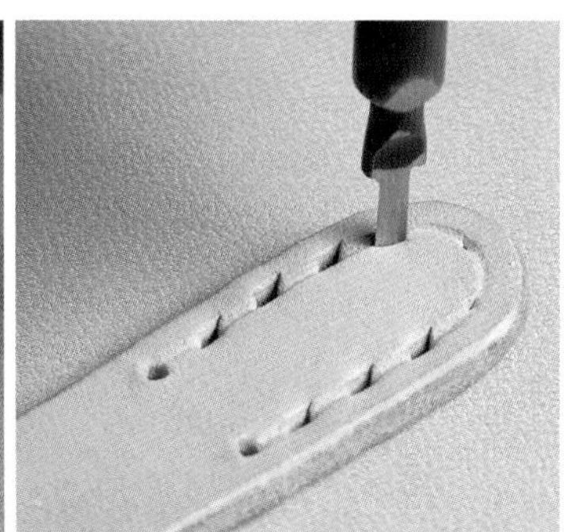

16 在扣帶上打孔。靠近曲線部位時，利用雙菱斬調整縫孔間距，打洞時使用單菱斬即可。

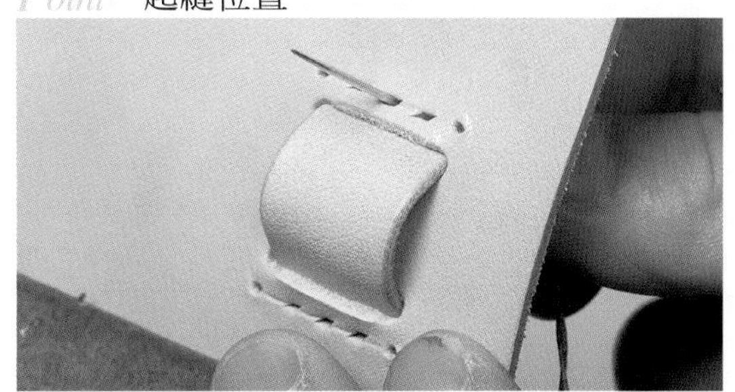

17 以本作品為例，扣帶頂端的3個縫孔是以單菱斬打出來的。

## Point 起縫位置

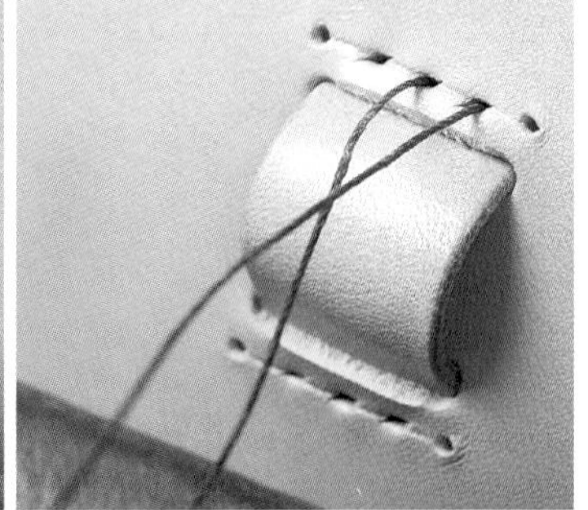

縫扣帶環時，不是從端部開始縫起，縫針從中央的縫孔穿出。這是一種有助於提升強度的縫合巧思。

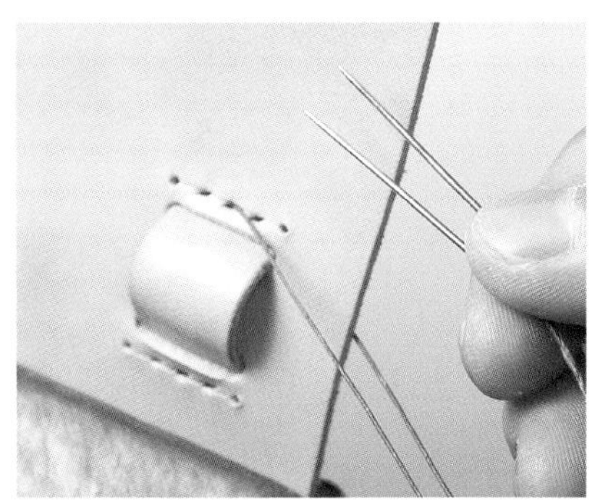

18 拉出縫線後，一隻手拿著2根縫針，將縫線整理出均等長度後才繼續縫合。

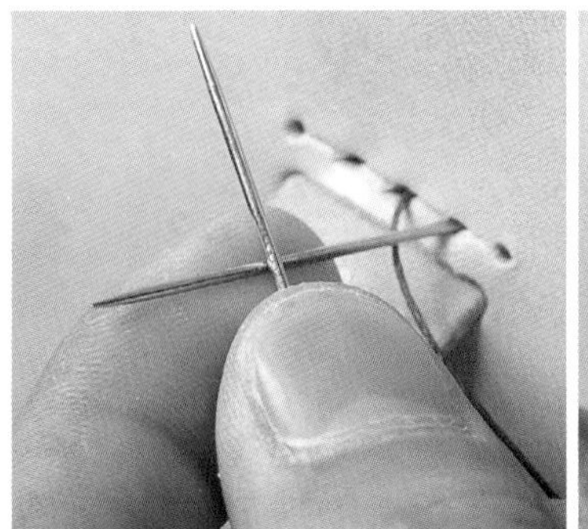

19 先將縫針朝著自己的方向穿過縫孔。拉出縫針時，兩根縫針交叉而過並筆直地拉出。並留意縫針倒向。

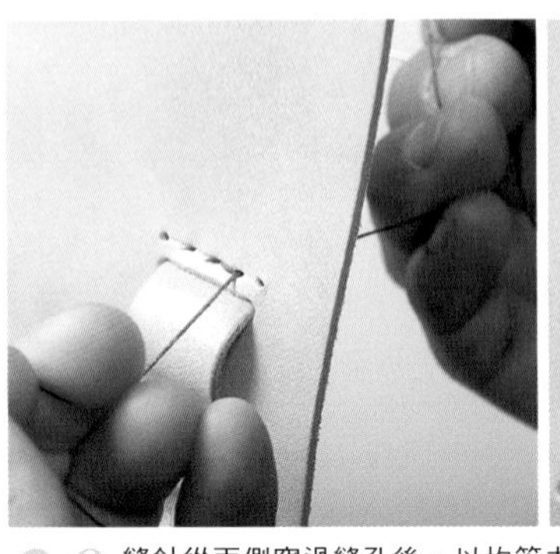

20 縫針從兩側穿過縫孔後，以均等力道拉緊縫線，以便固定住針目。依據皮革厚度或牢固程度調整拉緊縫線之力道。

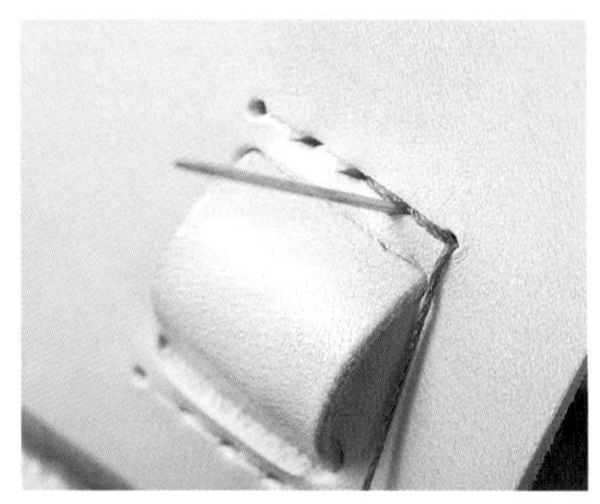

21 縫到端部後折返。避免縫針戳到縫線，邊觸摸確認，邊插入縫針。

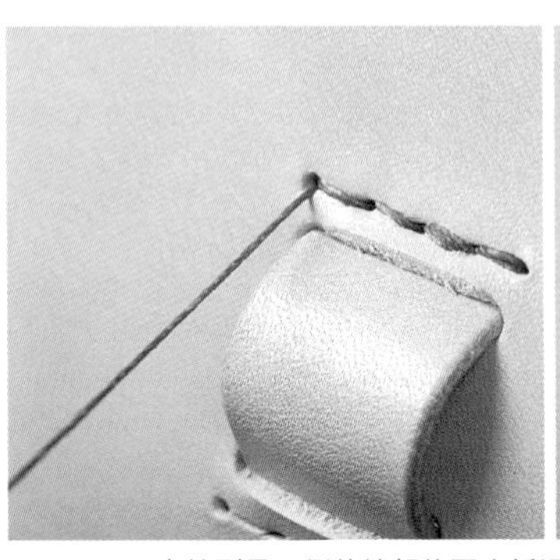
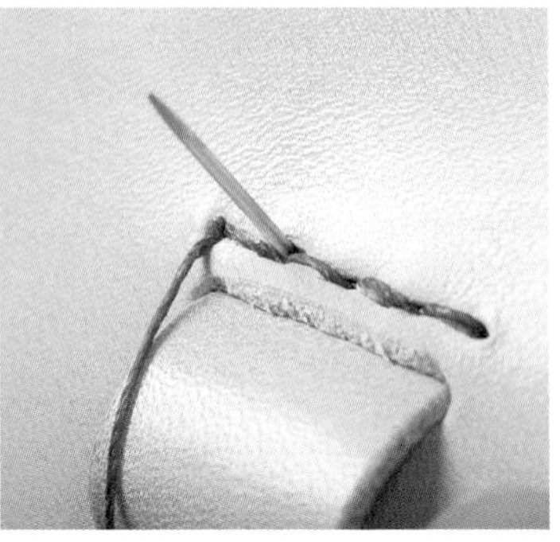

22 一直縫到另一側的端部後再次折返。

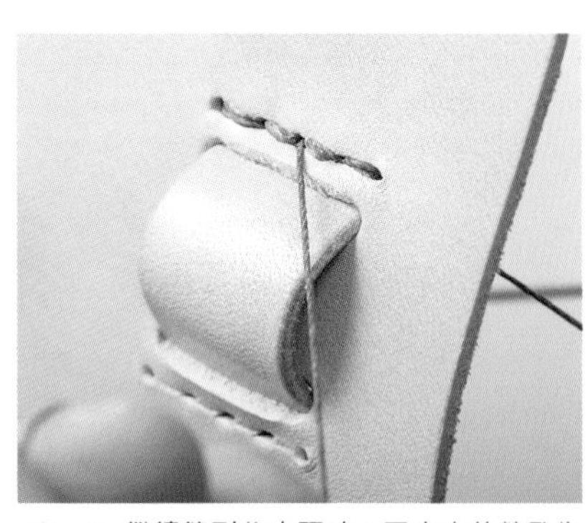

23 繼續縫到此步驟時，至中央的縫孔為止，總共縫了2回。

24 剪斷縫線。剪斷縫線時儘量貼近縫孔。

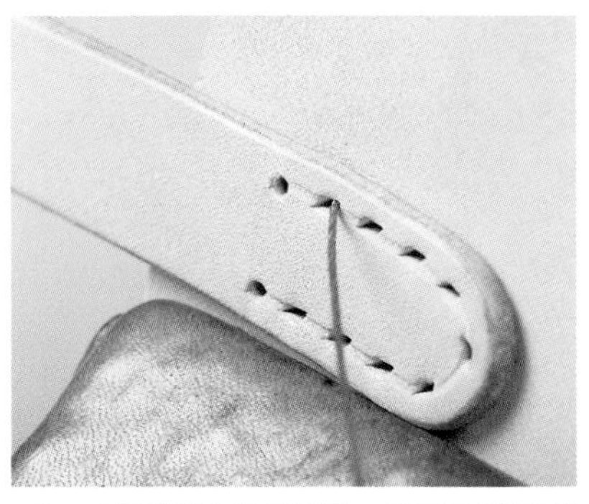

25 開始縫合扣帶部位。留下圓錐鑿出來的第一個縫孔，將縫針穿過縫孔。

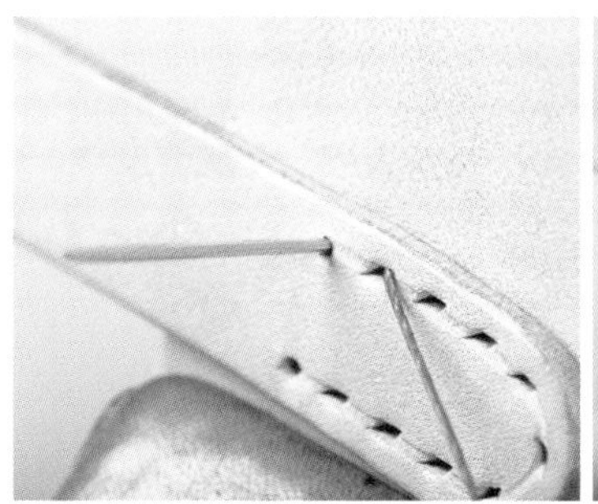
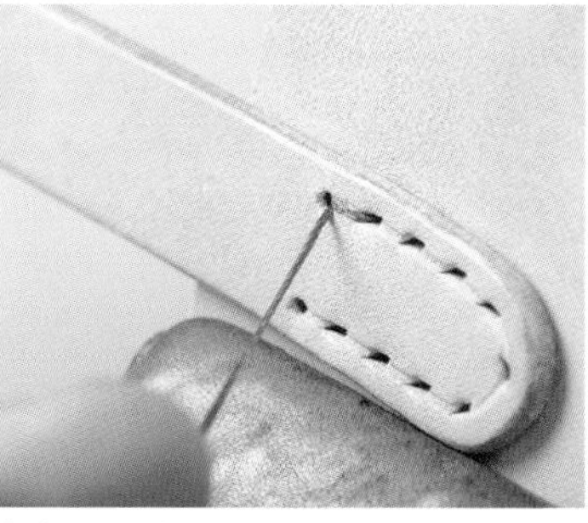

26 依序將縫針穿過縫孔。兩邊的縫線整理成均等長度後才能將縫針穿過縫孔。然後拉住縫線兩端，拉緊縫線。

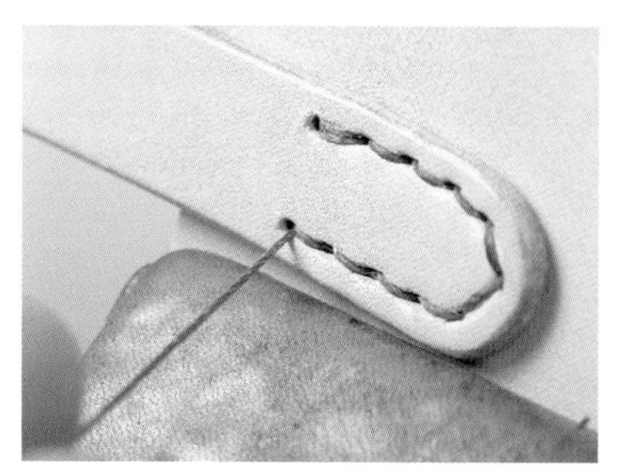

27 從起縫孔往終點，依序縫合。

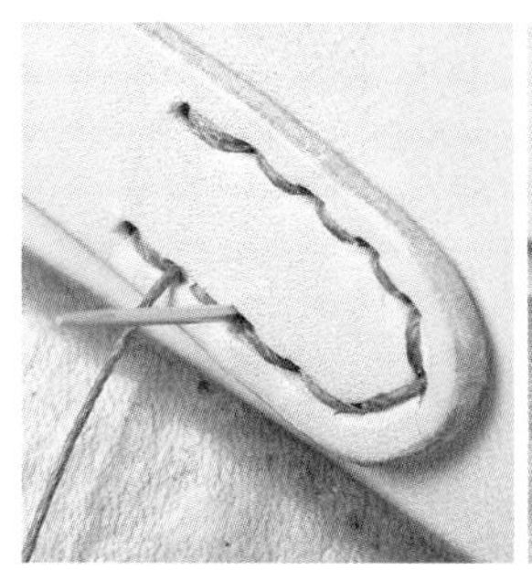
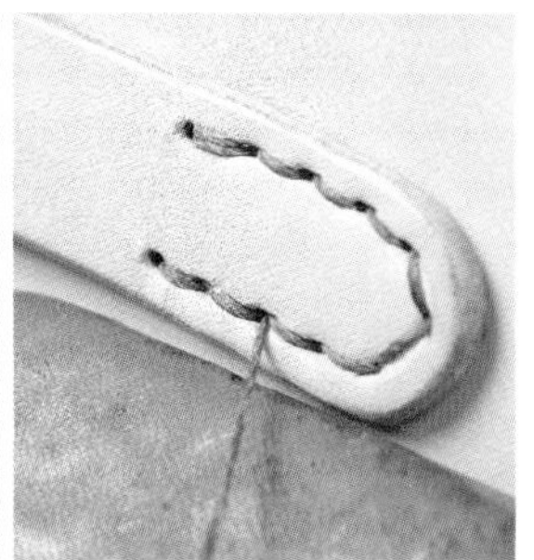

28 從終點的前一個縫孔折返。避免戳到縫線，邊觸摸確認，邊插入縫針。

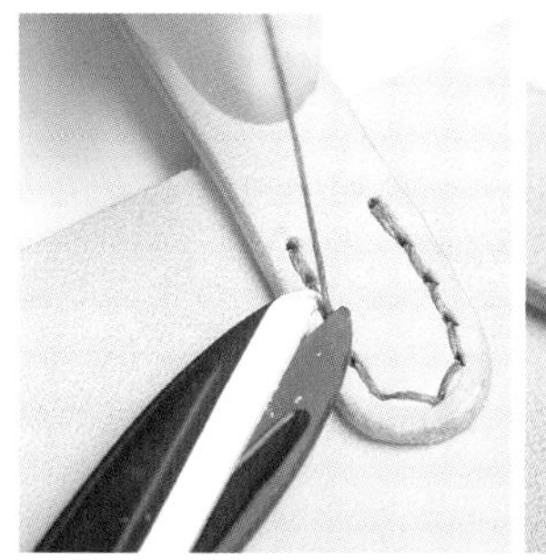
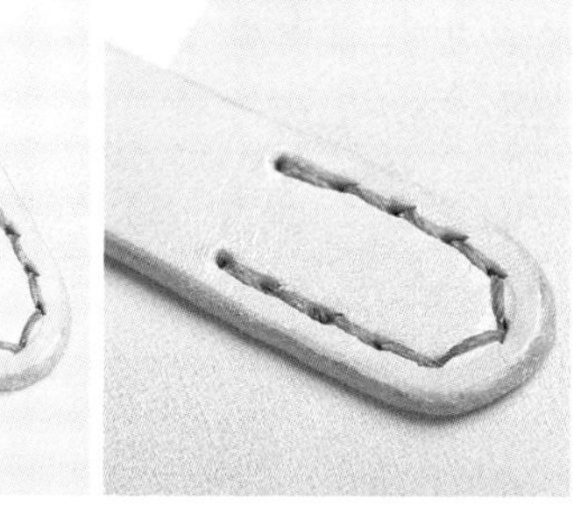

29 剪斷縫線。和縫合扣帶環時一樣，緊貼縫孔，剪斷縫線。

## 縫上口袋、筆插部位

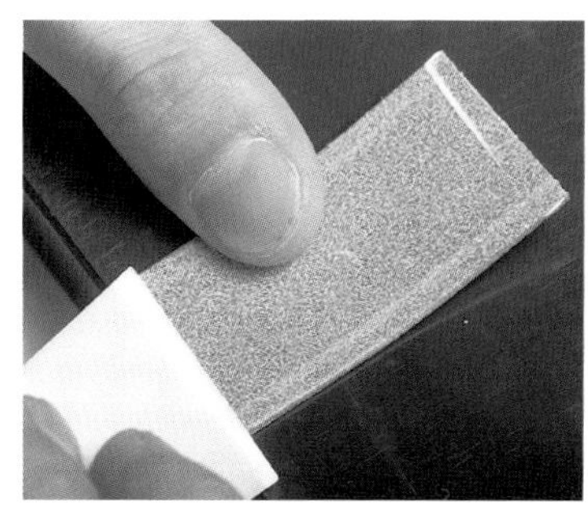

1 筆插部位的皮革兩端分別塗抹白膠。薄薄地塗抹距離端部約3mm處後對折並形成環狀。

2 利用磨砂棒打磨黏合面，事先將皮面層磨粗。

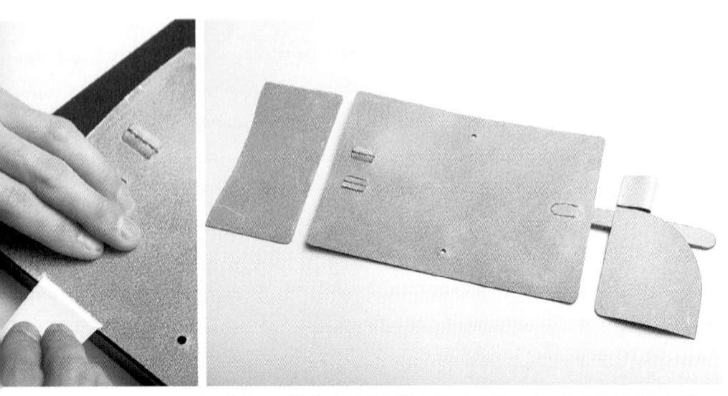

3 本體和口袋縫合部位都塗抹白膠。肉面層上塗抹白膠後狀態。

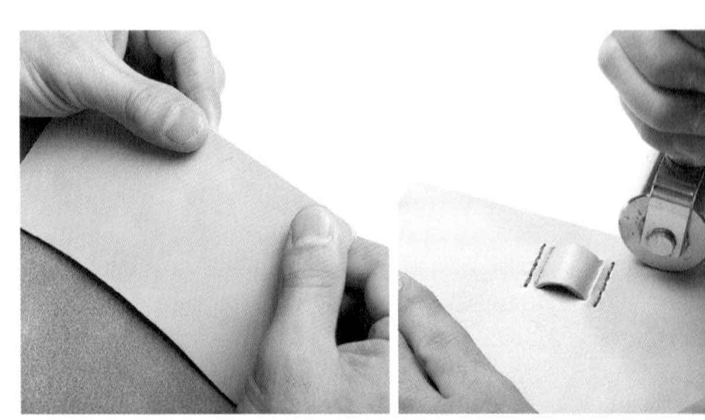

4 對好位置，黏合各部位。用手微微地調整位置後，利用滾輪確實地、均一地滾壓。

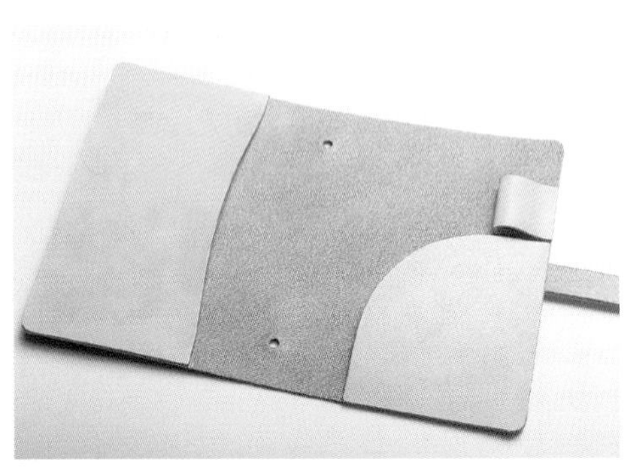

5 黏合各部位後狀態。靜置約10分鐘，直到白膠乾到某個程度為止。

6 白膠陰乾後，利用磨砂棒打磨黏合部位並修整形狀。對折起皮革並調整到最理想的形狀。

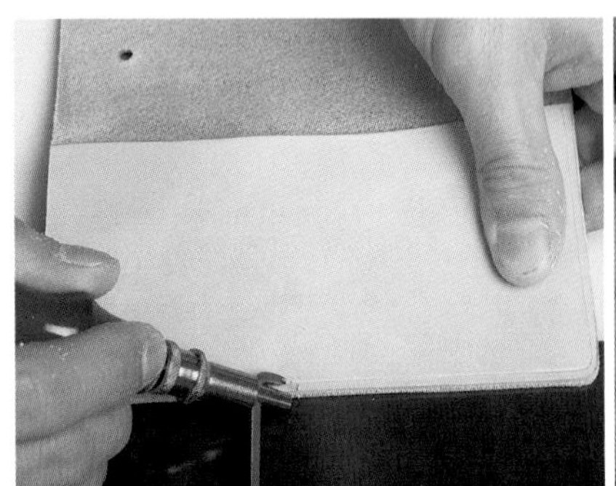

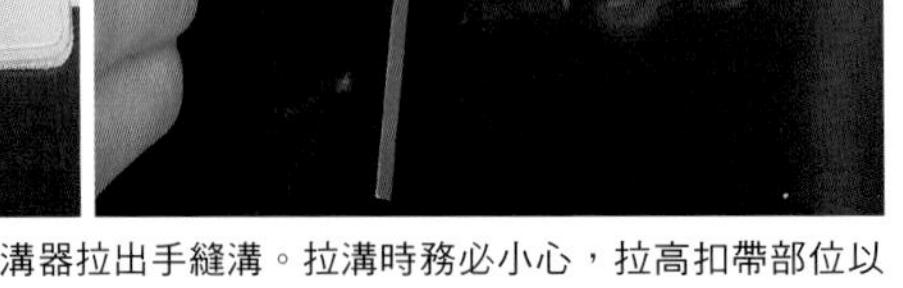

7 將寬度設定為3㎜，利用拉溝器拉出手縫溝。拉溝時務必小心，拉高扣帶部位以免刮傷皮革。

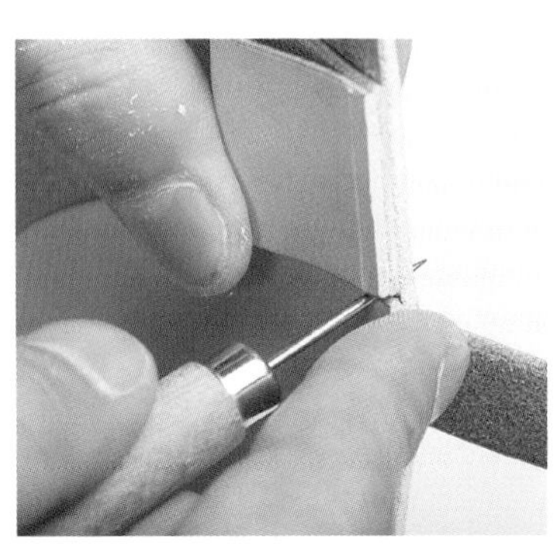

8 筆插的上、下方或口袋端部都以圓錐鑿好手縫孔。

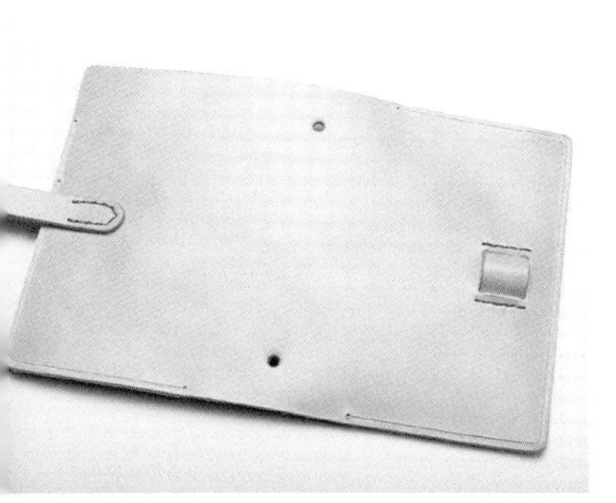

9 皮面上拉好手縫溝後之狀態。

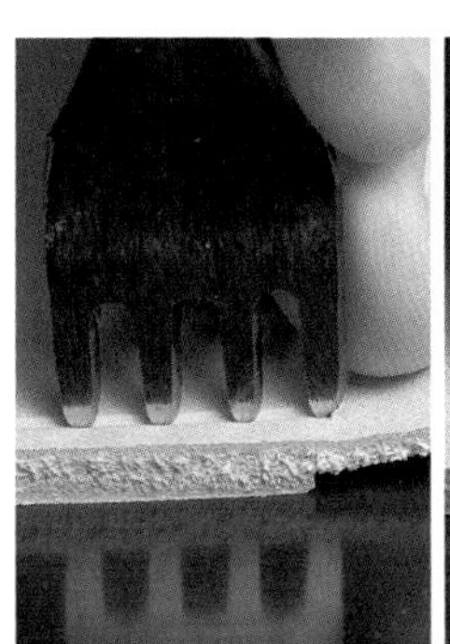

10 利用菱斬打孔。先以圓錐鑿的孔為基準做好記號，空下1個縫孔，依序打好菱形孔。

11 直線部分使用四菱斬，重疊前1孔，每次打上3個縫孔。

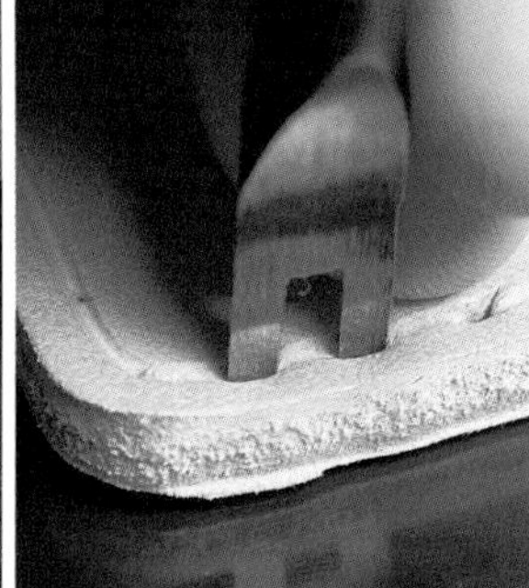
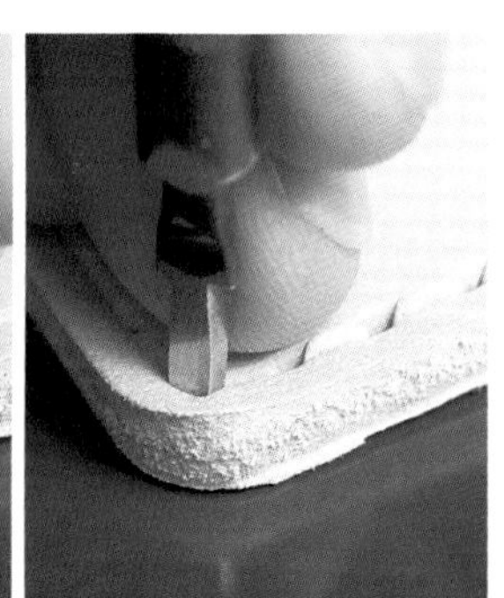

12 靠近曲線部位時，換上不同刀刃數的菱斬以便調節打孔位置，先壓上記號，再分別以雙菱斬和單菱斬打上縫孔。

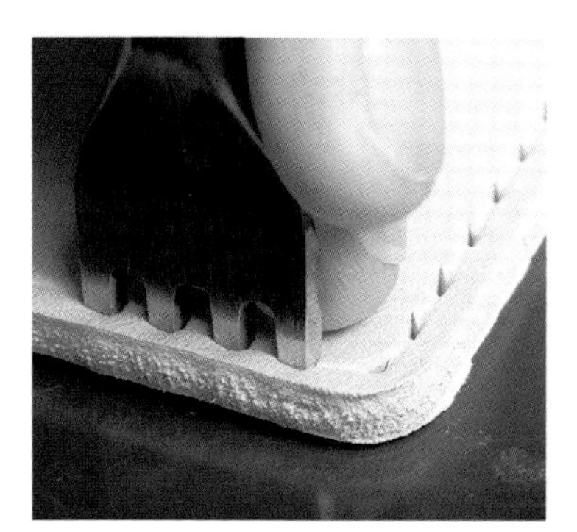

13 打好曲線部位的縫孔後，再換上四菱斬，繼續打好其他縫孔。

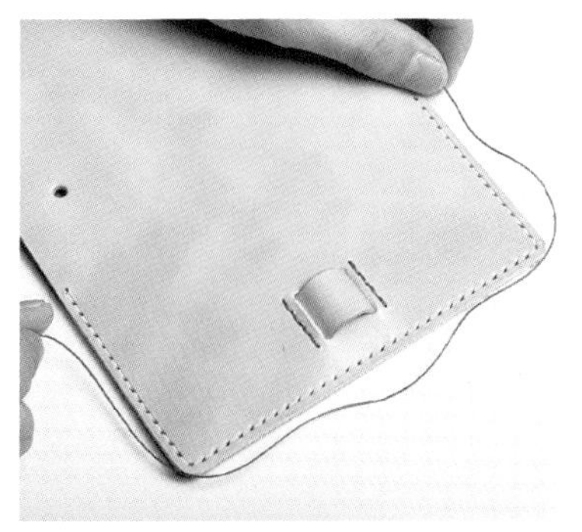

14 打好縫孔後準備縫線。縫線長度以縫合距離的4倍為大致基準。

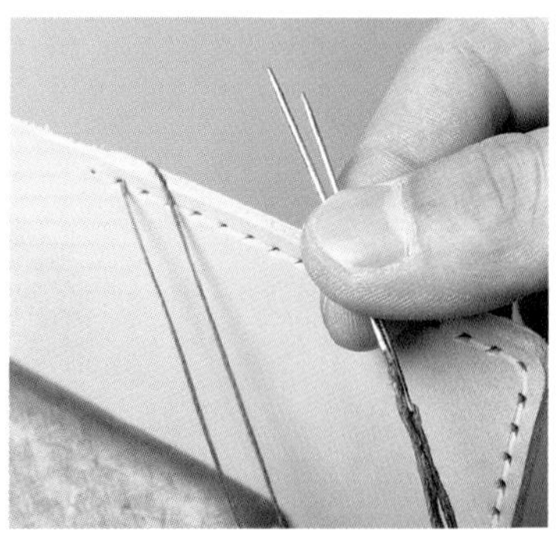

15 留下第一個縫孔，先將縫針穿過縫孔，再將縫線整理出均等長度。

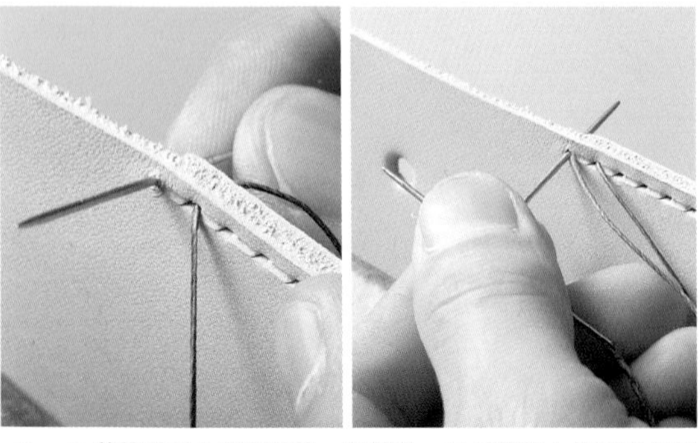

16 將縫針插入留下的第一個縫孔。回針縫第 1 個縫孔以提升縫合部位的最前端強度。

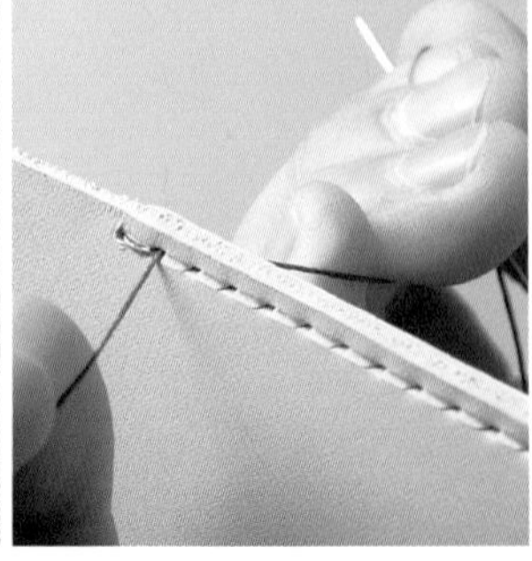

17 返回起縫孔後保持該狀態，繼續縫合。

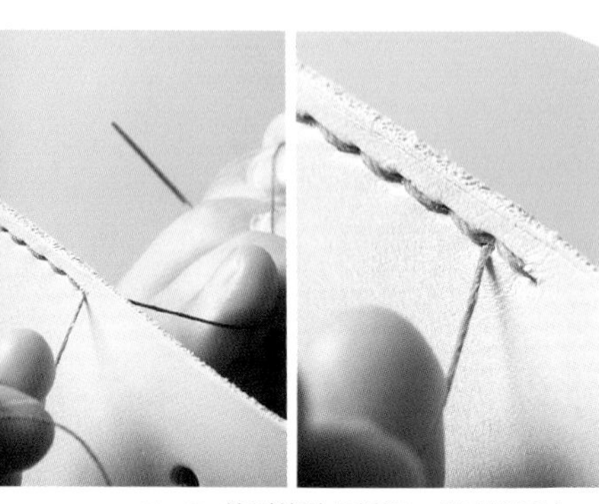

18 縫到終點後折返。共回縫兩針。

19 縫好後剪掉多餘的縫線。

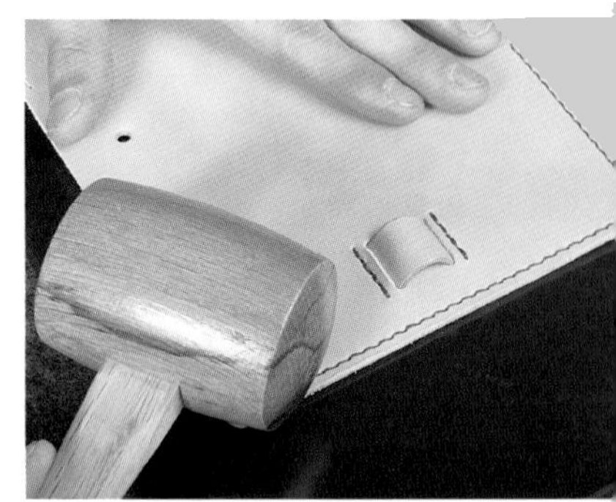

20 以木槌側面輕敲縫合部位，將針目部位敲得更平整服貼。

## Point 縫扣帶部位時

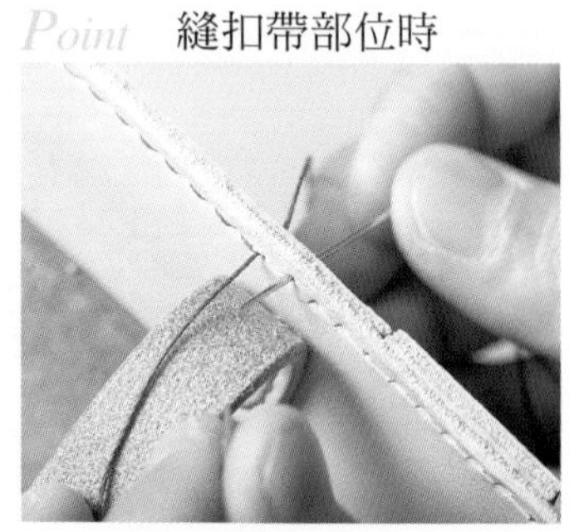

避免縫針戳傷扣帶部位，邊彎曲邊縫合。

## Point 縫筆插部位時

利用圓錐在筆插上、下鑿出來的縫孔，別忘了縫上縫線。

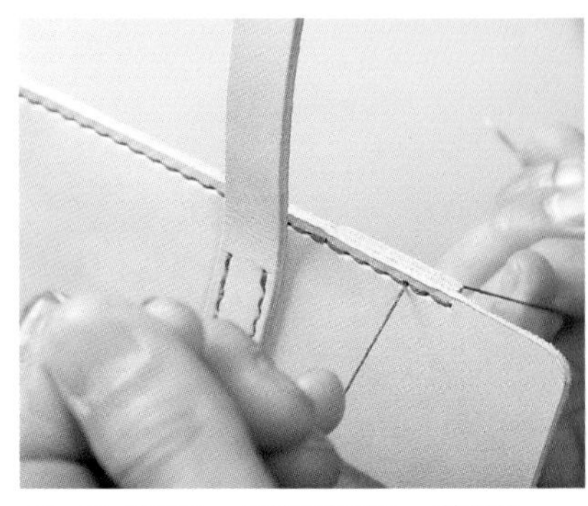

21 縫好後，回縫兩個縫孔，剪斷縫線。

# 修飾和安裝金屬配件

1 將裁切口打磨修整。皮革重疊部位需特別仔細。

2 利用削邊器，削掉本體四周的稜邊。

**Point　活用零碎小皮塊**

有高低落差的部位，墊著小皮塊，形成相同厚度，更方便修整稜邊。

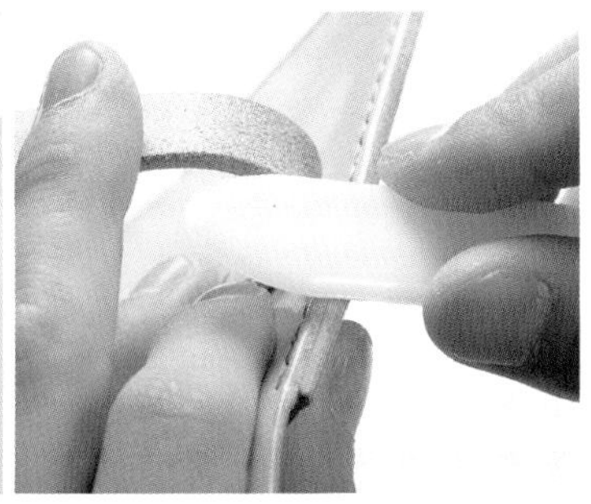

3 將修整過的裁切面塗上透明肉面層處理劑。利用三用磨緣器打磨、修整皮革裁切口。打磨較厚的部位時使用刮板。

4 安裝金屬配件。固定金屬配件（公釦）前先抹上白膠，即可避免釦件鬆脫。

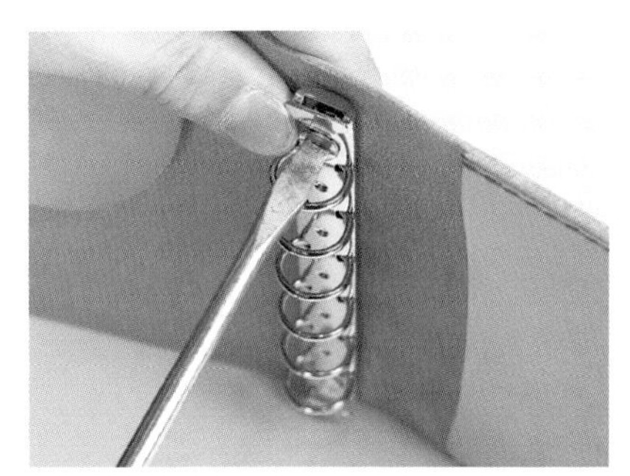

5 利用一字型螺絲刀緊拴，以固定住金屬配件（公釦）。

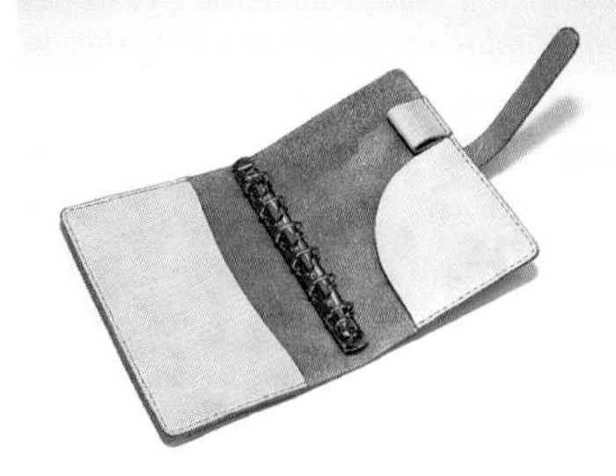

6 造型非常簡單，越使用越順手的萬用手冊皮套完成圖。

# 隨身包的作法

使用經過染色處理、鞣製加工，顯色效果絕佳的植物鞣皮革。折檔部位非常有彈性，可依據化妝品或貴重物品等攜帶物品的大小或份量，調整四合釦的安裝位置。這是一款將內部區隔成三部分，非常著重於使用方便性，希望能喜歡且長久使用的作品。

製作 PAPA-KING

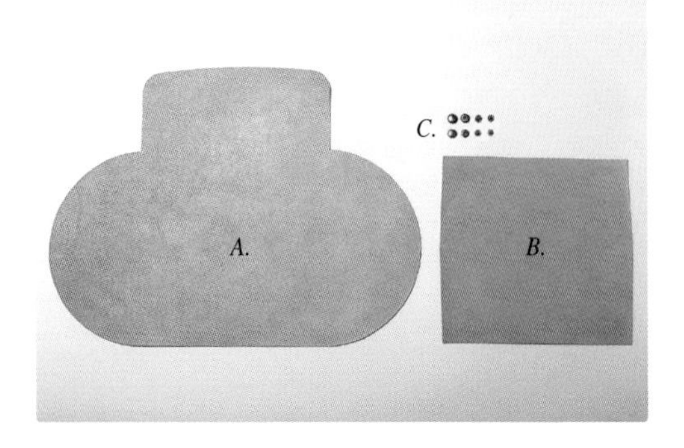


## 材　料

*A*、*B*：荔枝紋有色牛皮（厚2㎜）650㎜×350㎜。*C*：四合釦（φ12-13㎜）各1個，小皮塊（視個人喜好而定）。麻線（過臘）

## 製作要點

縫合部分非常少，因此初學者也能輕鬆地製作。以最正確、最基本的技巧，在皮革上留下清晰的摺痕或打上縫孔吧！本體紙型上記載著四合釦的安裝位置，可依個人喜好調整該位置。另外，很可能因為皮革種類或因皮革太厚而無法完全依照紙型完成作品，必須特別留意這一點。必須在裁切皮革前完成肉面層處理作業。

# 紙　型

請將以下紙型影印放大400%後使用。先在皮革上做記號，畫上固定釦件的位置吧！設計時，相對於中心的橫向寬度，將內袋的上、下邊長度縮短了6㎜。

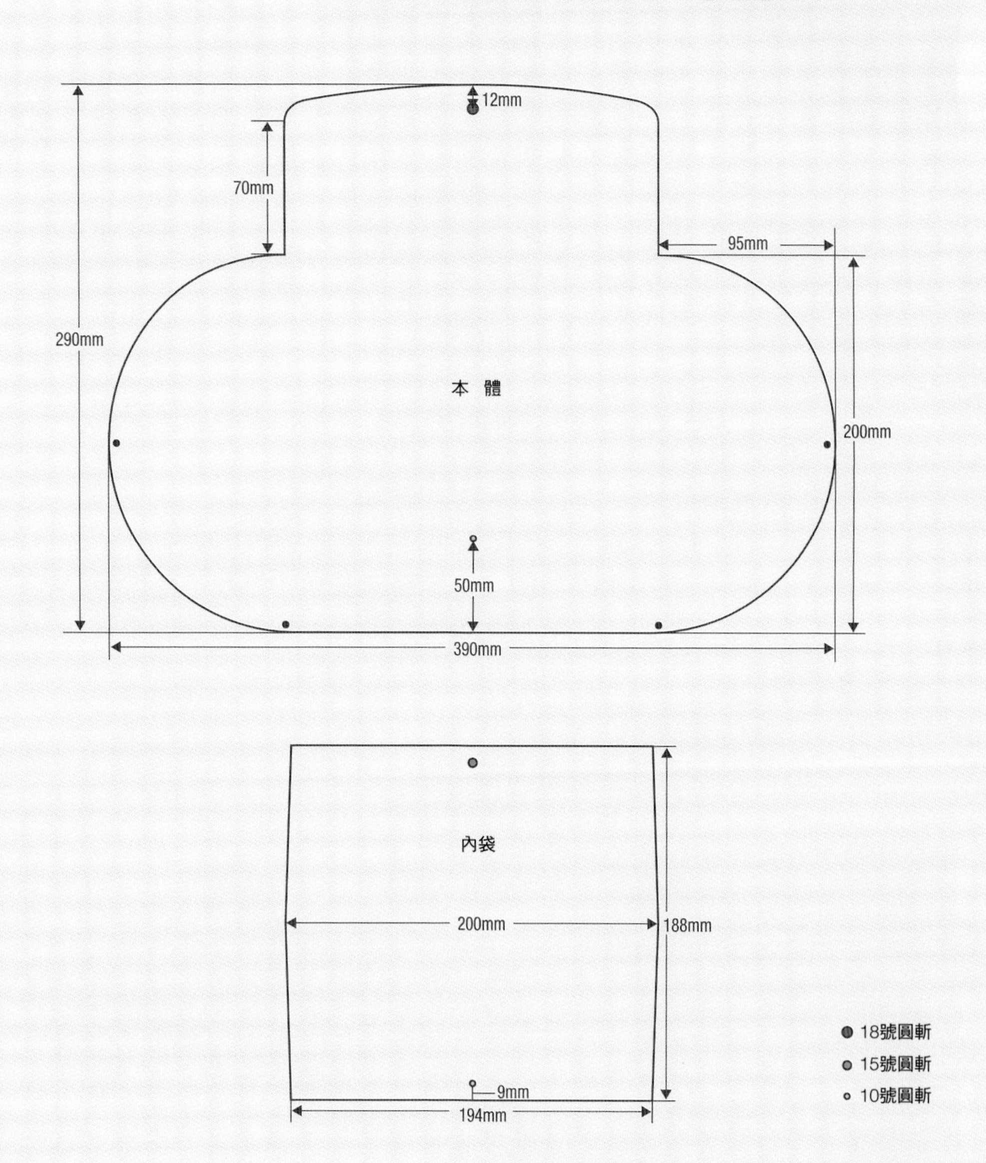

## 本體的前置作業

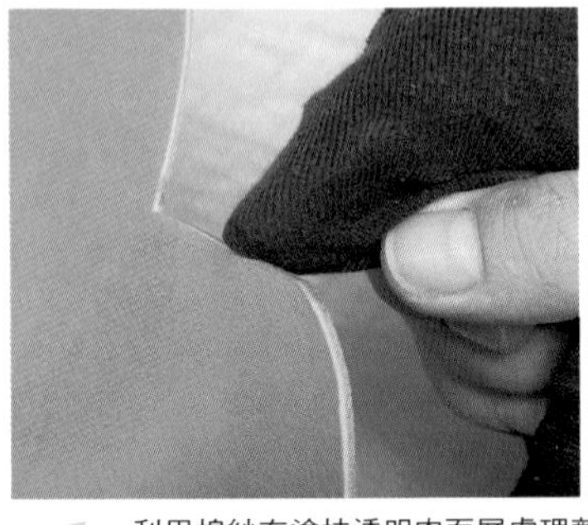
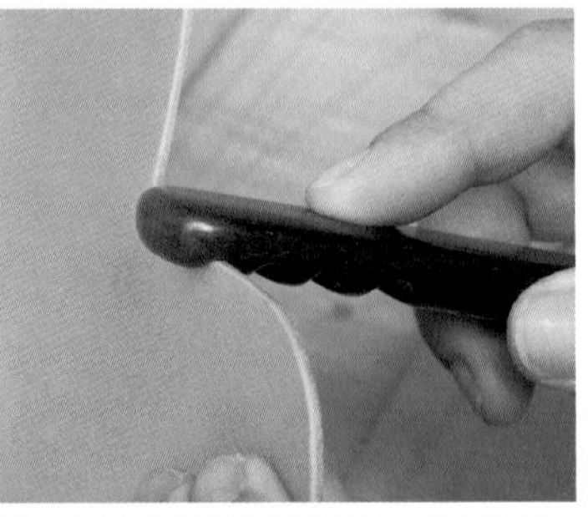

*1* 利用棉紗布塗抹透明肉面層處理劑後，再以木製或三用磨緣器，將皮革裁切面打磨得光滑平整。喜歡粗獷感覺的人，不打磨裁切面也沒關係。

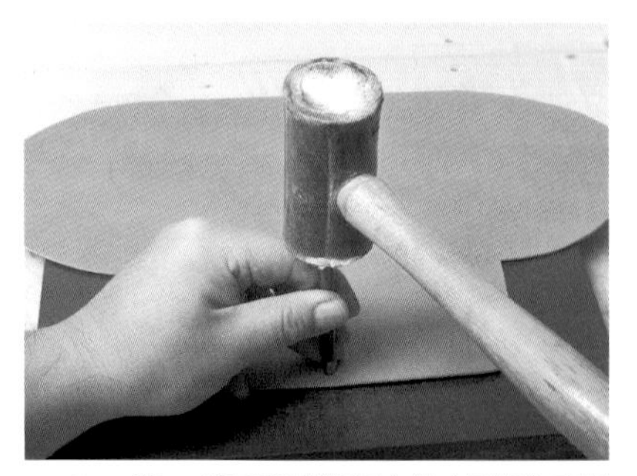

*2* 將18號圓斬瞄準四合釦（母釦）安裝位置上的記號後打上釦孔。

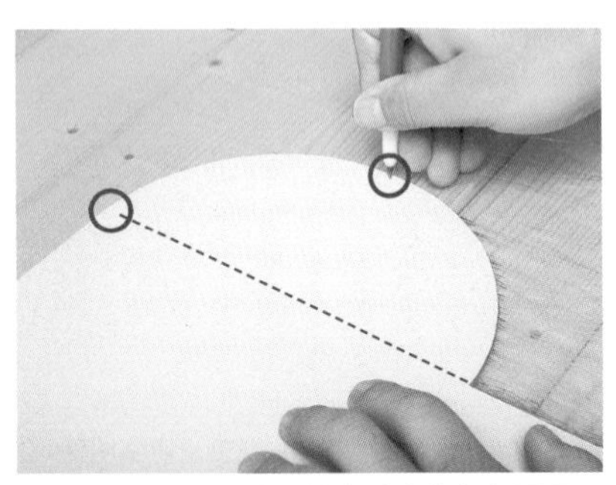

*3* 將紙型對齊折襠部位上的紅色圈圈，再以鐵筆輕輕地在皮革背面做記號。

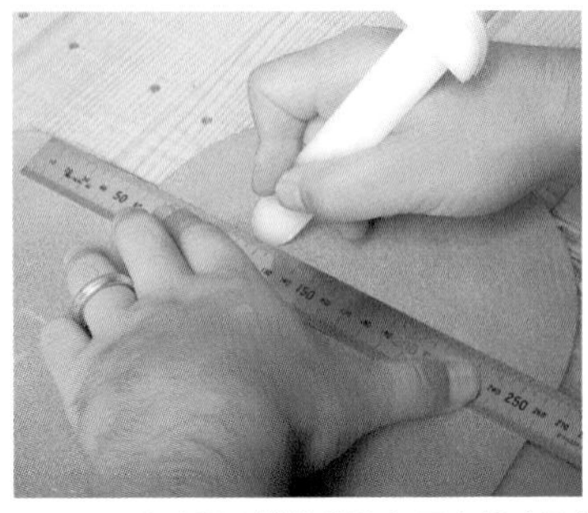
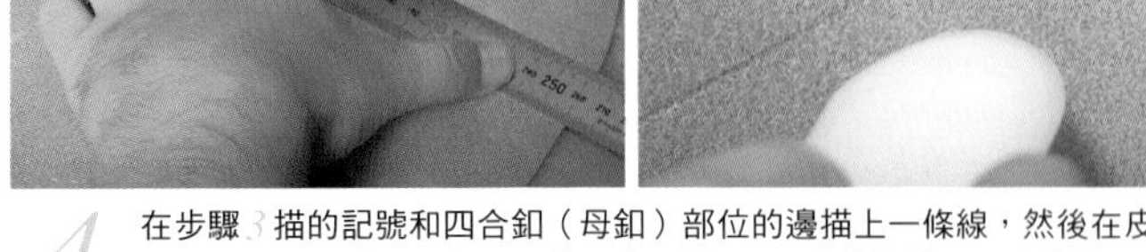

*4* 在步驟3描的記號和四合釦（母釦）部位的邊描上一條線，然後在皮革背面描出折線。這部分是使用左下圖Point中介紹的三用磨緣器。

### *Point* 使用起來非常方便的三用磨緣器

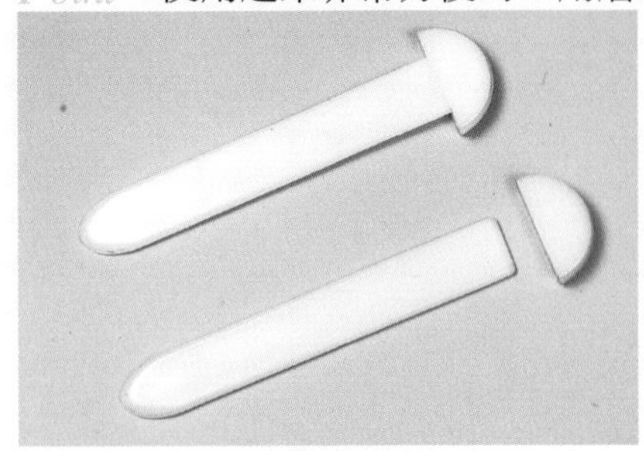

請務必準備一只三用磨緣器，以便在完全不會刮傷皮革狀態下拉溝。除拉溝時使用外，半圓形部位還可用於打磨皮革的裁切口，拆下來的刮板則可用於塗抹CMC（粉狀仕上劑）。

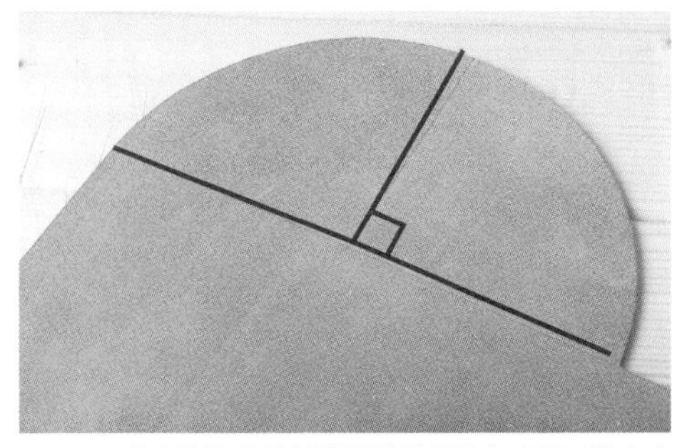

*5* 垂直連接位於折襠頂點的記號和步驟4描出來的線。同時處理另一邊的折襠。

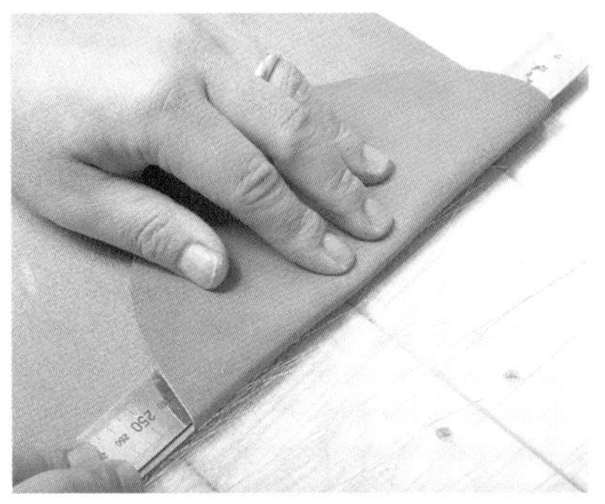

6 沿步驟4描出來的線，正確地折起皮革，以鐵尺壓住即可折出清晰的摺痕。

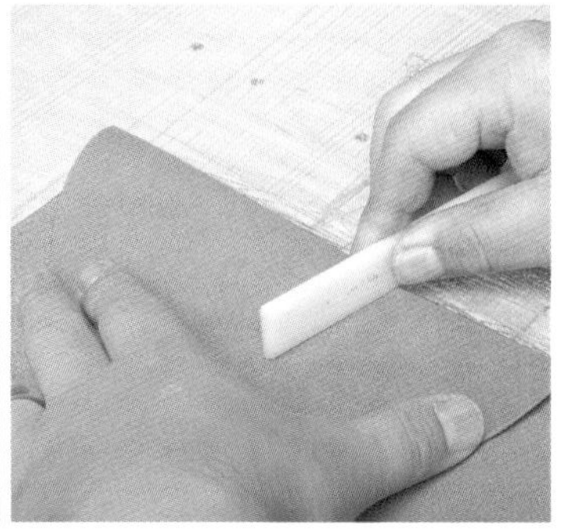

7 利用滾輪，更確實地壓滾出清晰的摺痕。使用P68的Point中介紹的三用磨緣器，亦可處理出非常清楚確實的摺痕。

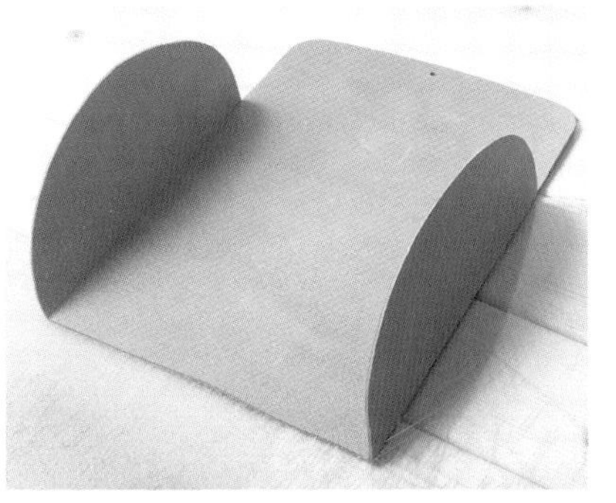

8 以相同步驟處理另一邊的折襠，確實地折出摺痕。

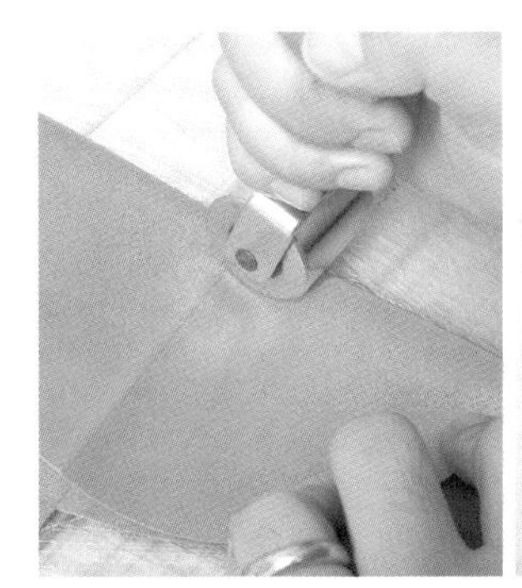

9 緊接著對齊步驟5描出來的線，利用滾輪，將兩邊的折襠都滾壓出明顯的摺痕。參考照片（右），滾壓摺痕時務必小心，以免滾壓到主體部位。

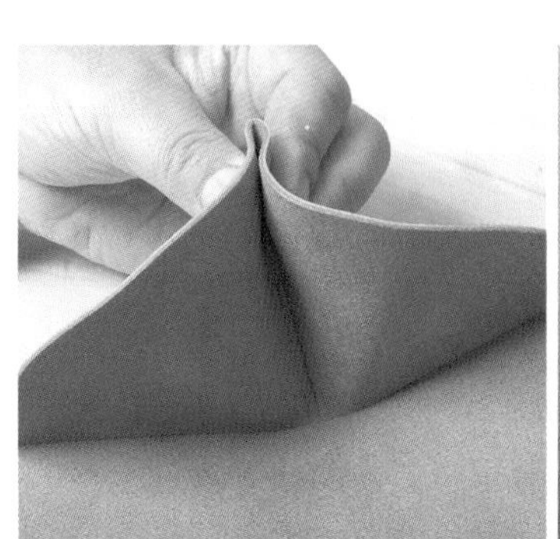

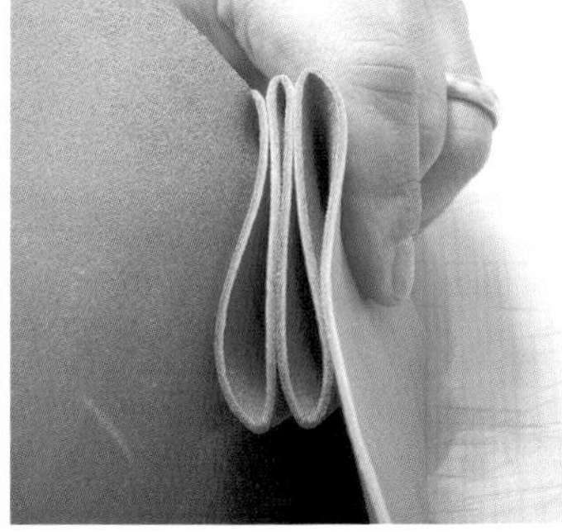

10 以步驟9滾壓的摺痕為山，以步驟7滾壓的摺痕為谷，捏住皮革以便折出蛇腹狀折襠。

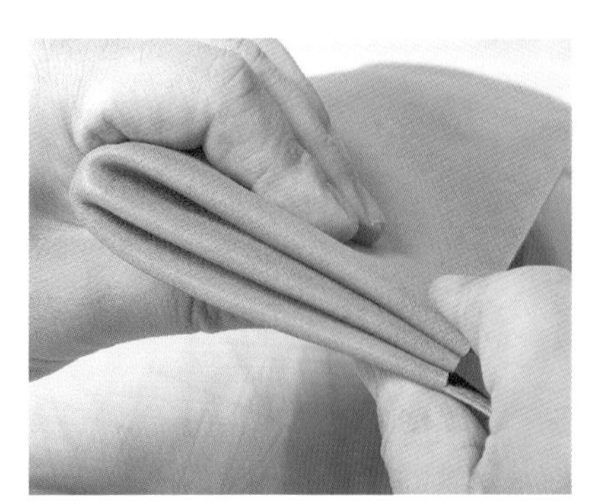

11 雙手用力按壓，邊調整形狀，邊用力捏出清晰的摺痕。

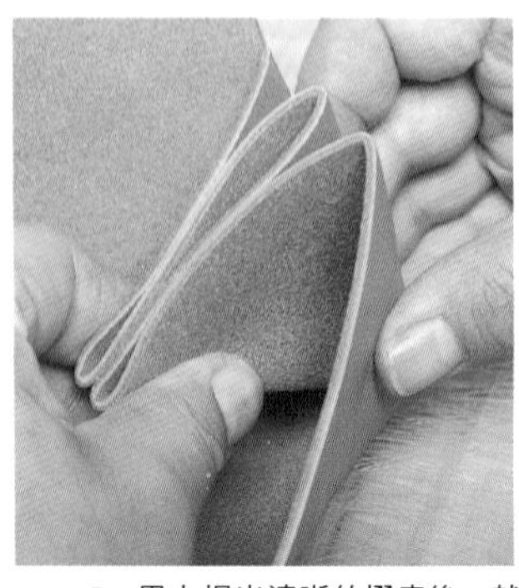

12 用力捏出清晰的摺痕後，就會呈現出照片（右）中狀態。皮革的皮面層上可能因重疊多層而產生壓紋，所以處理這部分時不使用滾輪。

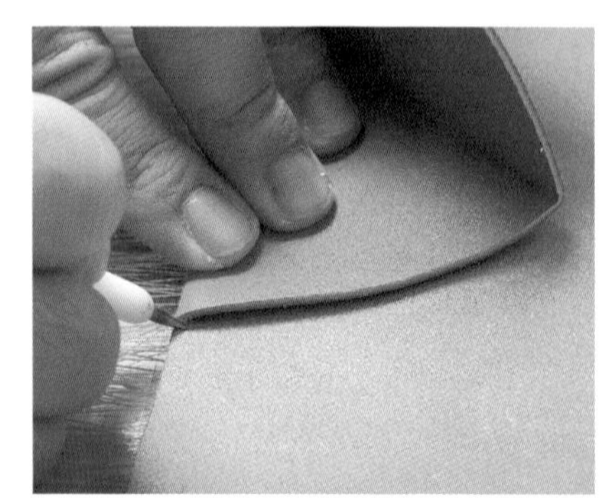

13 折好折襠後，利用鐵筆，儘量在皮革背面比較隱密的部位描線。

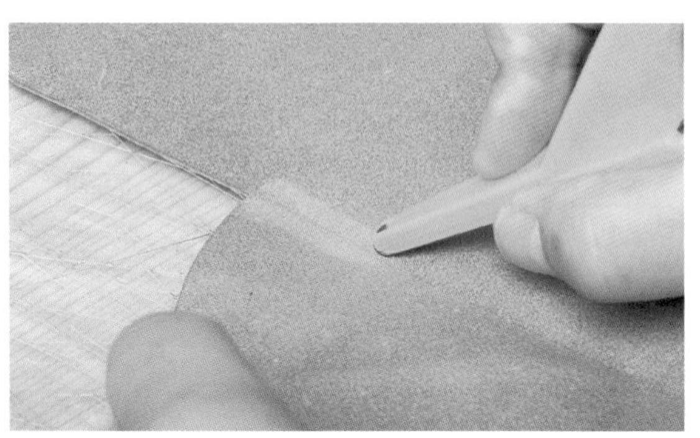

14 避免超出步驟 13 描好的線，利用研磨器，打磨即將縫合的皮革背面長邊部位。

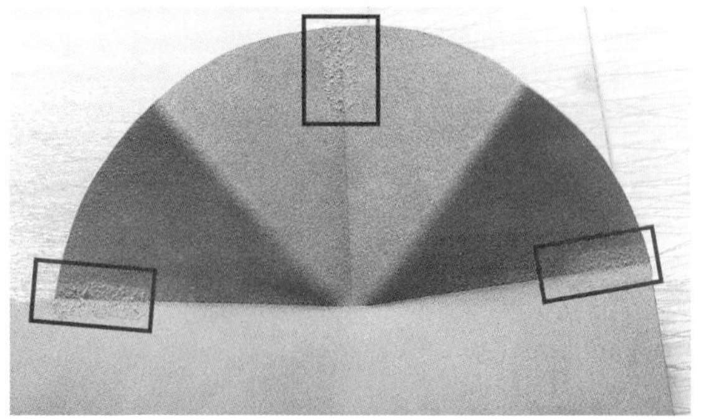

15 同時打磨以紅線框起來的部位。此步驟是為了提升橡皮膠的黏合效果，背面未經打磨者，此時也不需打磨。

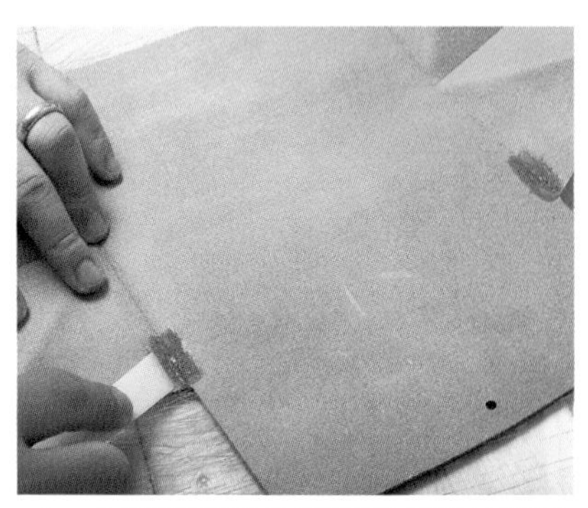

16 將橡皮膠塗抹在研磨器打磨過且靠近四合釦（母釦）的兩個位置上。

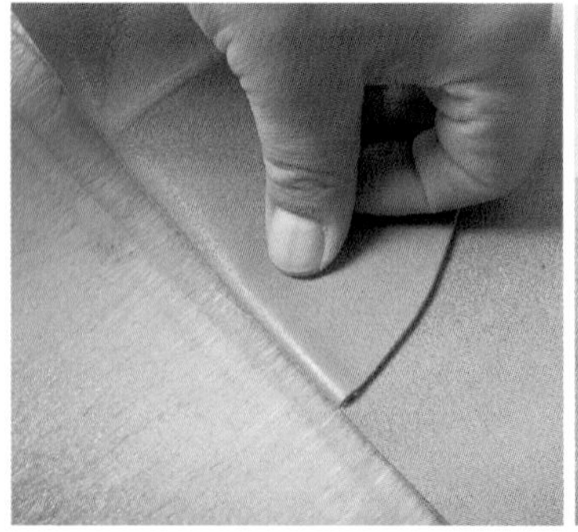
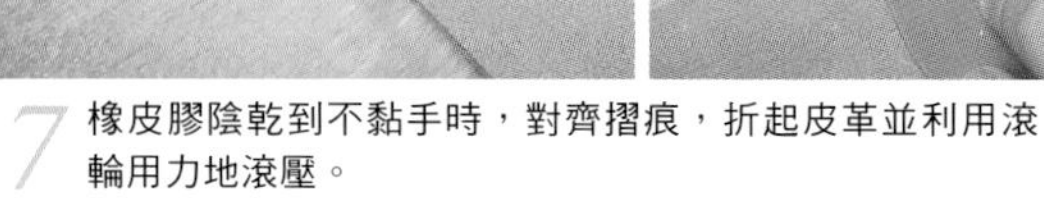

17 橡皮膠陰乾到不黏手時，對齊摺痕，折起皮革並利用滾輪用力地滾壓。

18 將間距規設定為距離7㎜以便描上斬打菱形孔的導引線。

19 利用間距規，描線距離為斬打菱形孔的部分。上圖中斬打菱形孔距離為一只菱斬的寬度（約30㎜）。

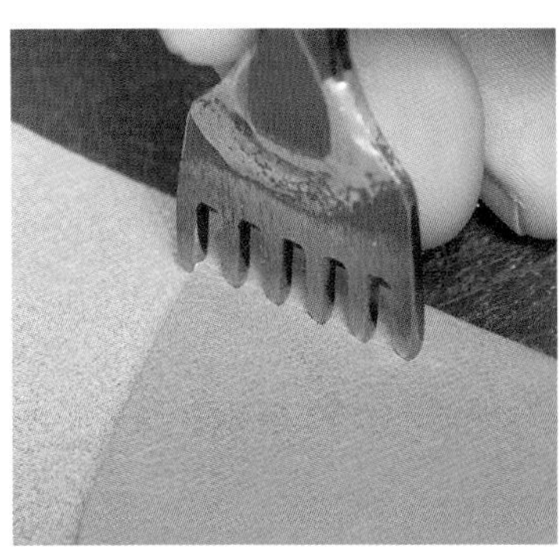

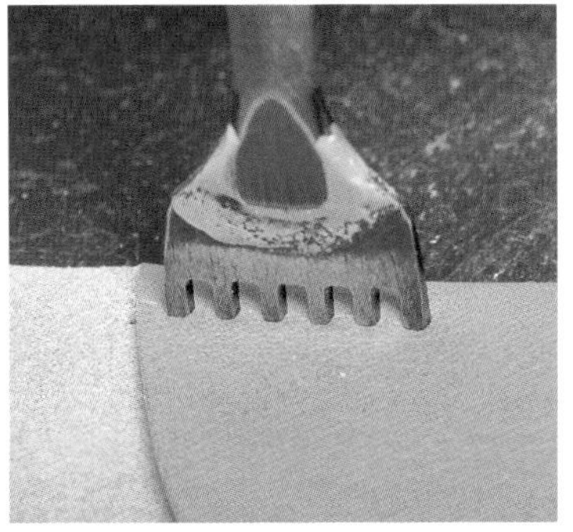

20 將菱斬的一個刀刃靠在折返部位的邊緣上，然後沿著導引線打上菱形孔。緊接著，空下1個縫孔，瞄準事先描在皮面層上的記號，依序打上菱形孔。

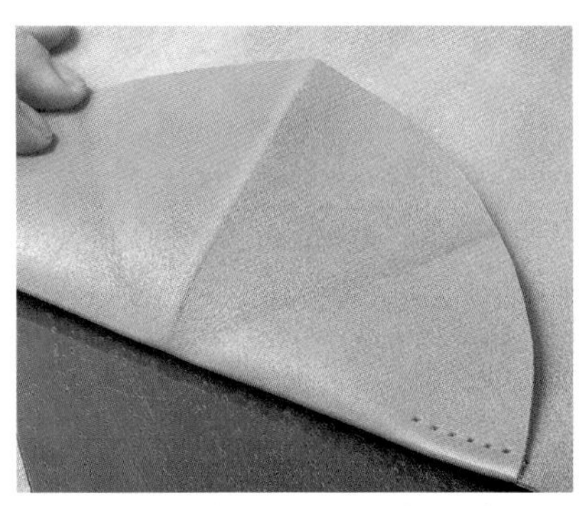

21 縫合長度約構成口袋深度的長度的⅓即可。

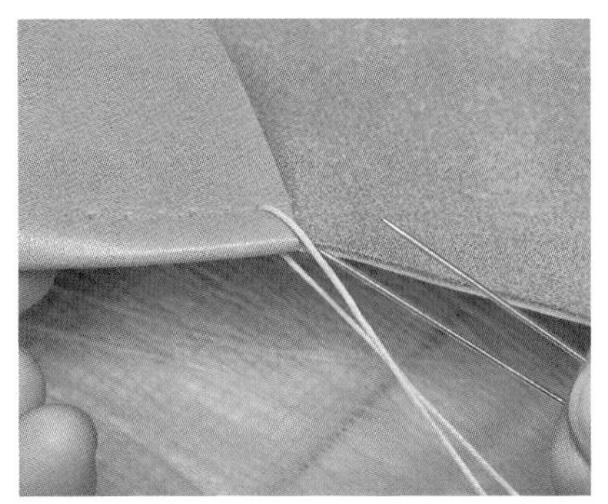

22 從步驟20斬打的縫孔開始縫起。將縫線穿過兩片皮革重疊在一起的縫孔。

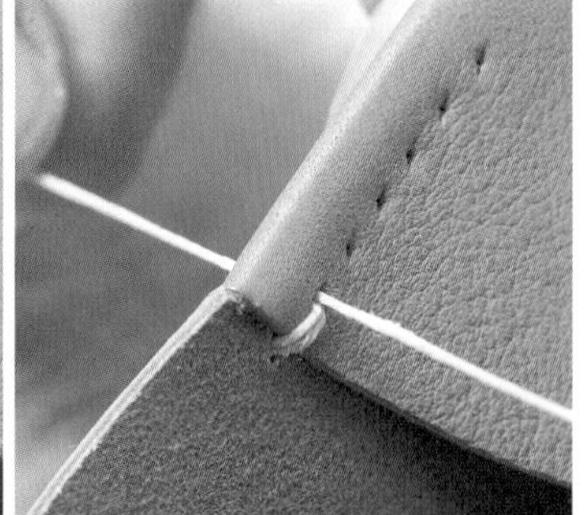

23 返回第一個縫孔，將縫線鉤在重疊在一起的皮革邊緣似地，縫上2道線以便提升強度。

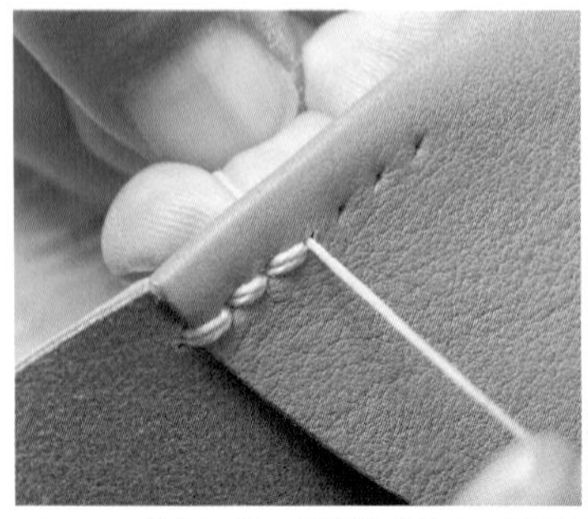

24 最前面的3個縫孔都縫上2道縫線，剩下的3個縫孔如照片（右），維持原狀，縫上1道線，一直縫到最後一個縫孔為止。

25 開始回縫，回縫只縫上1道線的3個縫孔後，將縫線拉到隨身包的外側。

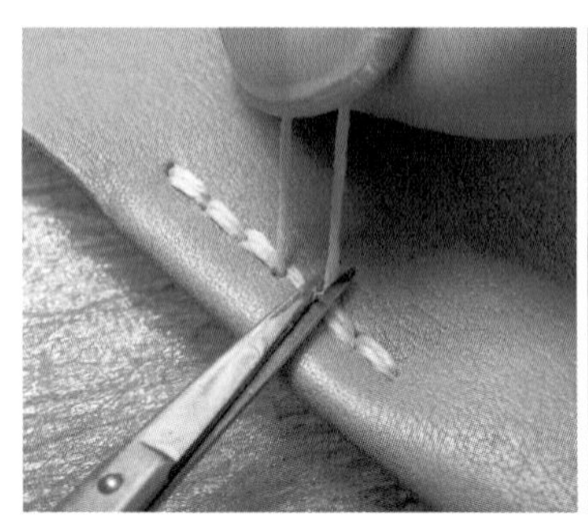

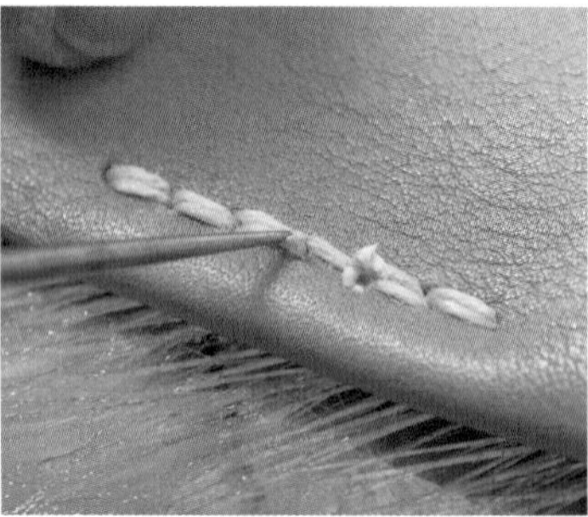

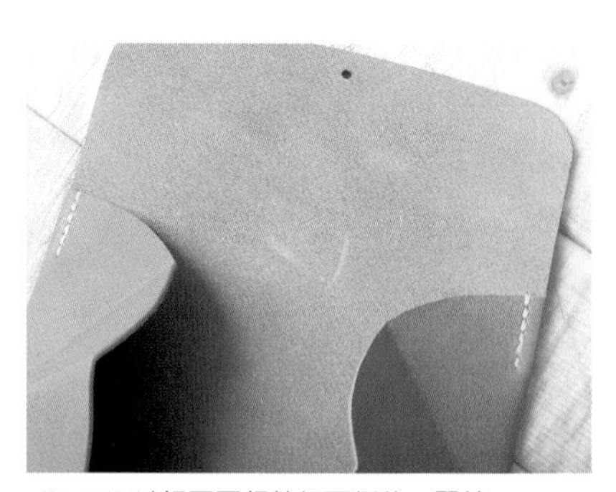

26 拉緊縫線，留下0.5mm的縫線後剪斷，利用強力膠固定住線頭部位。在整個縫合部位的中心固定線頭，將縫出來的針目修飾得非常美觀。

27 以相同要領縫好兩側後，緊接著準備內袋部位。

# 內袋的前置作業

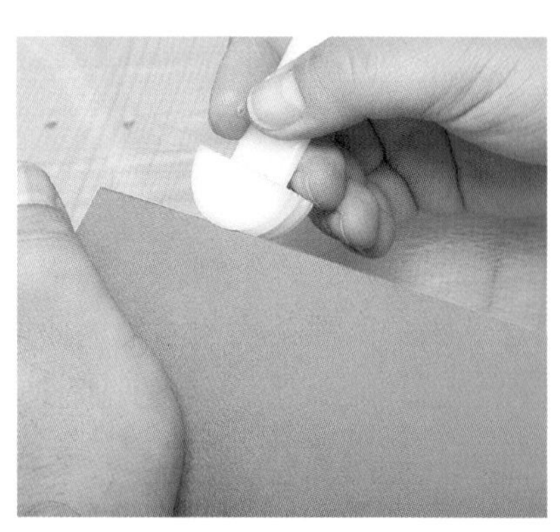

1 打磨構成內袋口的那一個邊（直線部位）的裁切面。可能因個人喜好或因使用不需打磨的皮革而不需打磨。

2 將橡皮膠塗抹在即將縫合的部分（有角度的邊）。橡皮膠可能溢出，小心塗抹以免抹到稜邊。

3　對齊邊角後折起皮革。皮革厚度易影響到尺寸，因此暫時固定以便配合本體，仔細確認。

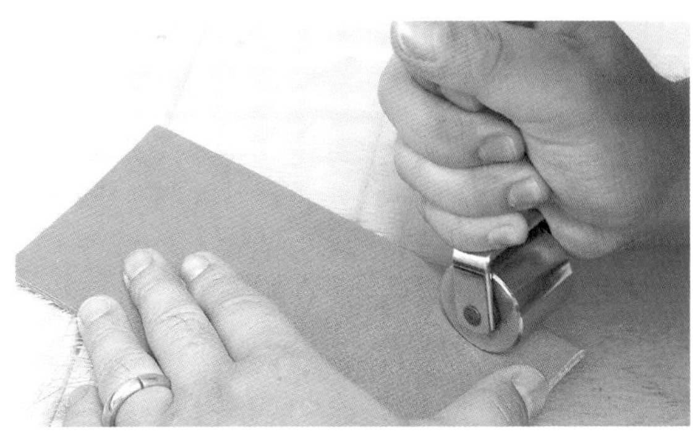

4　利用滾輪，用力地滾壓出清晰的摺痕。

## Point　消除皮革延展性

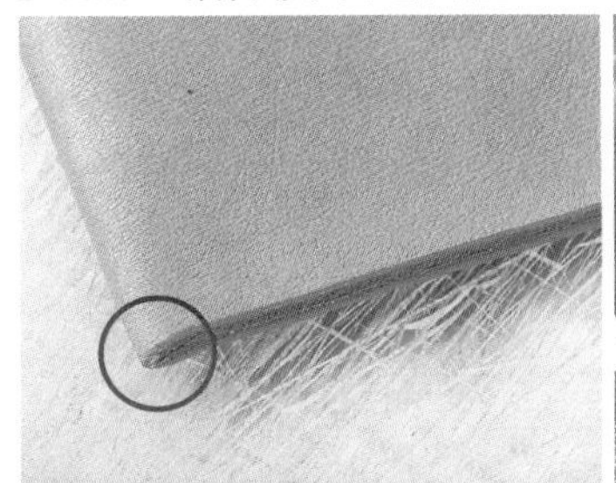

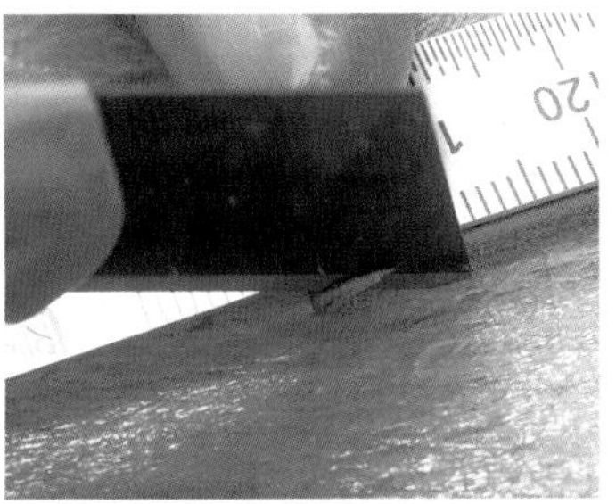

由於皮革厚度和伸縮性，折起皮革時可能像紅線圈起的部位一樣出現角落特別凸出的情形。這將會嚴重影響作品外觀或尺寸，必須用美工刀切除。

5　固定到本體上並確認尺寸。確認後，剝開暫時黏合的部位。

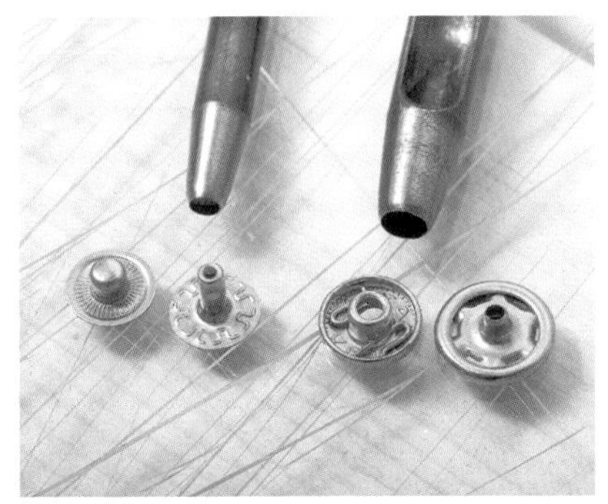

6　配合四合釦的彈簧（左2枚）和釦腳（右2枚）直徑，準備好斬具。

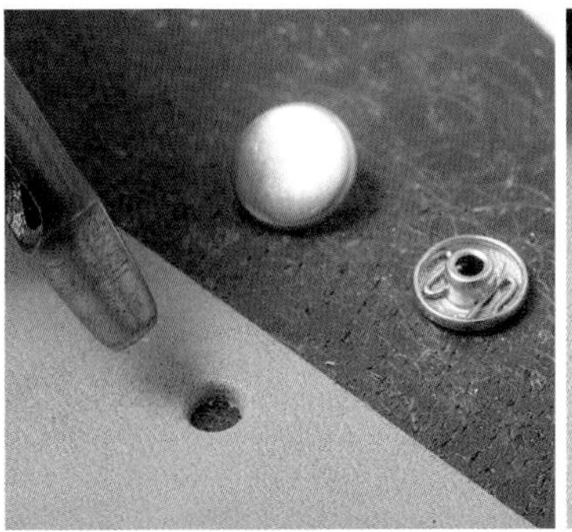

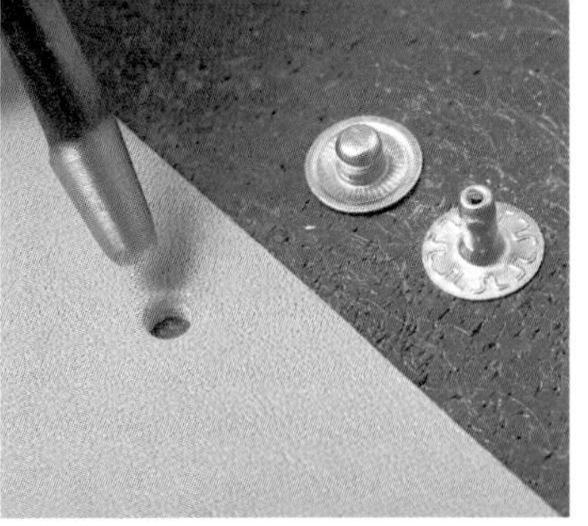

7　上圖中使用φ12㎜的四合釦。釘彈簧釦時使用15號（左），釘釦腳時使用10號（右），瞄準從紙型上描下來的中心點後打孔以安裝釦件。

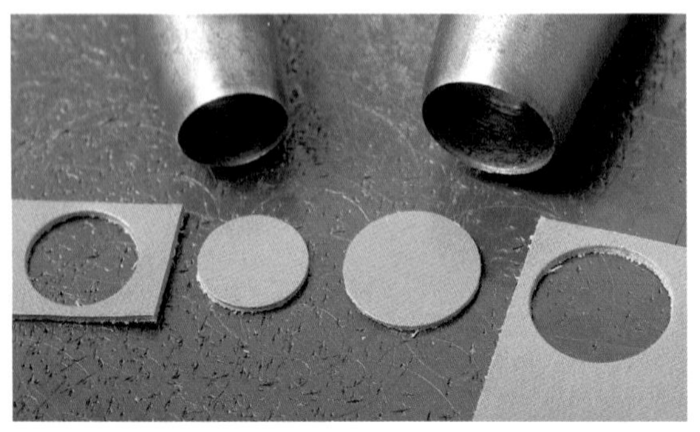

8 利用50號和40號圓斬，從零碎的小皮塊上斬下裝飾用皮革。配合自己選用的釦件吧！

9 配合釦腳和彈簧等四合釦的內徑的尺寸，利用10號圓斬，在裝飾用皮革上打孔。

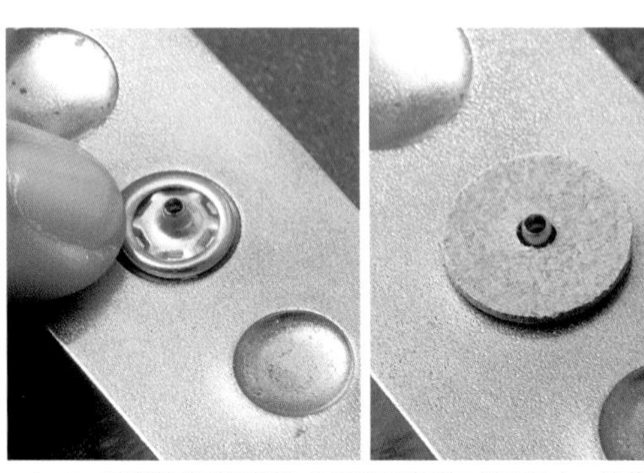

10 將彈簧的表側部位放入萬用環狀台的凹孔中，然後上面疊放皮面層朝下，以50號圓斬打好孔洞的裝飾用皮革。

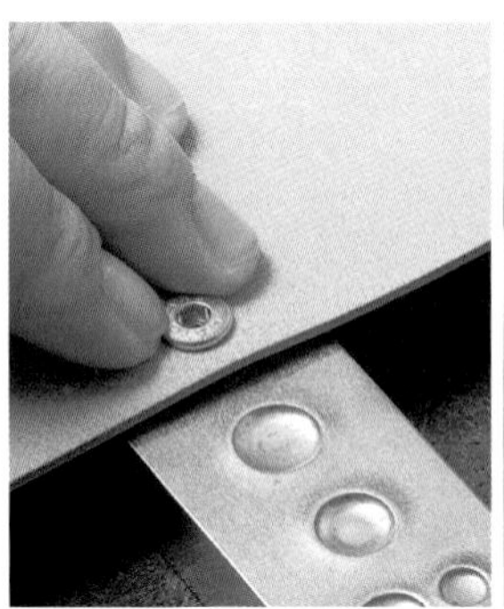

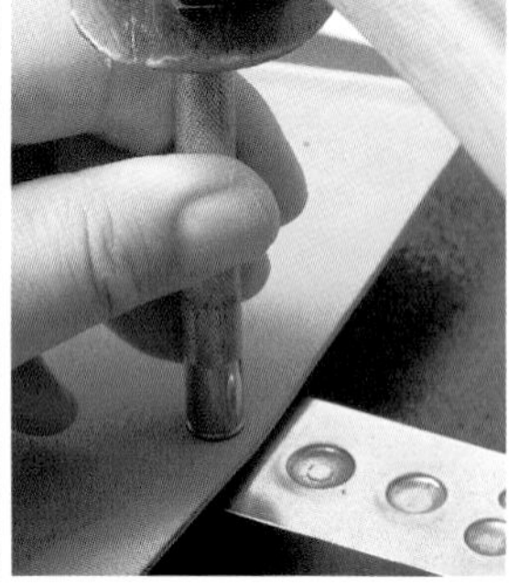

11 接著疊上皮面層朝下的內袋，最後套上彈簧裡側部位。利用適合釦件尺寸的斬具，釘上彈簧部位。

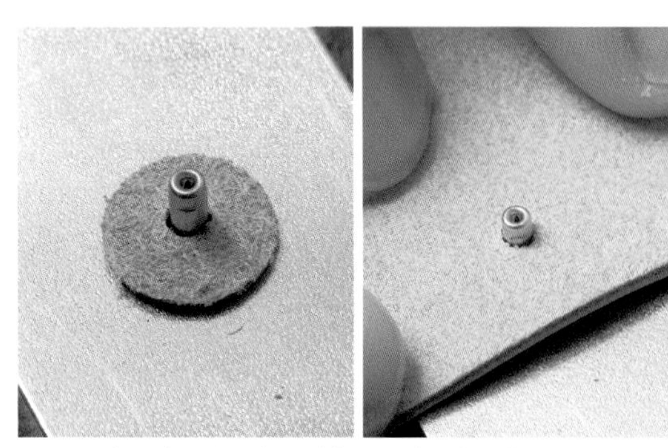

12 釦腳部分也一樣，將釦腳的表側放入萬用環狀台的凹孔中，然後上面疊放皮面層朝下的裝飾用皮革和內袋。

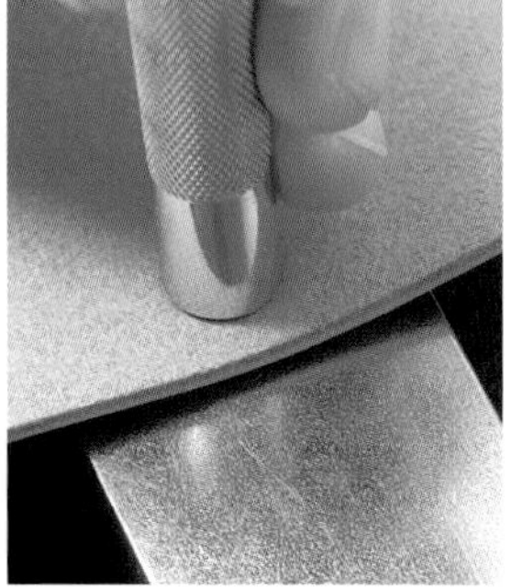

13 套上釦腳裡側部位，利用適合釦件尺寸的斬具，釘上釦腳部位。處理時務必小心，不能敲打得太用力。

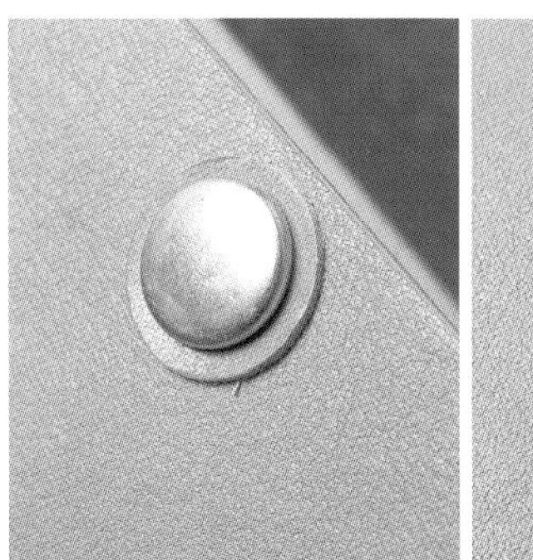

14 照片中就是兩方面都固定後的狀態。配合使用的四合釦大小，調節裝飾用皮革的大小吧！

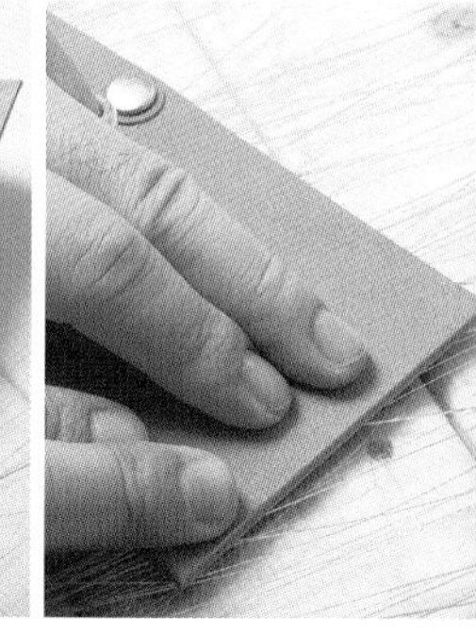

15 釘好四合釦後，再度將橡皮膠抹在縫合部位。等橡皮膠完全乾掉後才緊密黏合。

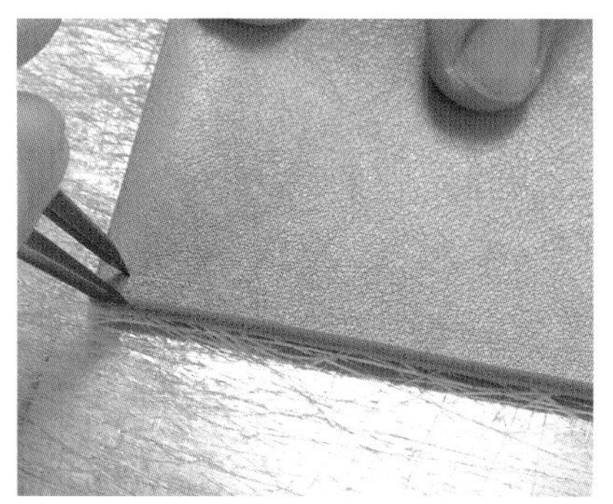

16 將間距規設定為距離4㎜，然後在整個縫合部位描線。

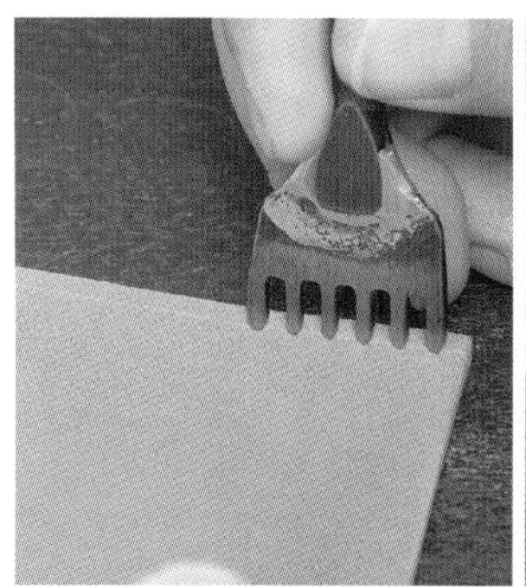

17 從口袋的開口部位到最後為止，在描好的線上壓出記號。從基點到第6孔為止不打穿孔洞，從第7孔起才貫穿縫孔。

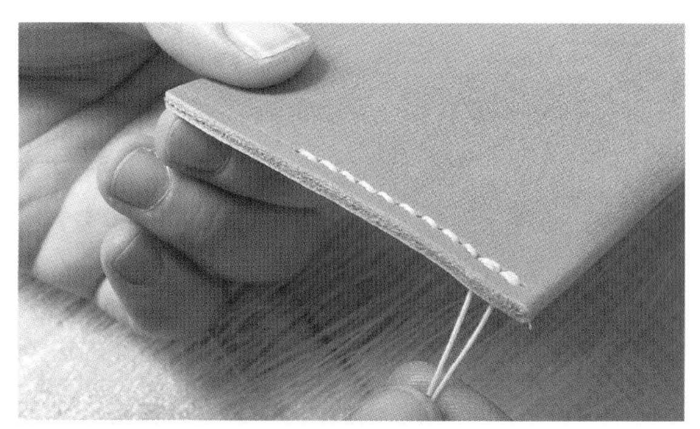

18 縫合已經斬好菱形孔的部分。上圖中為會隱藏起來的部分，因此只須回縫至最後兩個縫孔。

19 以相同要領縫合左、右側後即完成內袋的前置作業。

# 縫合兩個部位

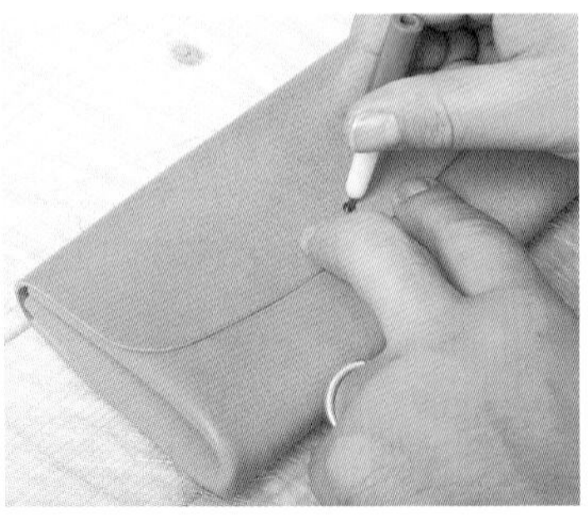

1 決定本體的四合釦位置。配合實際位置，將鐵筆插入打在帶蓋上的孔洞，在內袋上做記號。處理此部分時，可依個人喜好決定扣上釦件後的密合度。

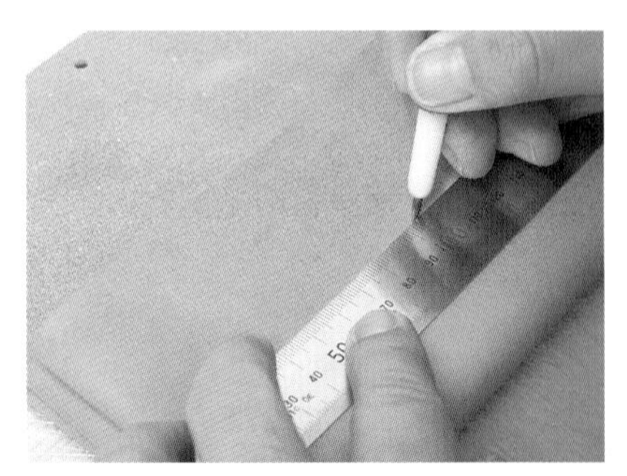

2 以步驟 1 做的記號為準，擺好量尺，精準地描出中心點。

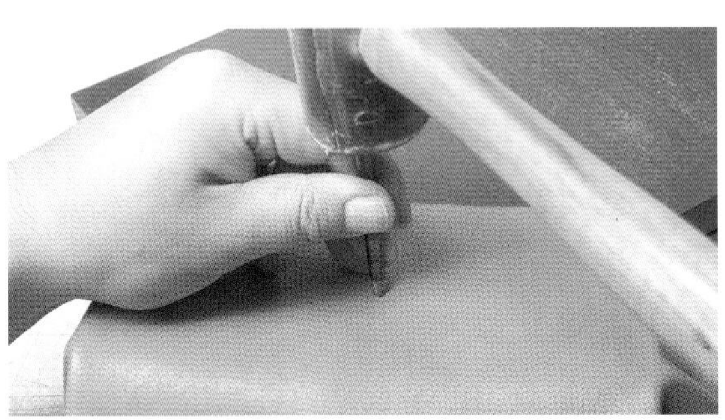

3 利用10號圓斬，在步驟 2 描的位置上打孔。必須依據使用的釦件大小，改變釦孔的大小。

4 準備裝飾用皮革。彈簧部分使用60號圓斬，釦腳部分使用50號圓斬，在零碎小皮塊上斬出裝飾用皮革。再利用10號圓斬，分別在裝飾用皮革中心打上小圓孔。

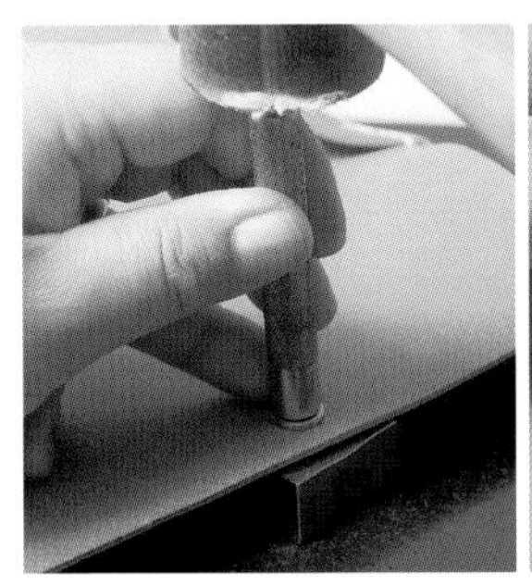

5 利用適合各種釦件尺寸的斬具，釘上釦件。處理時務必小心，避免用力過猛。

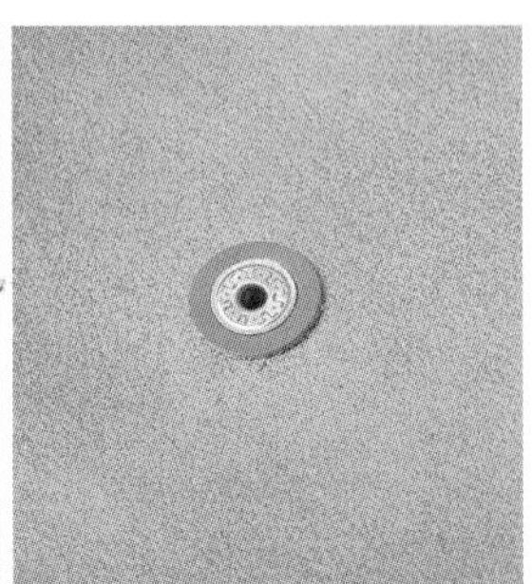

6 如照片所示，釘好彈簧側（左）和釦腳（右）。可依個人喜好變換裝飾皮革直徑或顏色。

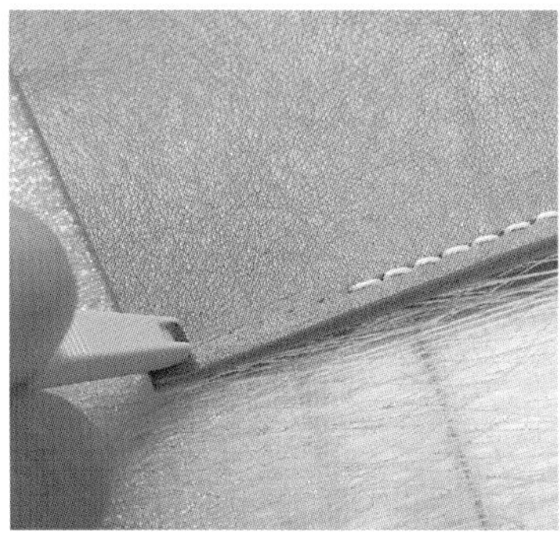

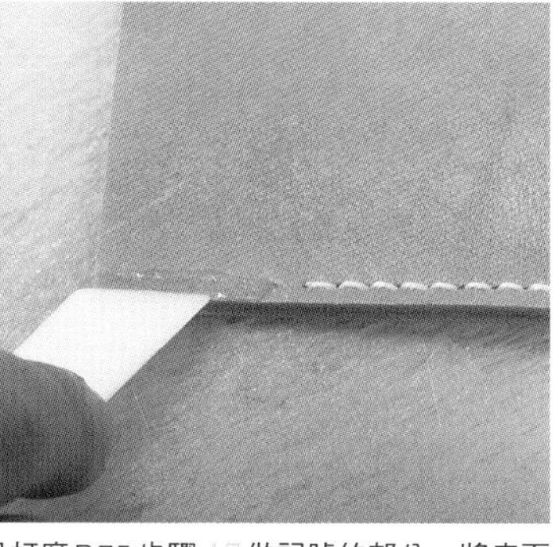

7 緊接著縫上內袋。利用研磨器，只打磨P75步驟17做記號的部分。將皮面層磨粗，提升黏合效果後，利用上膠片塗抹橡皮膠。

8 本體側的縫合部分也塗抹橡皮膠。

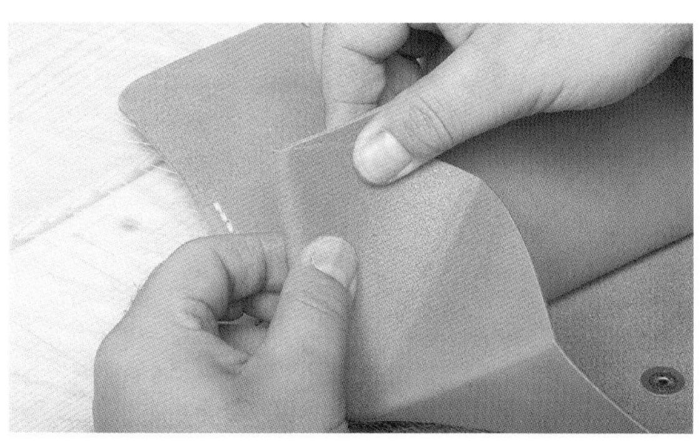

9 等橡皮膠完全乾燥後才將內袋和本體黏合在一起。左、右的另一側也黏合在一起，更方便縫合。

## Point 生活周遭的便利工具

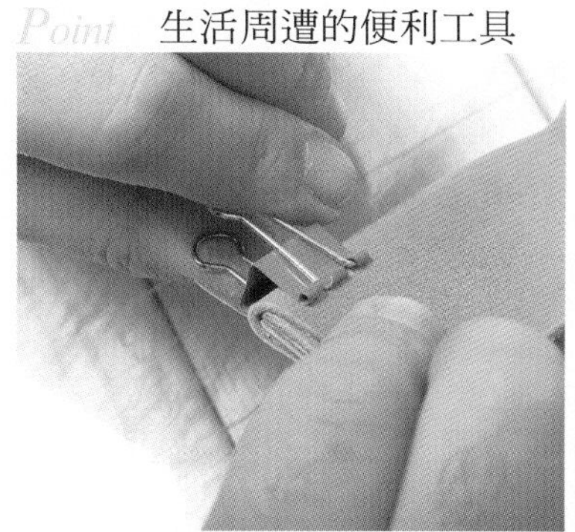

縫合另一側時，夾上燕尾夾等，即可避免已黏合的另一側綻開。

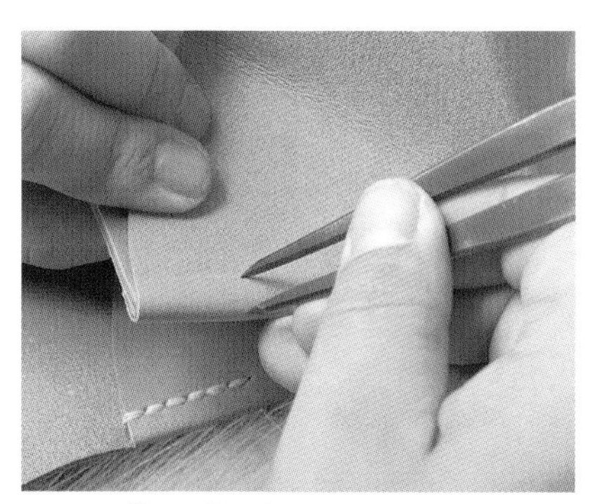

10 將間距規設定為距離7㎜，只在即將縫合的部位描線（長約30㎜）。

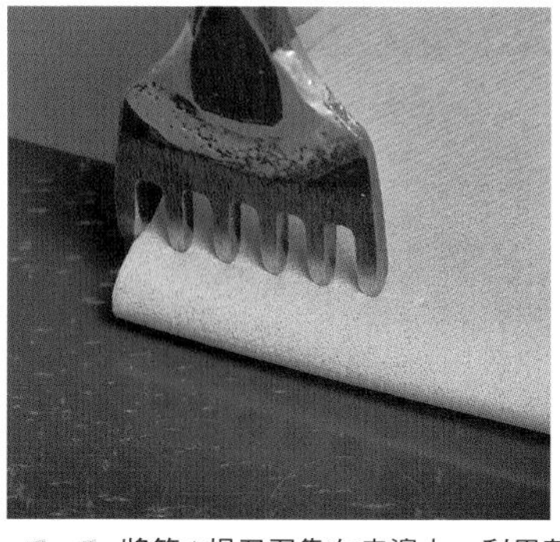

11 將第1根刀刃靠在皮邊上，利用菱斬在皮面層上壓出記號。留下1根刀刃距離，瞄準記號，打上菱形孔。

## Point 菱斬無法穿透時的解決辦法

此部分為皮革重疊多達4層的部分，可能出現菱斬無法貫穿情形，出現該情形時，請利用菱形錐，一孔一孔地貫穿。其次，皮革太厚時，可能無法筆直貫穿菱形孔，操作時務必小心。

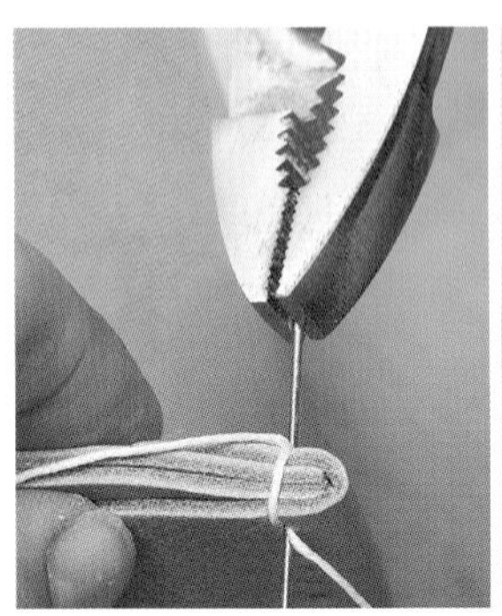

12 縫合內袋和本體。將縫線鉤在內袋的袋口，縫上2道線後才開始縫合。縫針難以貫穿時可使用夾鉗。

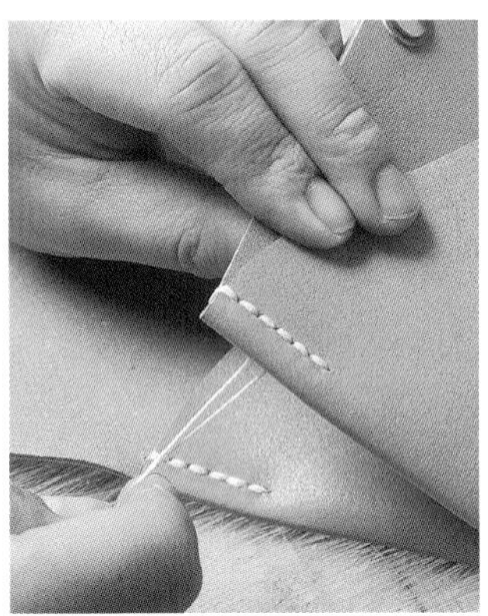

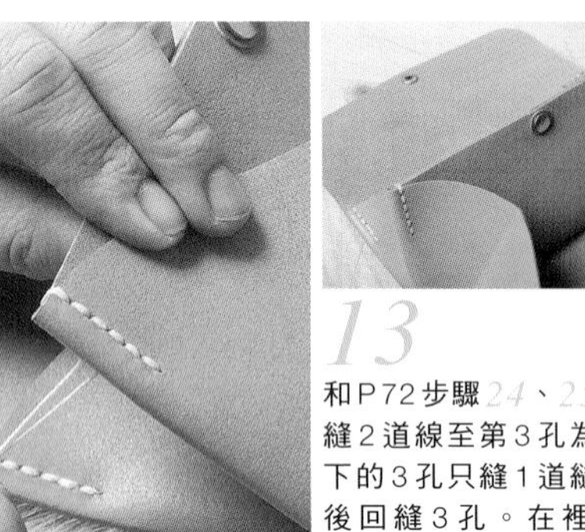

13 和P72步驟24、25一樣，縫2道線至第3孔為止，剩下的3孔只縫1道縫線，然後回縫3孔。在裡側打結後，以相同要領縫好左、右兩側。

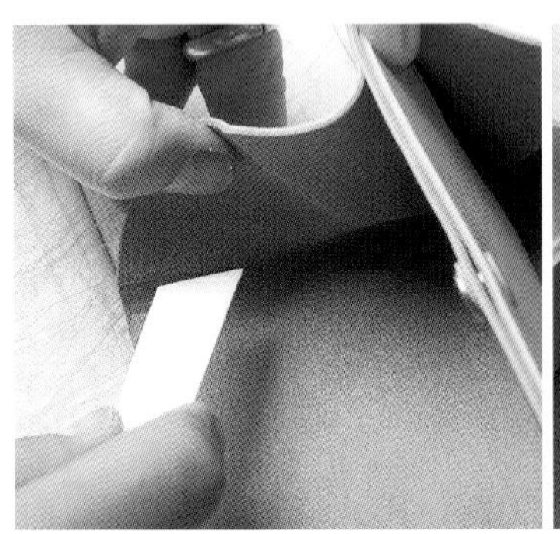

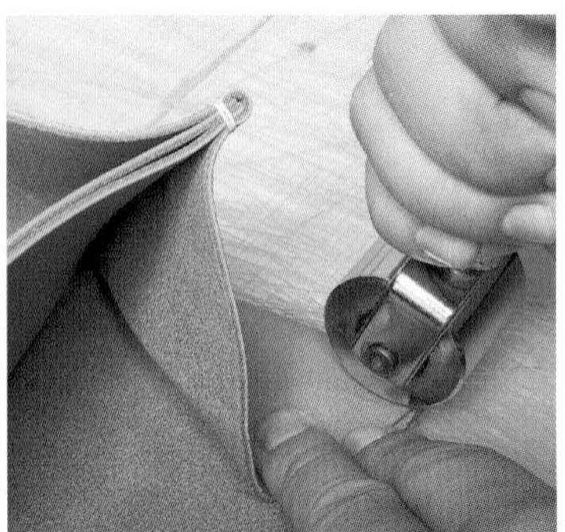

14 縫合最前面的內袋。塗抹橡皮膠，完全乾燥後，利用滾輪用力滾壓至完全貼合為止。

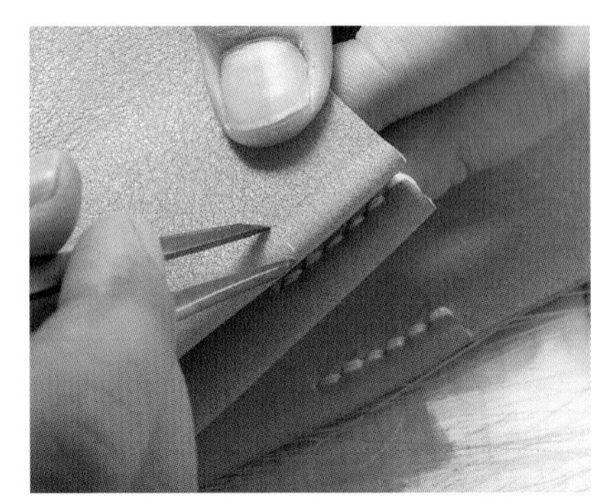

15 將間距規設定為距離7㎜，描上30㎜左右的線。

16 瞄準描好的線，打上菱形孔。照片中部位應可輕鬆地打孔。

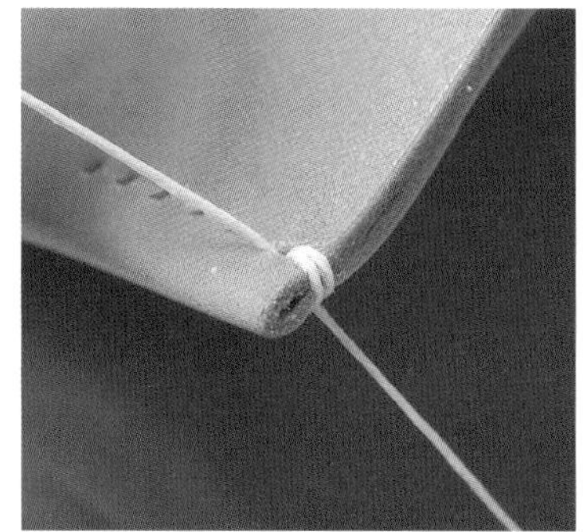

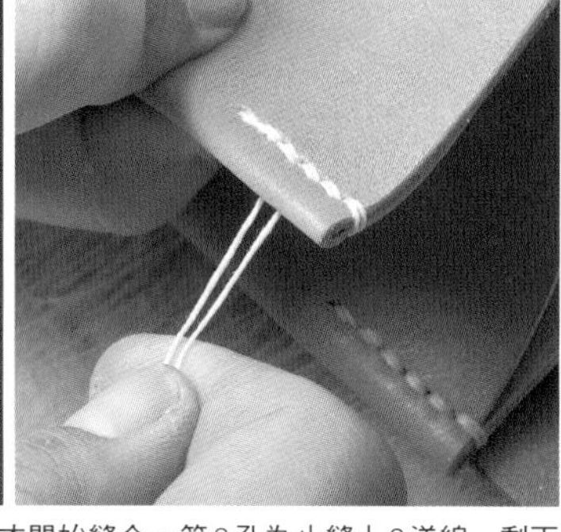

17 必須將縫線鉤在內袋開口部位後才開始縫合。第3孔為止縫上2道線，剩下的3孔到最後1孔只縫上1道線，然後回縫3孔。最後將縫線拉到內側。

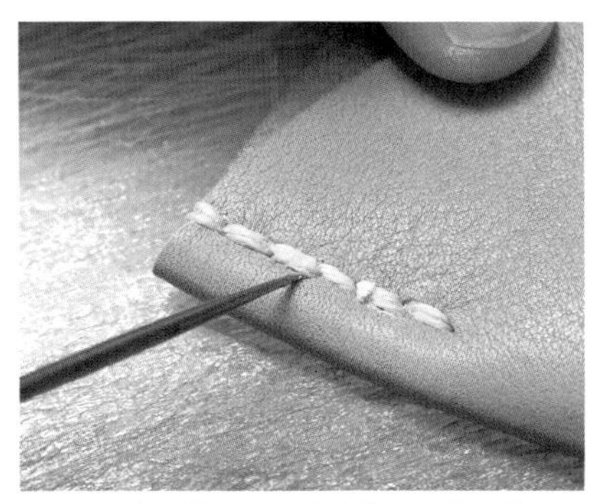

18 留下約0.5㎜的縫線，用剪刀剪斷縫線，抹上強力膠以固定住線頭。

19 以相同要領縫好另一側，再將縫線穿向內袋的內側，固定縫線後完成整個製作流程。

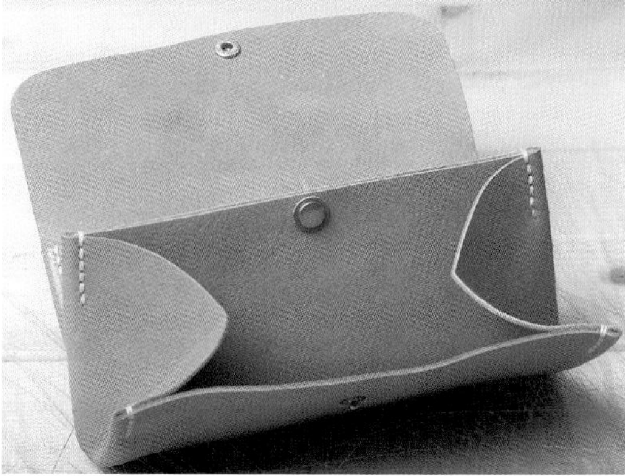

20 只縫好些微長度就完成三個隔層的隨身包。改變一下皮革種類或加上裝飾，即可自由自在地做出不同的造型變化。

# 午餐包的作法

以顯色效果絕佳的植物鞣皮革，可容納一整個便當盒的尺寸，還可放入大型皮包中作為輔助包，因此使用性非常高，用途非常廣。提把部位使用質地強韌的馬鞍革，最吸引人的是由強烈對比色彩構成的絕佳設計感。

製作　PAPA-KING

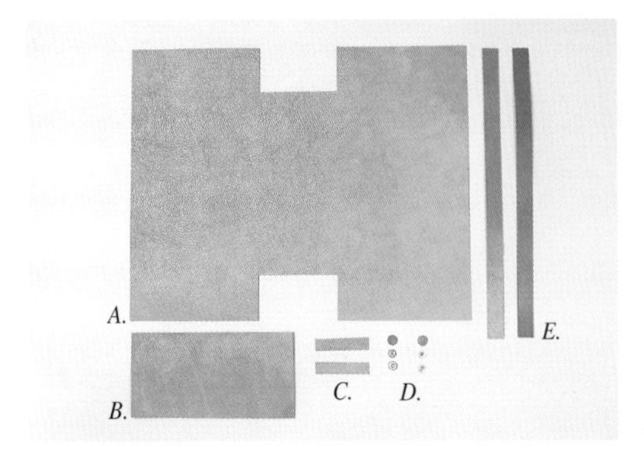


## 材　料

*A.* 荔枝紋有色牛皮（厚2㎜）350㎜×500㎜。*B.* 荔枝紋有色牛皮（厚2㎜）220㎜×150㎜。*C.* 荔枝紋有色牛皮（厚3㎜）50㎜×80㎜。*D.* 四合釦（$\phi$10㎜）。裝飾用皮革（$\phi$12、10.5㎜）。*E.* 馬鞍革（厚2㎜）50㎜×400㎜。麻線（過臘）。

## 製作要點

因縫製針目位於內側故須挑選質地柔軟到可翻面縫合的皮革。針目到底要不要出現在外側呢？不妨依個人喜好試著做出不同的造型變化。其次，將B的皮革當做防止變形的底板。使不使用底板則視個人喜好而定，黏合底板時請參考P95，仔細地確認作法。

# 紙　型

請將以下紙型影印放大320%後使用。提把安裝位置非常複雜，因此請配合紙型做上記號。使用底板時，將荔枝紋有色牛皮和襯裡皮革裁切成相同大小。

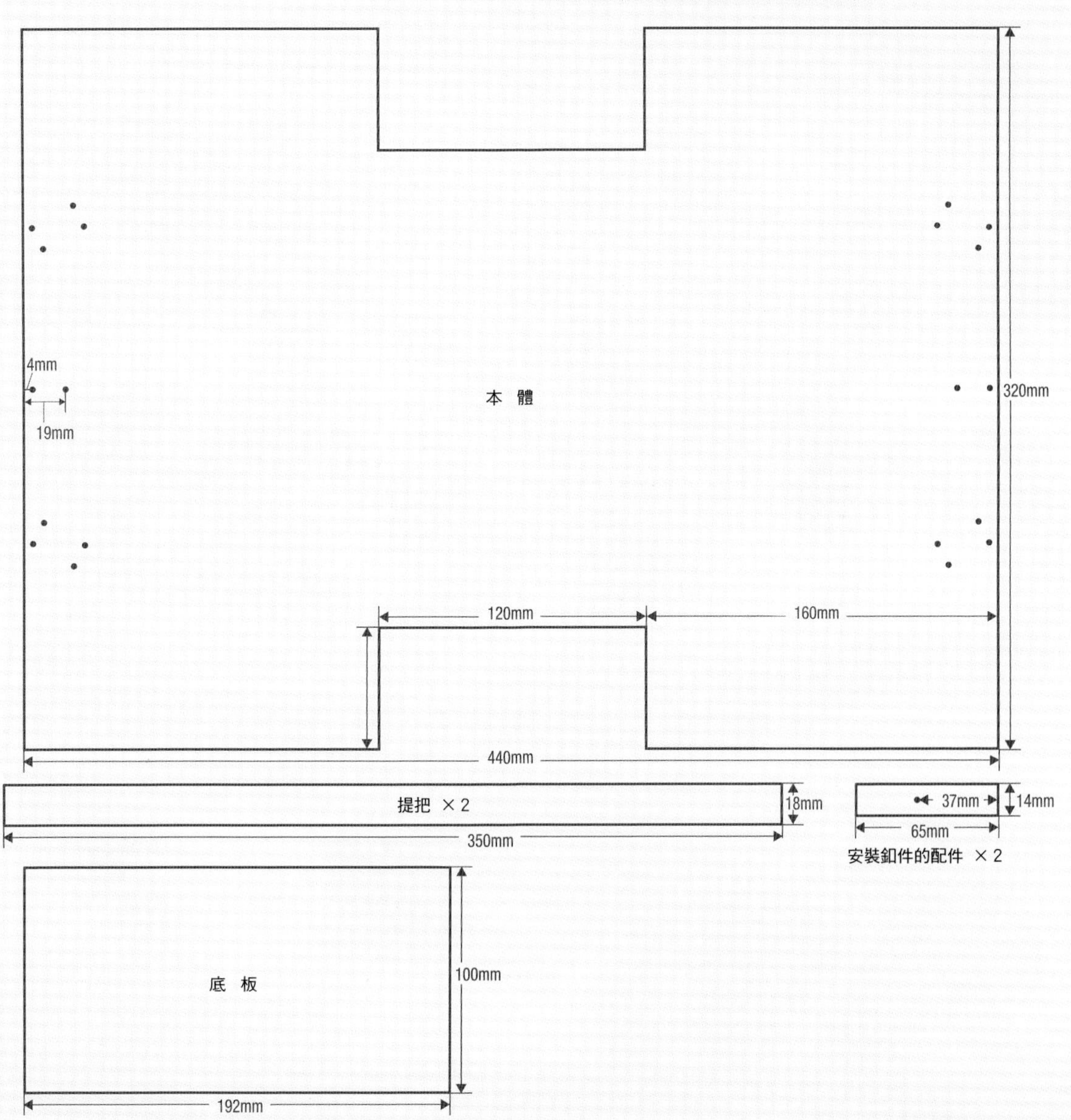

# 本體的前置作業

1 對齊紙型，利用鐵筆做記號描出提把的安裝位置。圖中於裁切皮革後做記號，然裁切前描比較不會出現皮革延展問題。

## Point 打磨本體的裁切面

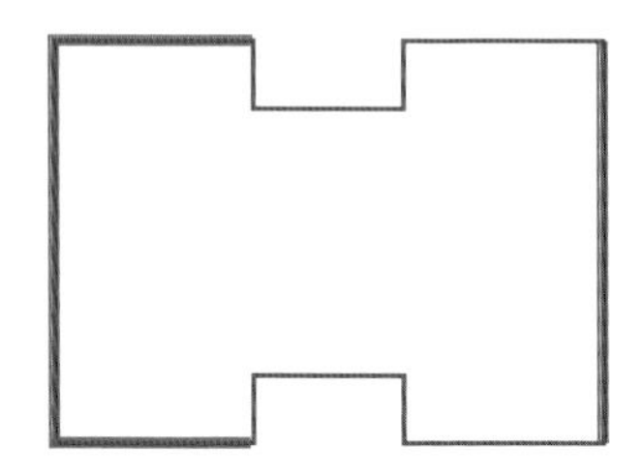

打磨皮革裁切口作業是針對構成開口部位與縫合襠部時位於上側的兩個部分。

2 利用棉紗布，將透明肉面層處理劑塗抹在開口部位。喜歡粗獷感覺的人，不打磨裁切面也沒關係。

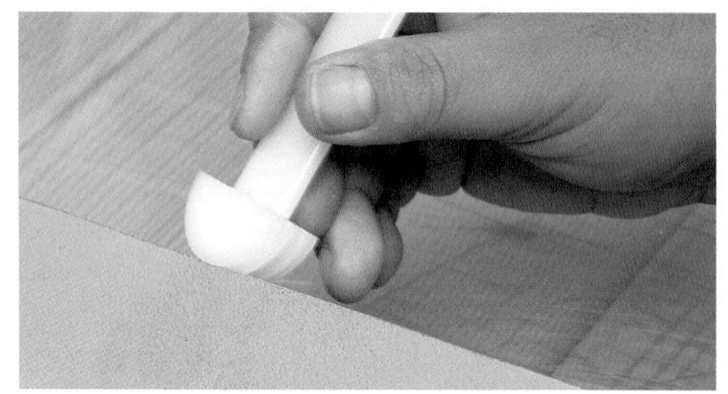

3 利用三用磨緣器的半圓形部分，打磨已經塗抹透明肉面層處理劑部分的裁切面。

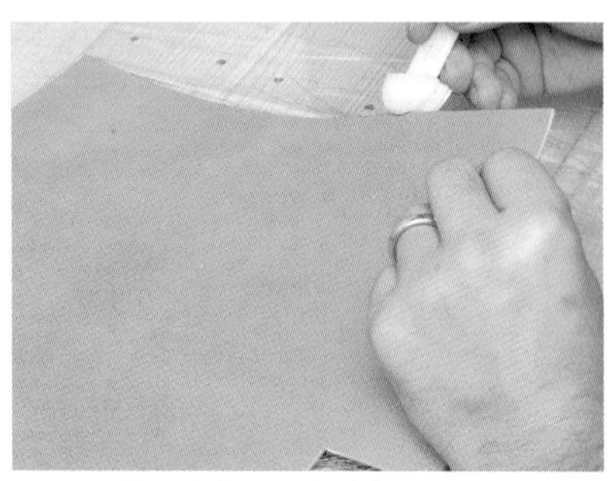

4 另一側的開口部位也以相同要領打磨裁切面。可使用木製磨緣器等工具。

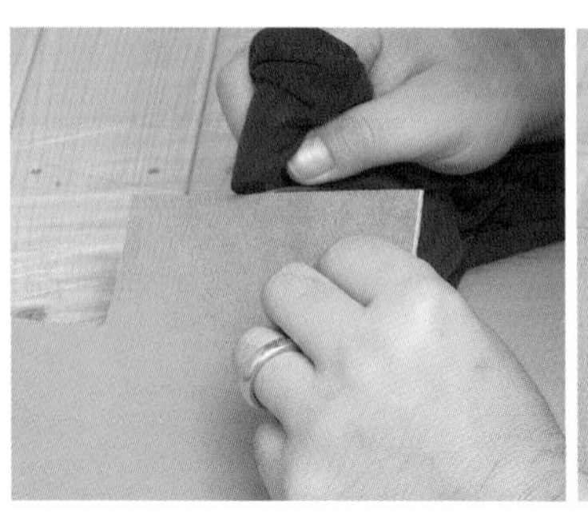

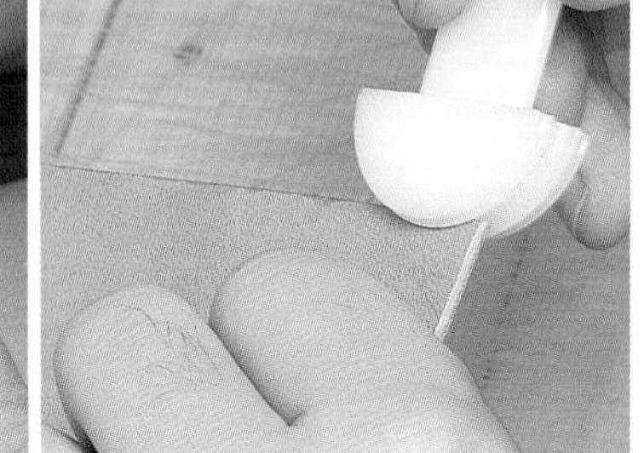

5 襠部重疊的上方部位也打磨好裁切面。縫合後就打磨不到這部分，因此必須非常仔細地處理。

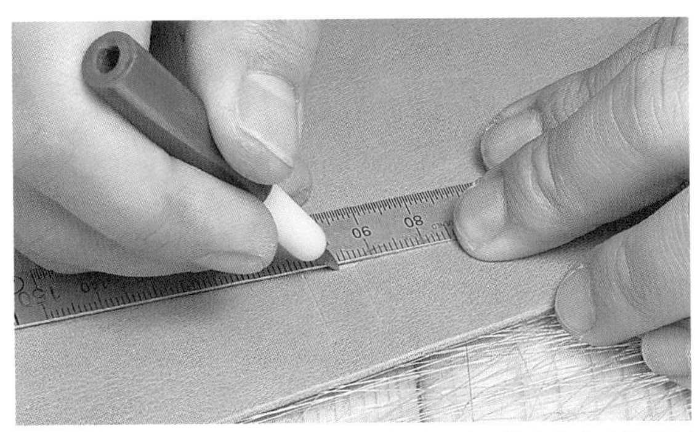

6 利用鐵筆描線，連接步驟1做的記號。描出縫上手縫提把的4個部分和縫上四合釦的兩個部分。

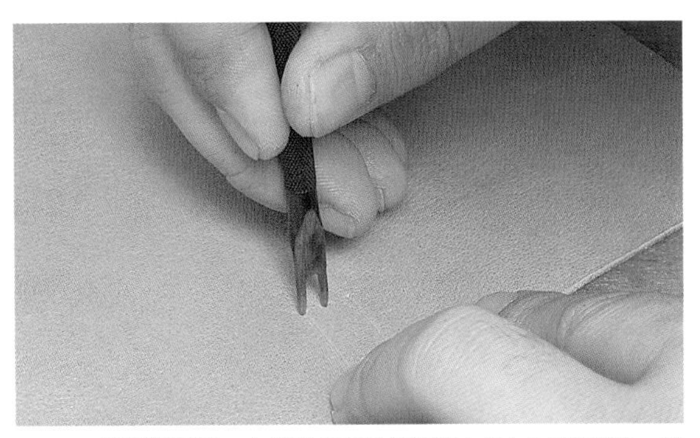

7 利用雙菱斬，在縫提把部位的短邊上打上3個菱形孔。確認過第一次的打孔間隔後才打上菱形孔。

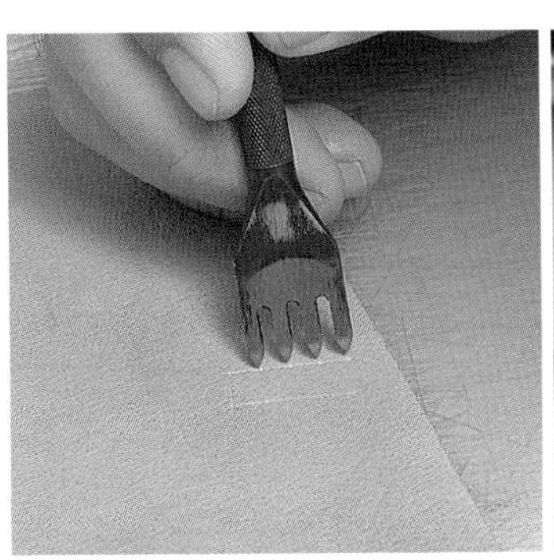

8 設計成相同部位的長邊上打了5個菱形孔。利用四菱孔打上縫孔。

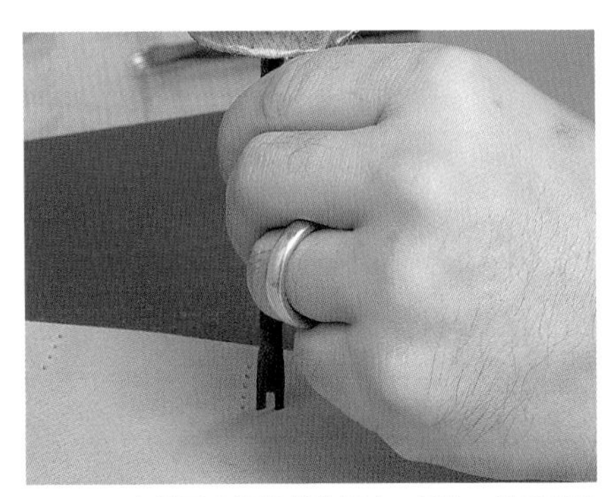

9 在縫四合釦的部位打上4個孔，提把部位的另一側也以相同要領打上縫孔。

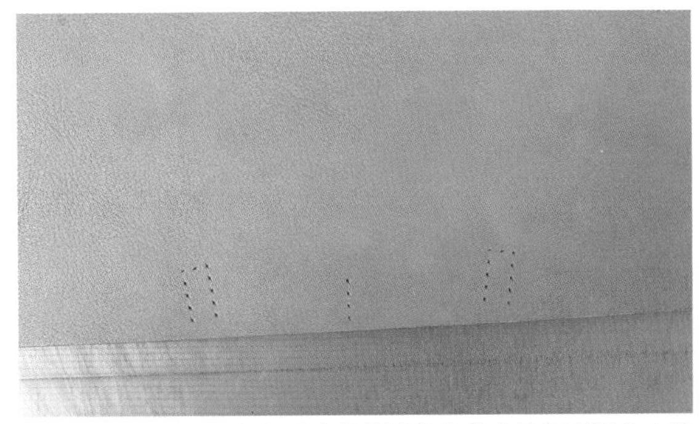

10 主體的一側打好所有的菱形孔後就會呈現出照片中狀態。如同照片，準備好另一側的主體部位。

11 將間距規設定為距離4㎜，構成襠部的每一個邊都描上方便縫合的導引線。

12 沿著步驟 11 描好的線打上菱形孔。將菱斬的1根刀刃靠在開口部位邊緣上打孔。

13 使用6孔菱斬，打到最後1個菱形孔後，以相同要領，先將菱斬的1根刀刃靠在另一側的邊上，然後開始打上菱形孔。

14 襠部的另一側也和步驟 12、13 一樣，敲入菱斬，打上縫孔。在長長的直線部位打孔時，使用刀刃數較多的菱斬更方便。

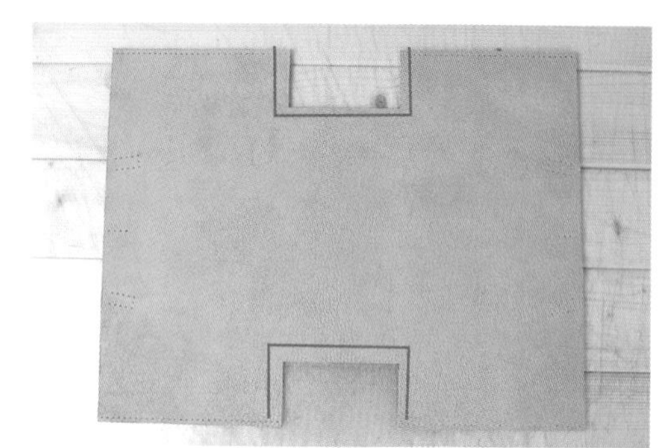

15 完成縫合前的準備工作。紅線框起的部位等縫完襠部後才打上菱形孔。

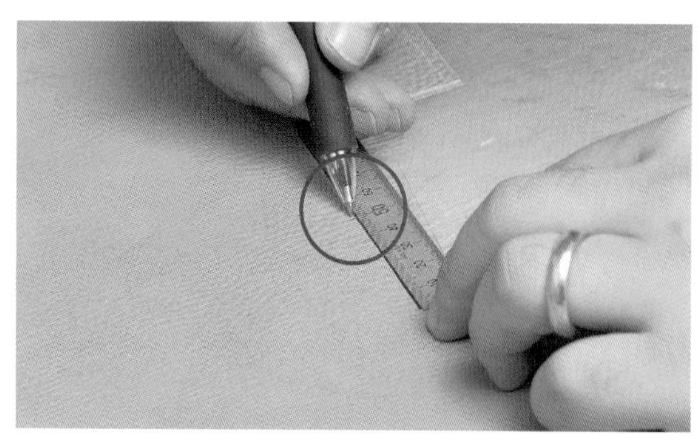

16 縫合前，量好本體部位下凹處中心點並做記號。作品完成後掩蓋住這部分，所以以原子筆做記號也沒關係。

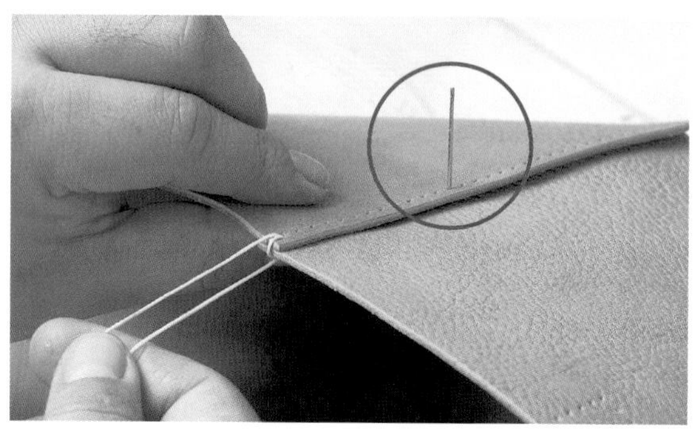

17 從襠部的開口部位開始縫合。如同紅線圈起部位，對齊菱形孔，將一根縫針插入中途的縫孔，更方便縫合。

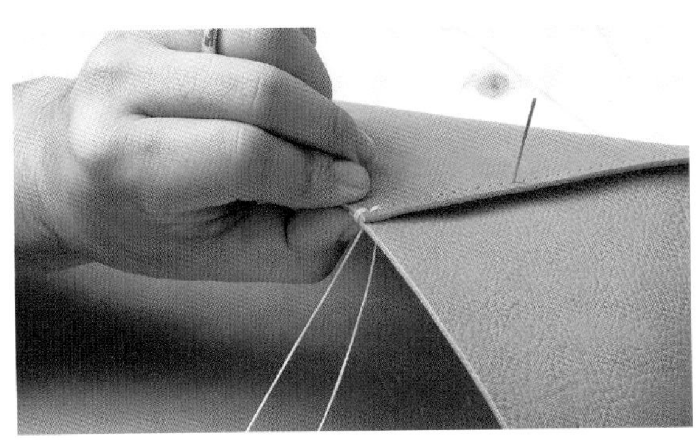

18 縫第2針時折返，縫上2道線。這是會裸露在外，非常顯眼的部位，注意針目應儘量避免縫得太粗糙。

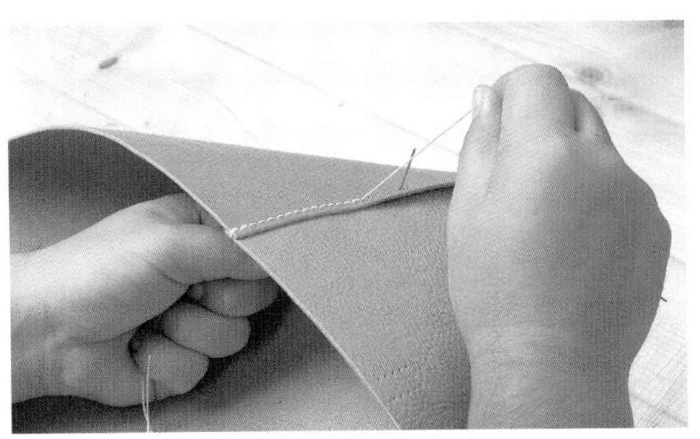

19 繼續縫到步驟17的插針處時，暫時拔出縫針，對齊2片皮革的針目後，再將縫針插入更前面的縫孔。

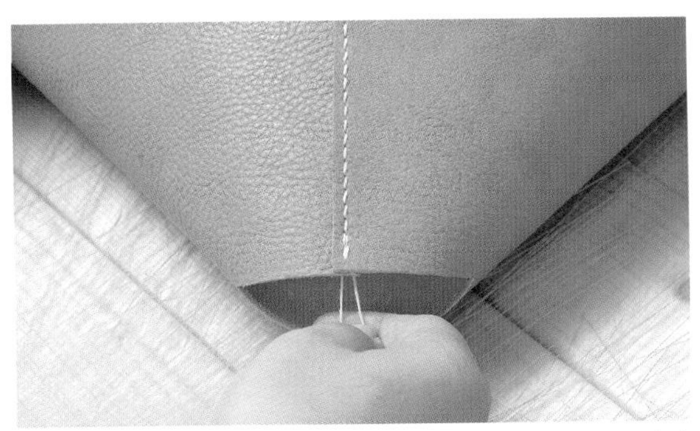

20 縫到終點時，回縫2針，將縫線拉到襯裡皮革側。此時比較不方便處理線頭，等皮革翻面後再處理線頭。

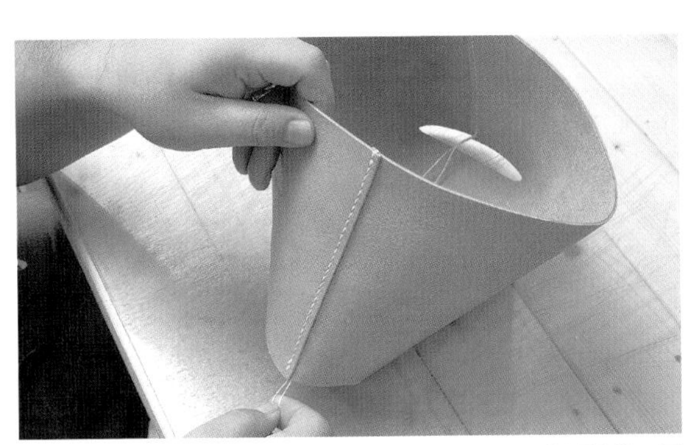

21 以相同要領縫合兩側的襠部。翻面前，可剪斷縫線，只取下縫針。

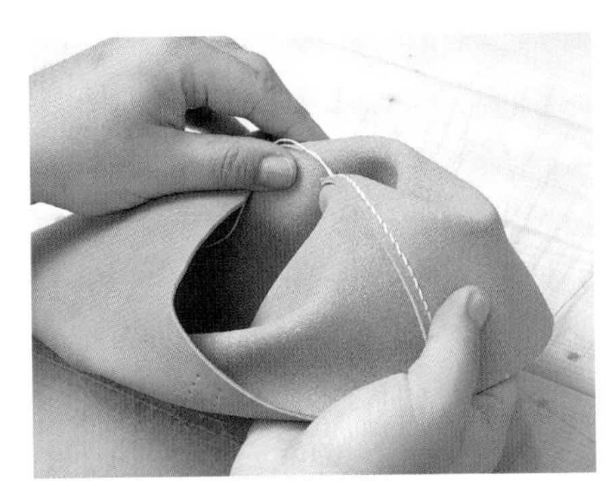

22 肉面層朝外翻面。翻面時務必小心以免傷到皮革。

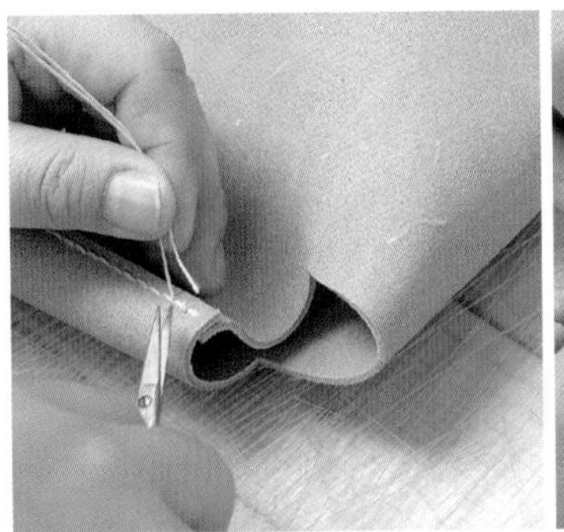

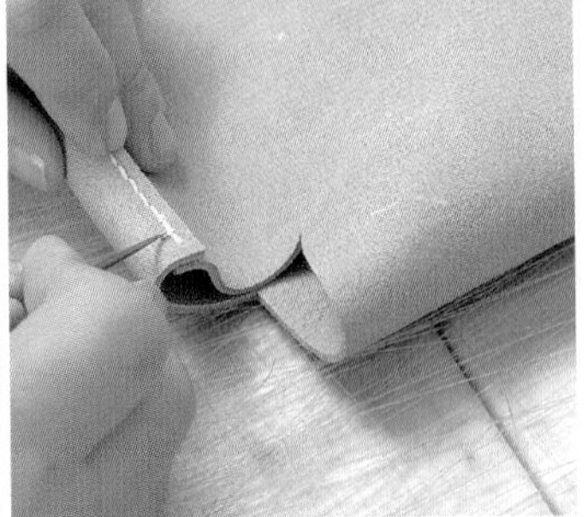

23 於皮革翻面後，剪掉位於左右側的縫線並抹上強力膠以固定住線頭。

24 縫合襠部後，開口部位必須整圈塗抹橡皮膠。翻回正面後就會清楚地看到這部分，因此不需要打磨皮面層。

25 等抹在開口部位的橡皮膠乾了以後，將步驟16做的記號對齊縫線的延長線。

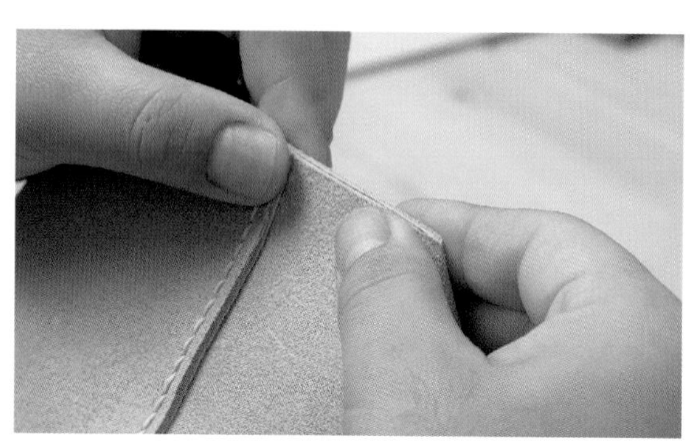

26 兩片皮革完全對齊，正確地黏合後，緊緊地按壓以免黏合部位綻開。

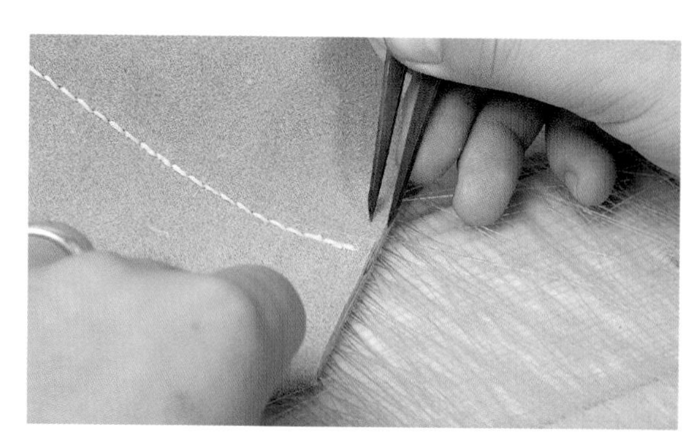

27 利用間距規，在距離黏合部位邊緣4㎜的位置上描線。

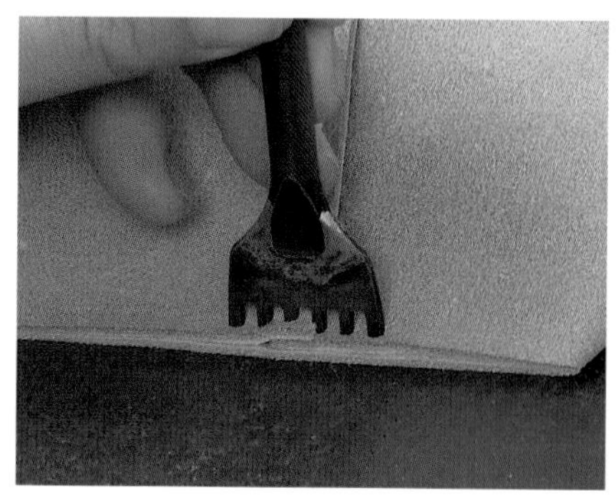

28 將菱斬的刀刃靠在重疊在一起的皮革邊緣上，利用六菱斬打好縫孔。

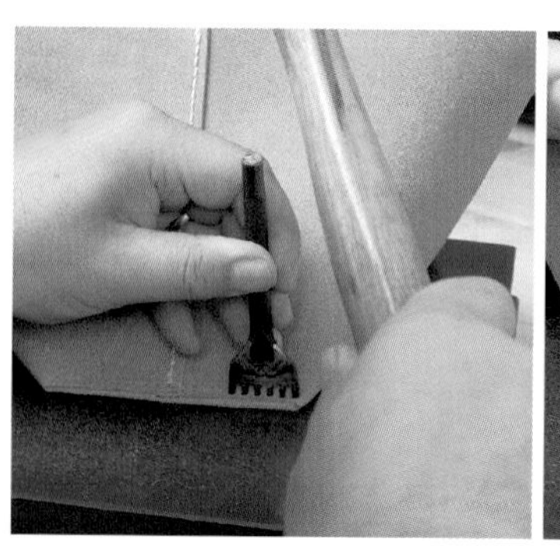

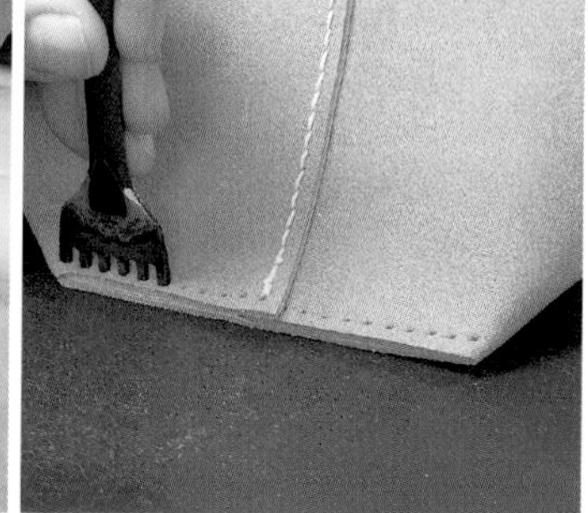

29 以步驟28打好的縫孔為基準，朝著左右側，分別在描線痕跡上打上縫孔。

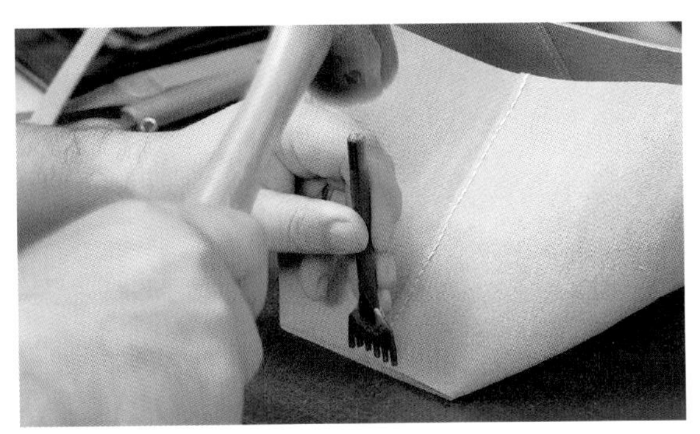

30 反覆步驟24～29，以相同的步驟，在另一側的皮革上打上菱形孔。

31 以麻線縫合。從縫孔的端部開始縫起，起頭的2個縫孔縫上2道線後才開始縫合。

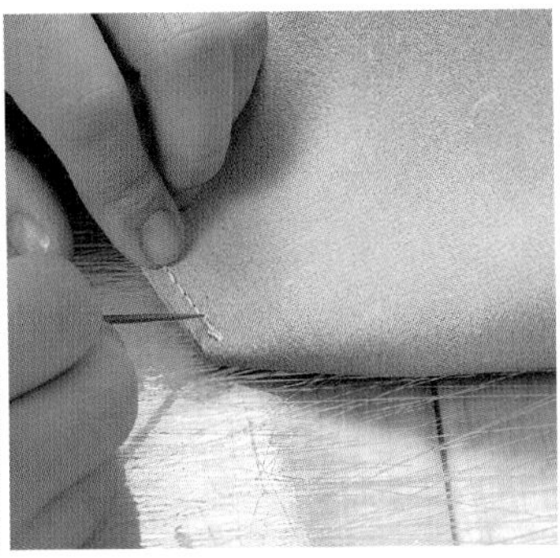

32 縫到最後時也必須回縫2個縫孔，再利用剪刀剪斷縫線，並以強力膠固定住線頭。翻面後就看不到這部分，所以不必太在意回縫針數。

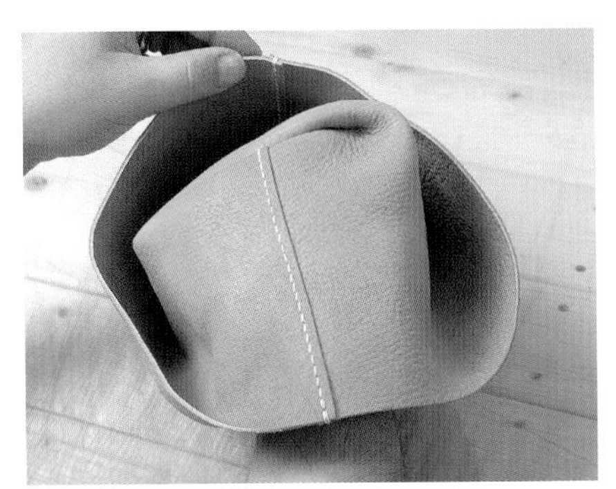

33 縫好兩側後，再次翻面，將皮面層翻到外面。

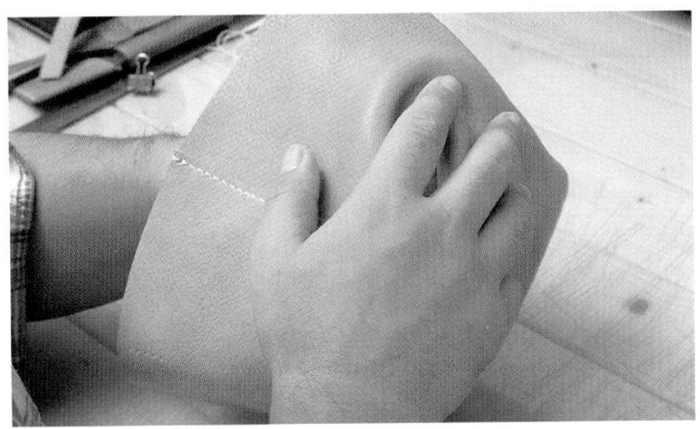

34 避免太用力拉扯，小心地整形，以免皮革上出現奇怪的皺紋。此時，底面必須確實成型。

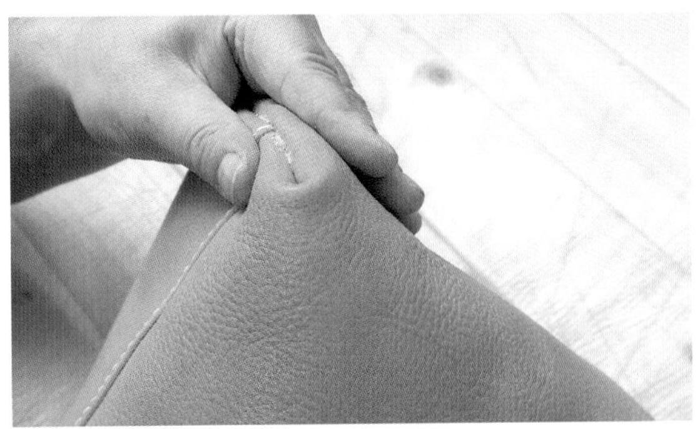

35 用手捏開照片中的部位，以便將角落塑造出漂亮的形狀。捏到塗抹的橡皮膠溢出來也不必太在意。

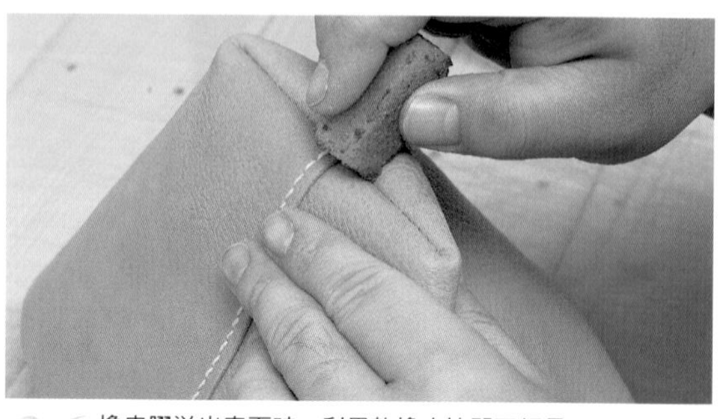

36 橡皮膠溢出表面時，利用軟橡皮擦即可輕易地擦除。

37 完成本體的準備工作。緊接著準備提把並將提把裝到本體上。

# 準備提把與縫合

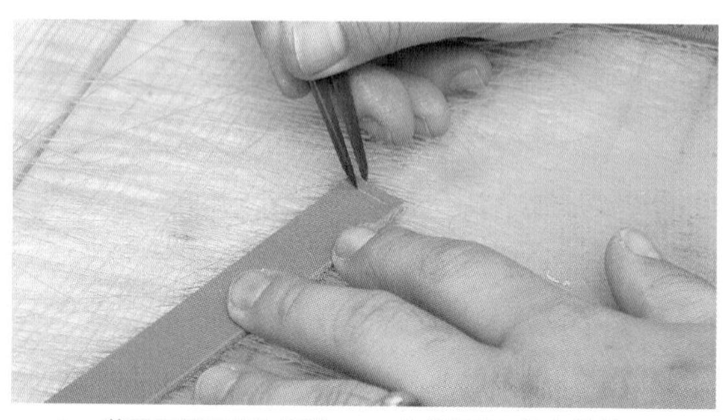

1 將間距規設定為距離4㎜，在提把的短邊上描線。描線時，左右側分別留下5㎜。

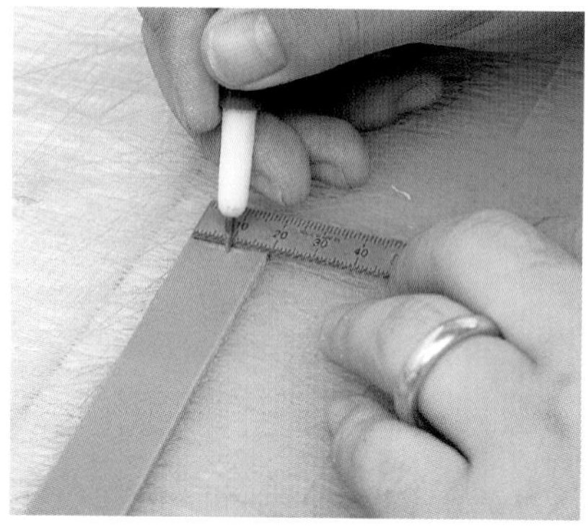



2 測量出提把中心點（距離端部9㎜）用鐵筆做上記號。

## Point 打磨提把的肉面層

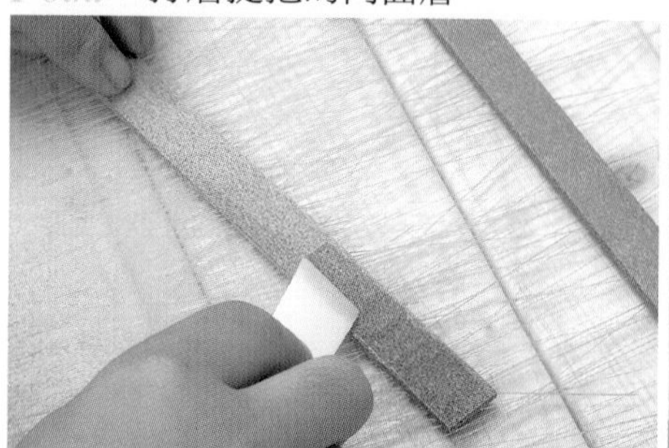

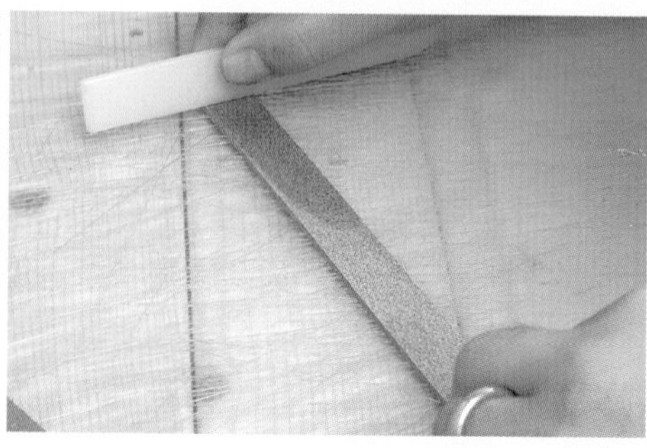

很在意表面凹凸不平的人就打磨肉面層，不在意的人則不需打磨。這是個人喜好問題，任意為之都沒關係。其次，裁切前必須打磨裁切面。

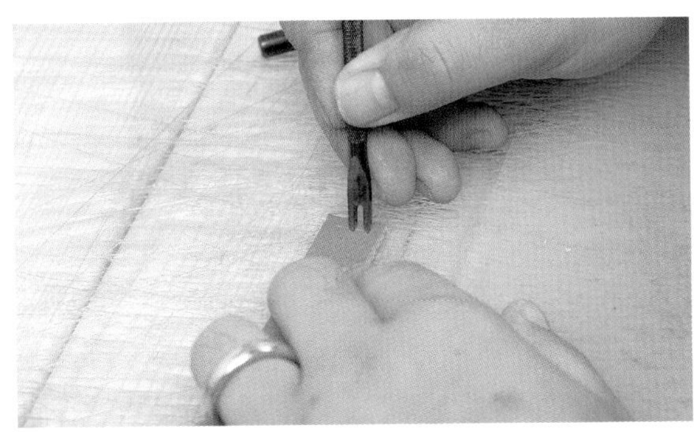

3 將雙菱斬的刀刃瞄準步驟2做好的記號，左右各1孔，在描好的線上做記號。

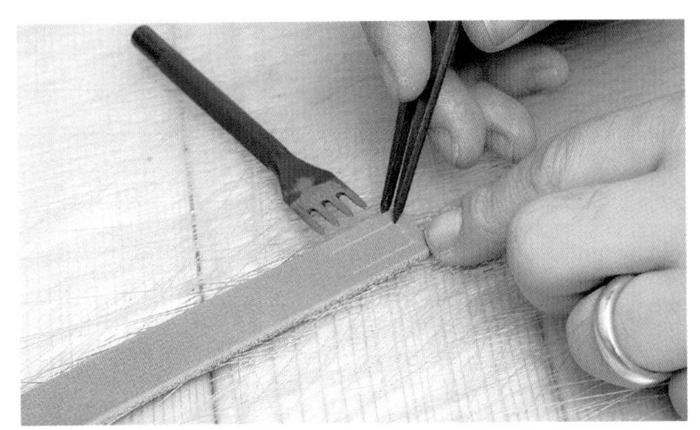

4 從長邊的邊緣開始描線，一直描到步驟3做記號的位置為止。只描上縫合長度部分（5個縫孔份）。

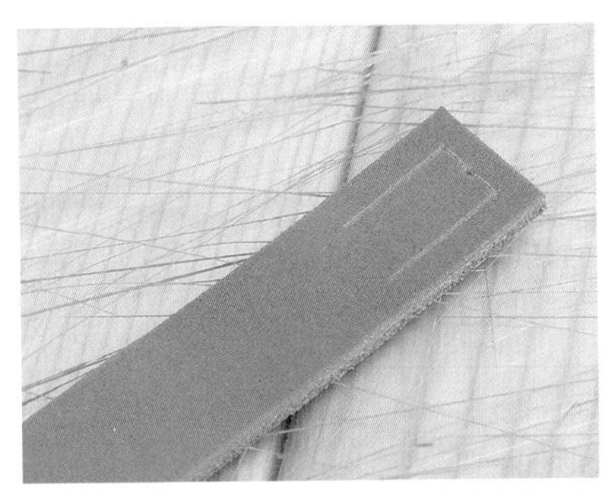

5 分別描好左、右側的線。參考照片中作法，小心描線，避免描過頭。

6 利用四孔菱斬和雙孔菱斬，在步驟4、5描好的線上打上縫孔。打孔數錯誤的話，就無法和本體上的菱形孔對齊，因此打孔時務必留意。

## Point 削除提把上的稜邊

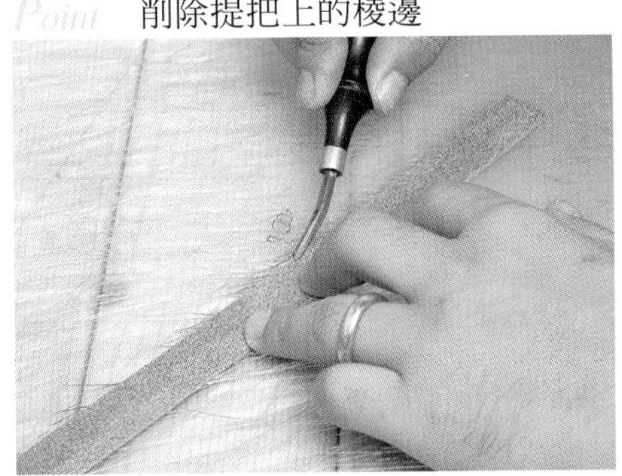

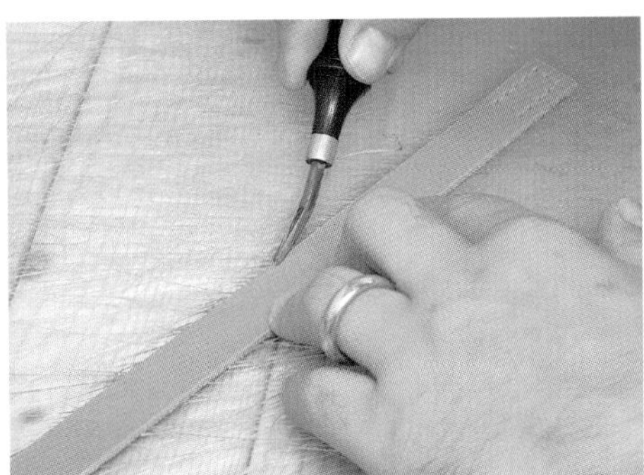

此時，在意提把上有稜角的人，可利用削邊器削掉稜邊，兩面都削。先削除稜邊的話，很可能因間距規無法靠在邊緣上而難以精準地測量尺寸。

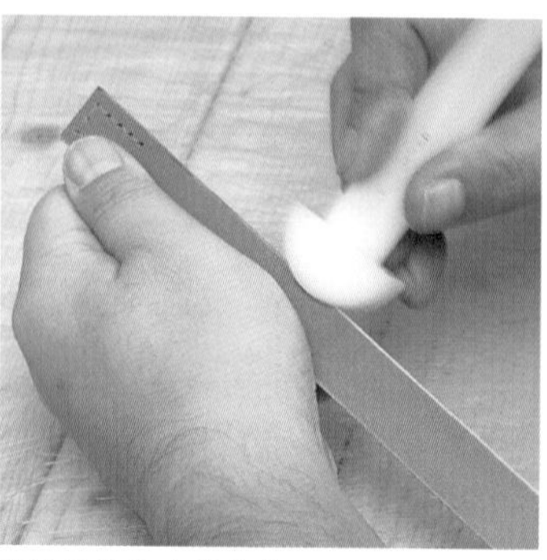

7 先利用棉紗布將透明肉面層處理劑塗抹在皮革的裁切面上，再以三用磨緣器打磨。少量多次，短距離打磨以免處理劑沾染到皮面層上。

8 利用步驟1～7的要領，處理好另一條提把，提把準備工作就完成了。

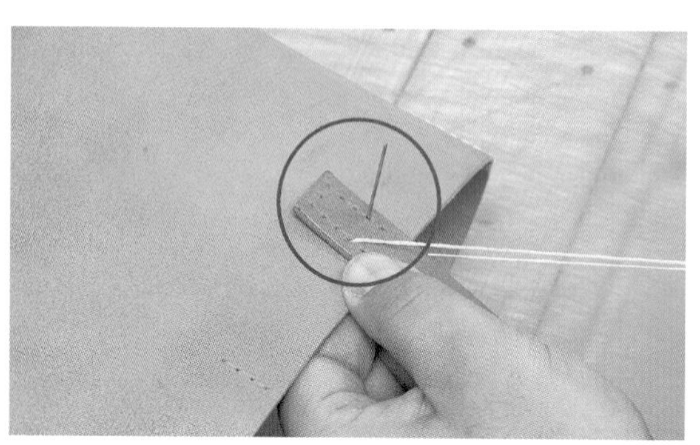

9 縫合提把和本體，如同紅線圈起來的部分，對齊縫孔，插著縫針更方便縫合。

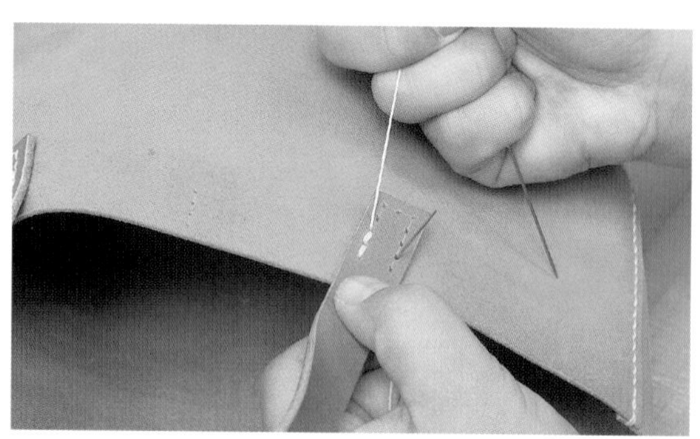

10 回縫2個縫孔後繼續縫合。提把為負擔最重的部位，必須縫得非常牢固。

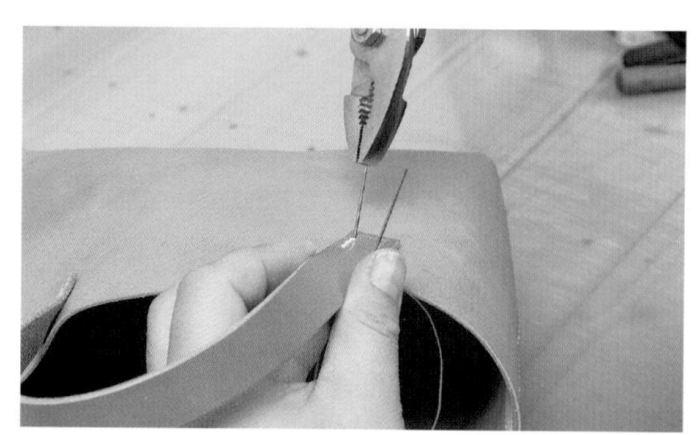

11 提把部位使用比較厚的皮革，難以拔出縫針時，可利用平口鉗或夾鉗拉出縫針。

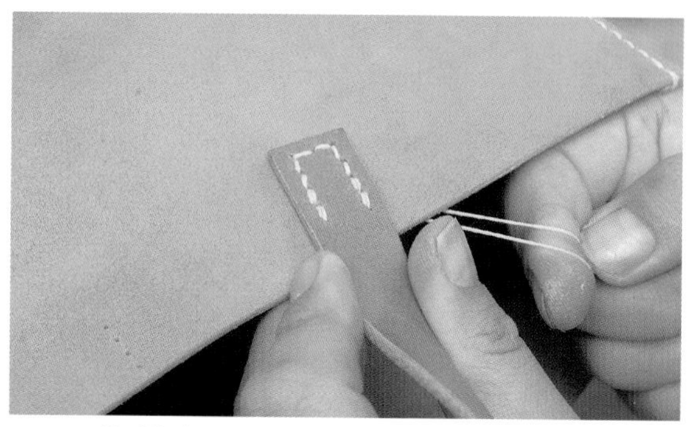

12 縫到終點時回縫2個縫孔，再將縫線穿向皮包內側，用剪刀剪斷縫線，並抹上強力膠以固定住線頭。

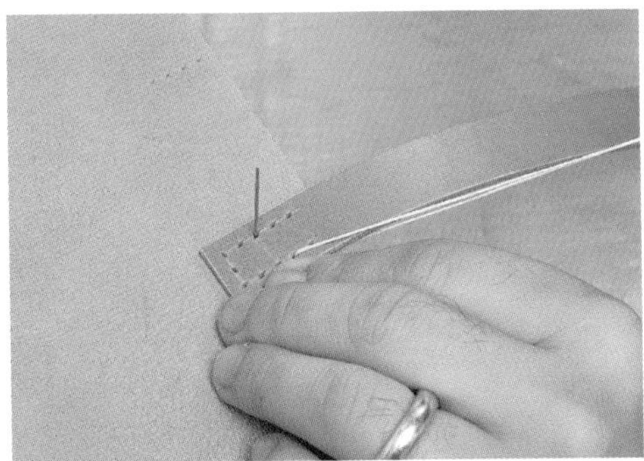

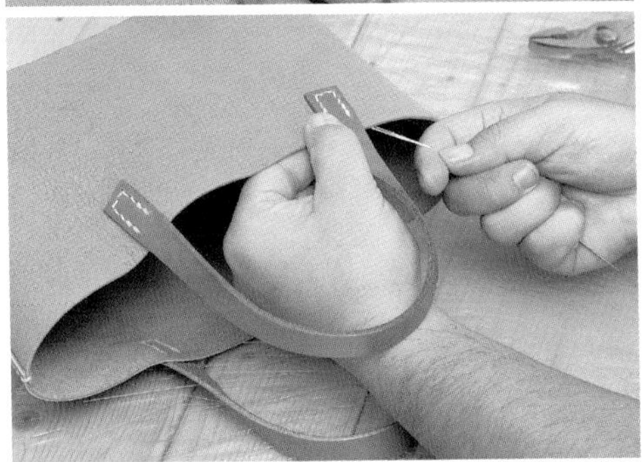

13 繼續以步驟9～12要領縫合剩下3處。這是針目會裸露在外面的部位，所以必須細心縫合以縫出齊整美觀的針目。

14 照片中為縫合提把與本體後狀態。縫出齊整美觀的針目，將線頭固定在皮包內側，就能完成漂亮的作品。當然也可以利用固定釦等裝上提把。

## 準備安裝四合釦的配件與縫合

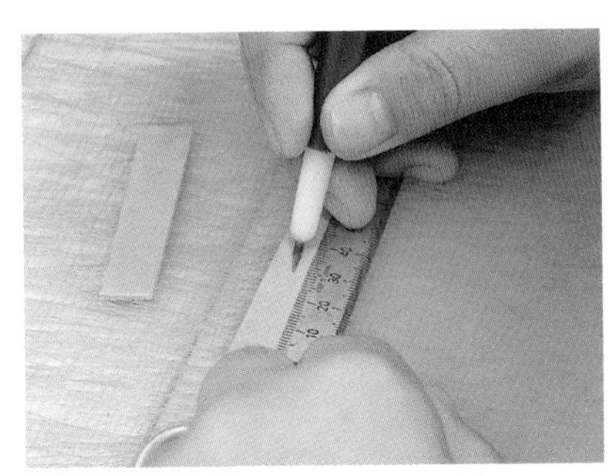

1 利用鐵筆，在距離安裝固定釦配件端部37㎜的中心點上做記號。

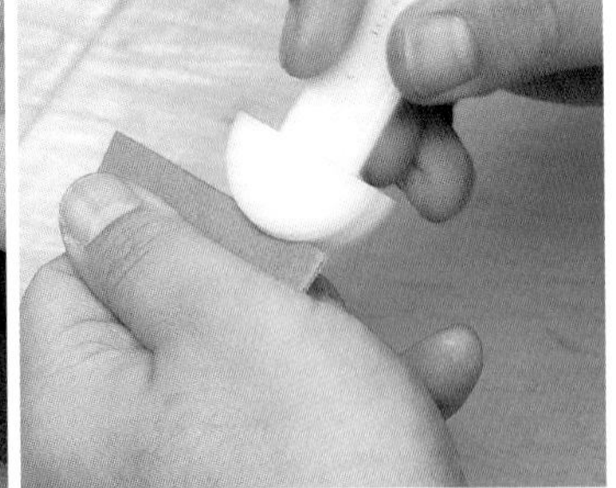

2 只有長邊打磨皮革裁切口。用棉紗布塗上透明肉面層處理劑，以磨緣器打磨。打磨時請小心，以免處理劑沾到皮面層部位。

3 以步驟1做好的記號為中心，利用圓斬在皮革上打孔。其中一片使用10號圓斬，另一片使用15號圓斬。

4 本作品因採用$\phi$10㎜的固定釦而使用10號和15號圓斬。實際製作時必須依據使用釦件大小，選擇適當的斬具。

5 利用$\phi$12㎜和$\phi$10.5㎜圓斬，斬好裝飾用皮革並量好中心位置，再利用鐵筆做上記號。

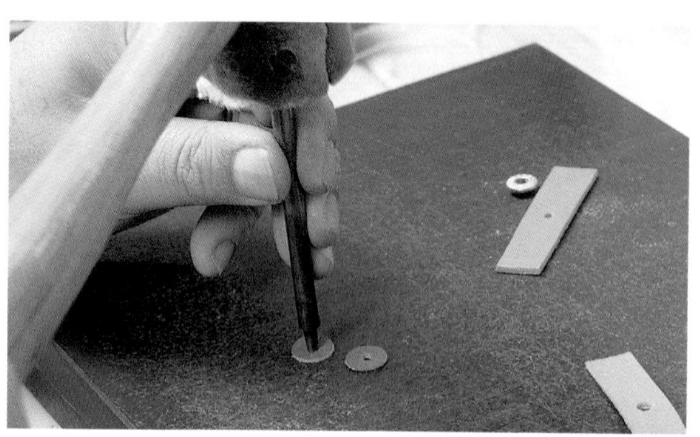

6 以步驟5做好的記號為中心，在裝飾用皮革上打上圓孔。兩片皮革都以10號圓斬打上圓孔。

7 釘好釦件以便在安裝釦件的皮革皮面層上固定釦件。另裝飾用皮革的皮面層裝在從肉面層方向看得到的地方。

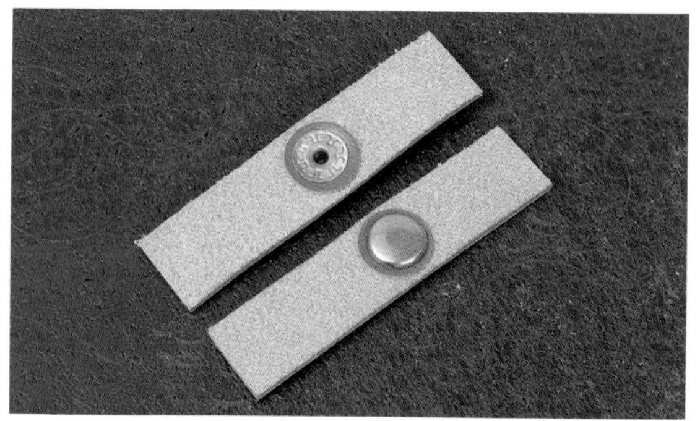

8 參考以上照片，分別裝上釦件。

## Point 描線的地方

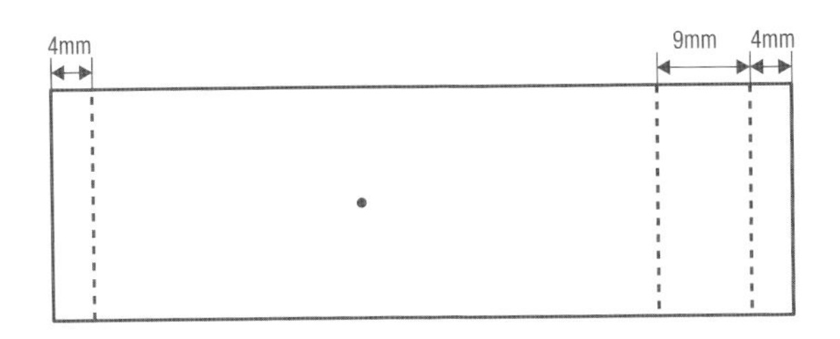


分別在距離邊緣4㎜的位置上，利用間距規描好線。然後從固定釦件的位置到皮革邊緣為止，只在長邊上，從4㎜的線到量出9㎜的位置上描線。以相同要領處理好2片材料。

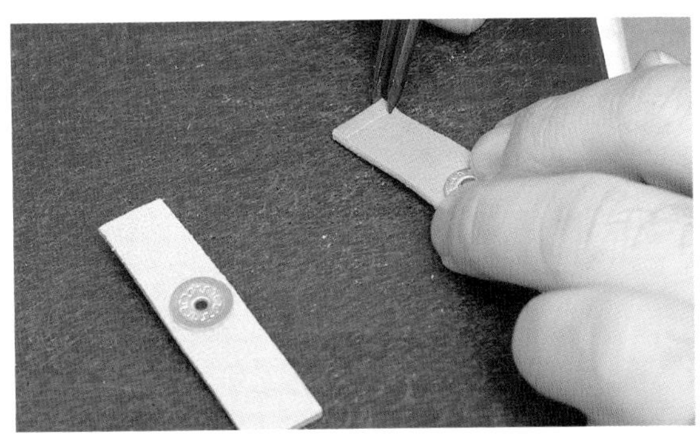

9 將間距規設定為距離4㎜後描線。參考上圖，以相同要領描好4處。

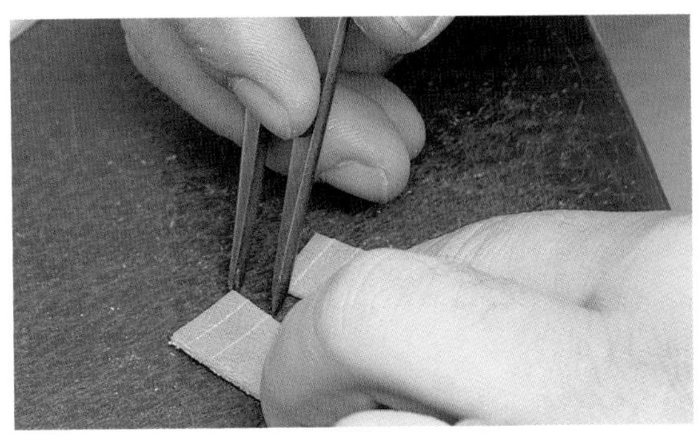

10 在距離4㎜的位置到9㎜位置上描線。參考以上照片，在正確的位置描線吧！

11 位於四菱斬兩端的刀刃靠在皮革的兩端，打上縫孔。每一片都以步驟9、10的要領描線。

12 打好6處縫孔後狀態。形成環狀後才縫到本體上。

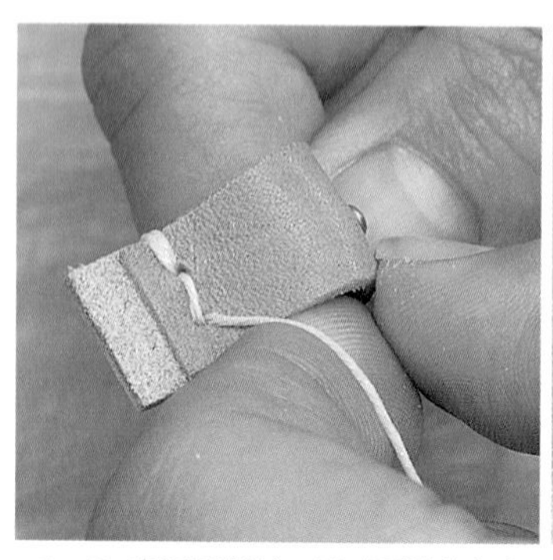

13 皮面層朝外，形成環狀後打在4mm和9mm處的縫孔。最初、最後和正中央，只有其中一面縫上2道縫線，於照片（右）中的位置上固定住線頭。

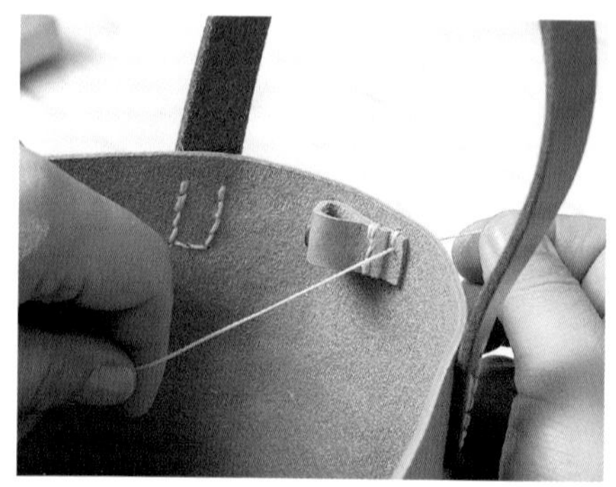

14 將固定釦件的配件縫到本體上。看著照片，留意安裝方向。

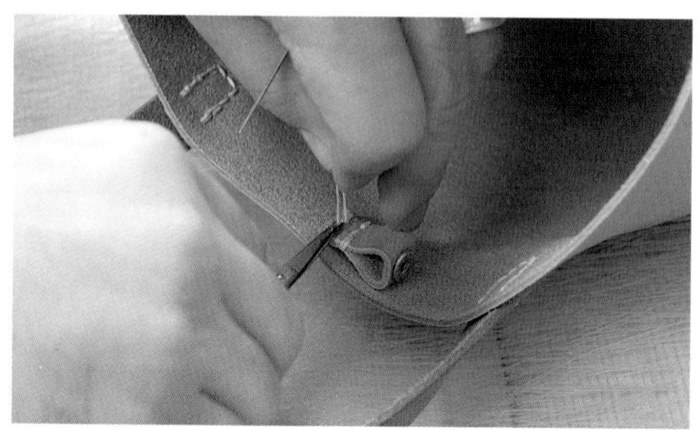

15 參見步驟13作法，正中央的縫孔其中一側縫上2道縫線後，將縫線拉到皮包內側，並於照片中的位置剪斷縫線。

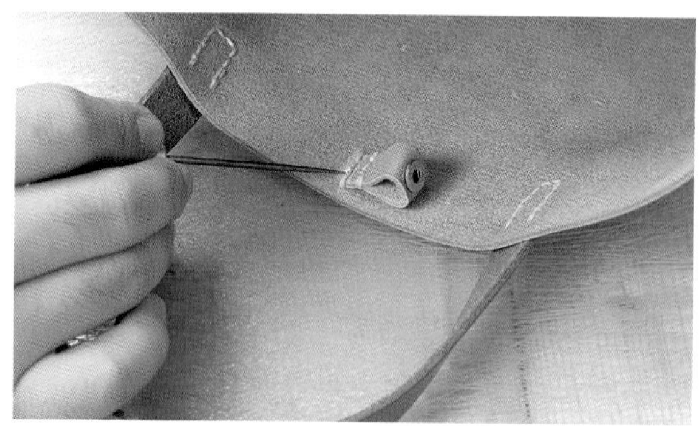

16 抹上強力膠以固定住線頭。另一邊的安裝方向也如同步驟14，左右交互似地縫合。

17
日常生活中使用起來非常方便的午餐包完成圖。使用染色皮革而營造出輕鬆舒適的意象。運用一點巧思，利用本體、提把、縫線顏色等搭配出不同的效果，做出令自己愛不釋手的包包。

## *Point* 底板的作法

準備裁切得比紙型大上一圈，材質和本體一樣的皮革，以及襯裡皮革。沒有襯裡皮革的話，可將兩塊皮革黏合在一起使用。

在皮革肉面層、襯裡皮革上分別抹上橡皮膠，必須全面塗抹。若不使用襯裡皮革時，兩片皮革的肉面層都必須塗抹橡皮膠。

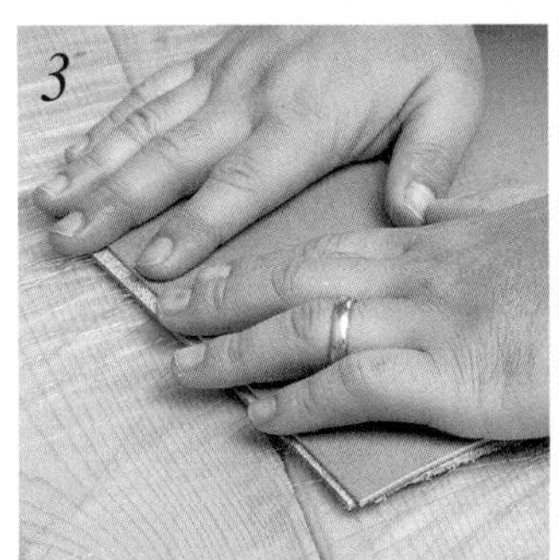


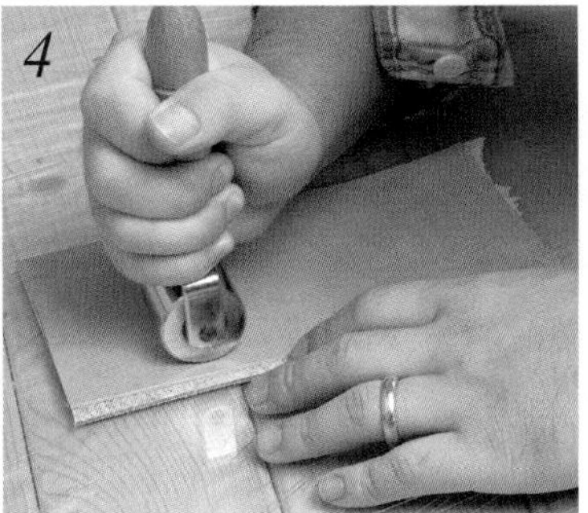


等橡皮膠完全乾了以後，將塗抹橡皮膠的面黏合在一起，並利用滾輪等工具用力地滾壓。

將紙型擺在已黏合的皮革上，配合紙型尺寸，利用鐵筆描線。

對齊畫好的線，利用美工刀裁切皮革。裁切直線部位時，以鐵尺壓住即可更輕鬆、更精確地裁切皮革。

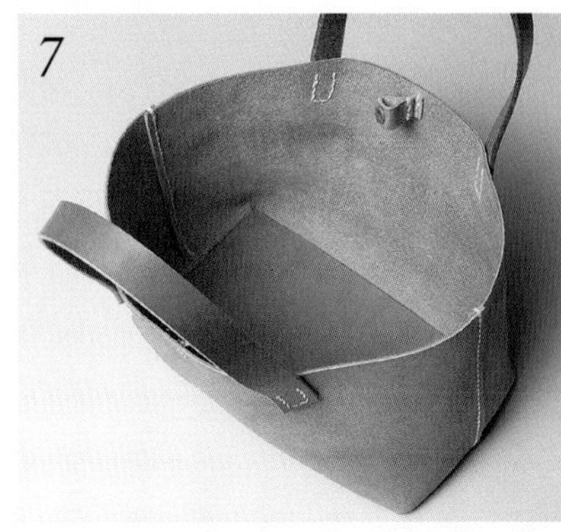


加上底板後，既可提升強度，又可防止變形。襯裡皮革取得不易，建議採用將厚皮革黏合在一起的方法。

# 鑰匙包的作法

白色皮革，加上將胎牛皮素材雕切成心型重點裝飾的鑰匙包。使用不同顏色的皮革或改變一下雕切形狀、部位的皮革，作品印象就會大為改觀。這是一個即使是小包包也能完全容納的小型鑰匙包，因此非常適合當做禮物送人。裁切胎牛皮素材時一定要很小心喲！

製作　LEATHER WORKS HEART

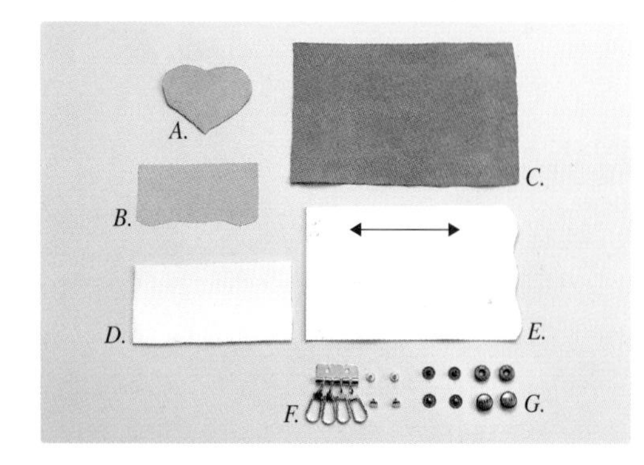


## 材　料

*A.*胎牛皮80㎜×70㎜。*B.*鑰匙包襯裡（厚0.3㎜）100㎜×100㎜。*C.*豬絨面革（厚0.7㎜）120㎜×150㎜。*D.*海綿襯（厚2㎜）100㎜×50㎜。*E.*牛皮（厚1.6㎜）120㎜×150㎜。*F.*鑰匙包專用金屬配件1個、雙面固定釦[小]（φ6㎜）2個。*G.*四合釦[中]（φ12㎜）2個。麻線。

## 製作要點

裁切皮革時，裁切方向為皮革可往箭頭方向延展。裁切胎牛皮素材的注意事項請參考P99。心型部位因為內側襯著海綿而營造出立體感。可依個人喜好改變內襯厚度。安裝四合釦時必須使用專用斬具和環狀台。請依據使用的四合釦大小選用適當的圓斬與四合釦斬吧！

# 紙　型

作為鑰匙包內裡皮革的豬絨面革裁切得比本體的牛皮大上一圈，黏合後才配合作品大小裁切並修整皮革裁切面。縫合後才調整本體上的金屬配件固定位置，這樣縫製的作品才能更漂亮。請將紙型放大200%後使用。

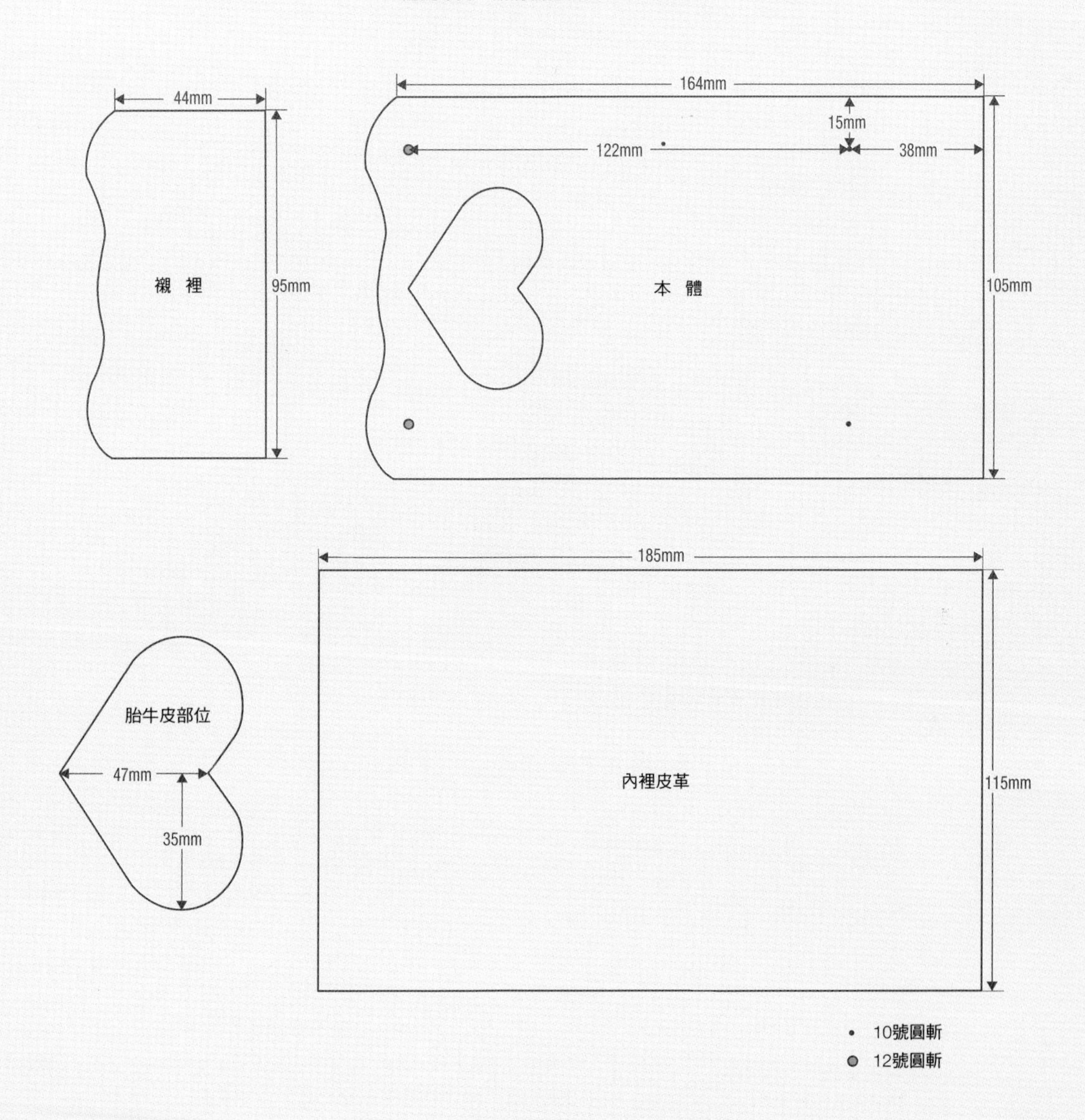

## 製作心型部位

1

先依據紙型裁好皮革，再雕切出心型部位。利用銀筆在皮面層上做記號。

2

小心處理，紙型和皮革務必對齊，然後利用圓錐做記號，標出固定四合釦的位置。

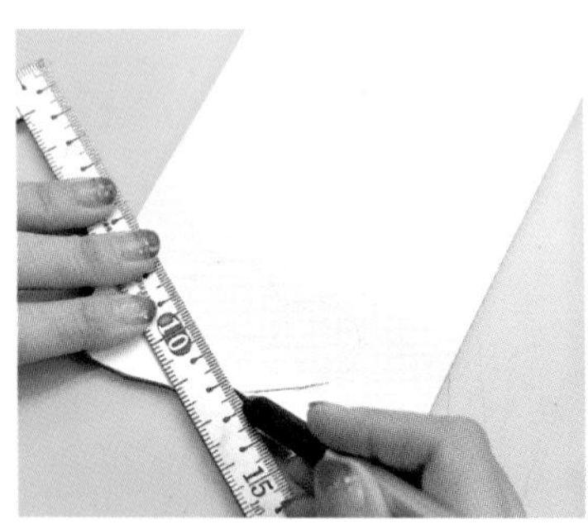

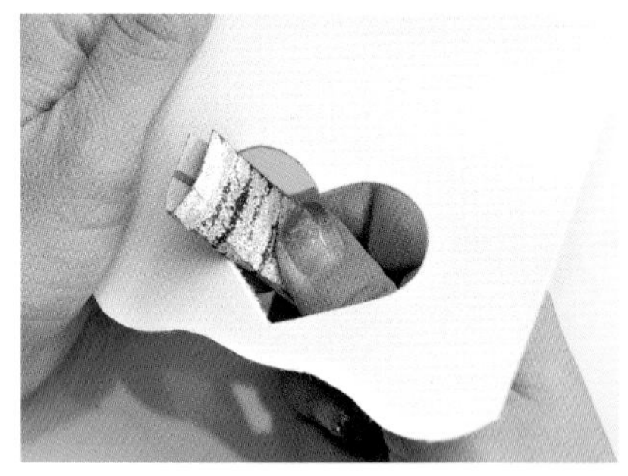

3

利用筆刀雕切心型部位。雕切心型的直線部位時使用直尺，雕切曲線部位時，邊轉動皮革更方便雕切。

4

雕切心型部位後，利用砂紙將裁切面打磨得平整光滑。

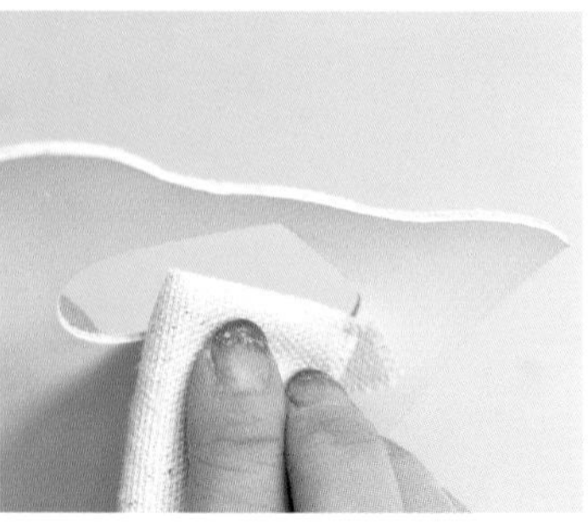

5

將透明肉面層處理劑塗抹在心型部位的雕切面上，再以帆布打磨。利用牙籤或帆布即可打磨得更光滑。

6

利用設定寬為2.5mm的間距規，在雕切出心型部位描上導引線。

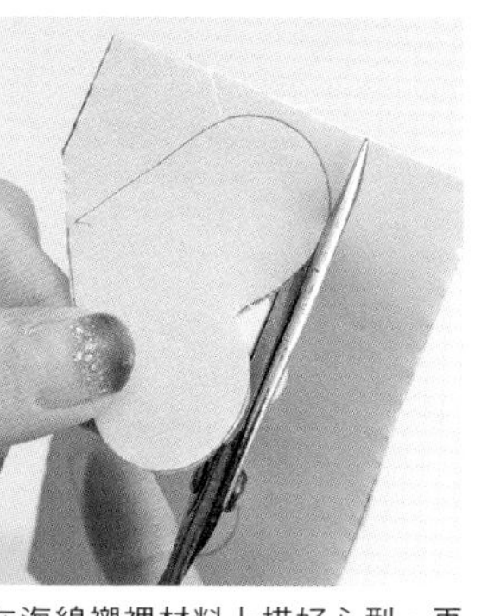

7 利用本體部位的紙型，在海綿襯裡材料上描好心型，再以剪刀剪好形狀。使用2片厚度為2㎜的海綿襯裡。

8 將構成海綿襯裡基座的皮包專用襯裡材料擺在本體裡側中心後翻到表面，做記號標出黏貼襯裡材料的位置。

9 撕掉海綿襯裡上的背紙，瞄準步驟8做好的記號後黏合。

10 照片中為黏好後的狀態。黏貼要點為2片海綿襯裡材料必須確實對齊。

## Point 胎牛皮素材的裁切法

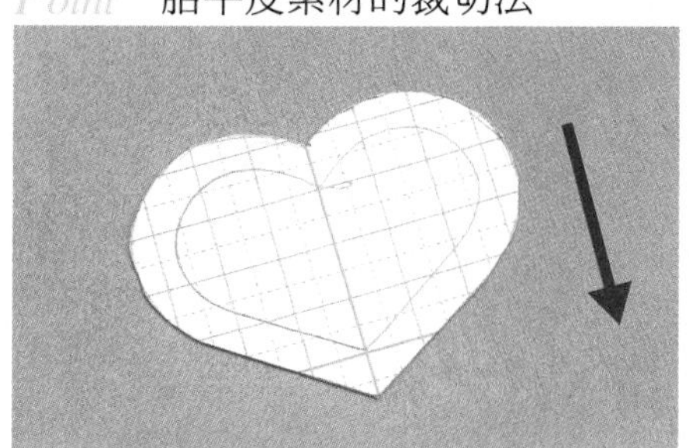

胎牛皮表面上的毛有一定的生長方向，紙型擺在皮面層上裁切時，請仔細確認毛流。

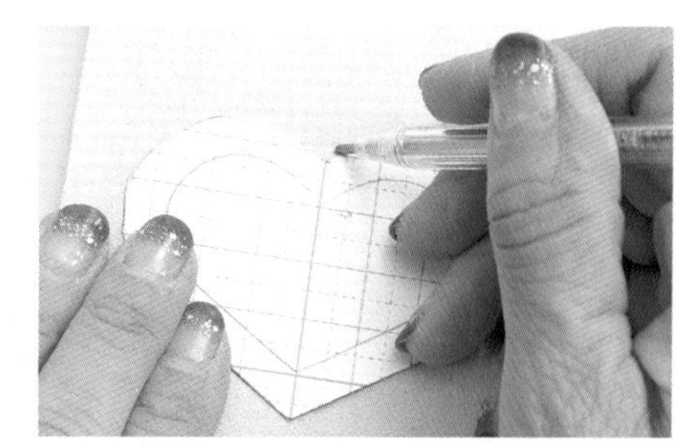

將紙型描在肉面層上，確認過毛流後，連同紙型翻到背面，再利用銀筆描好心型部位。

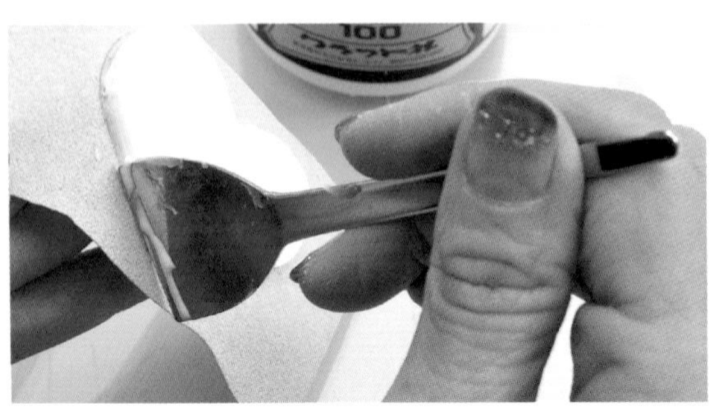

11 將白膠塗抹在鑰匙包襯裡材料上以便黏合海綿襯裡和胎牛皮。

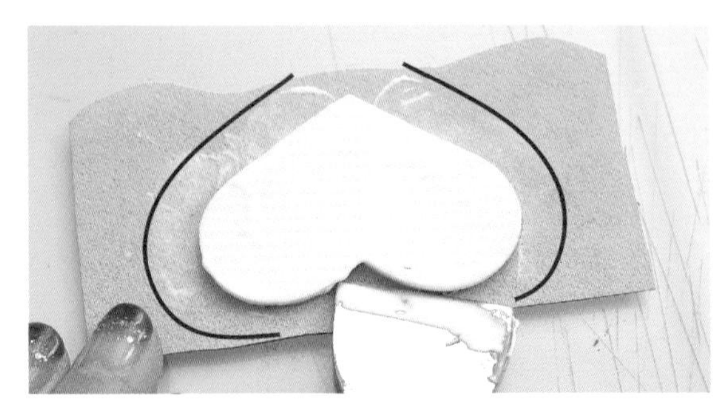

12 鑰匙包襯裡材料側面和海綿襯裡材料的周圍約10㎜部分，均勻地抹上白膠。

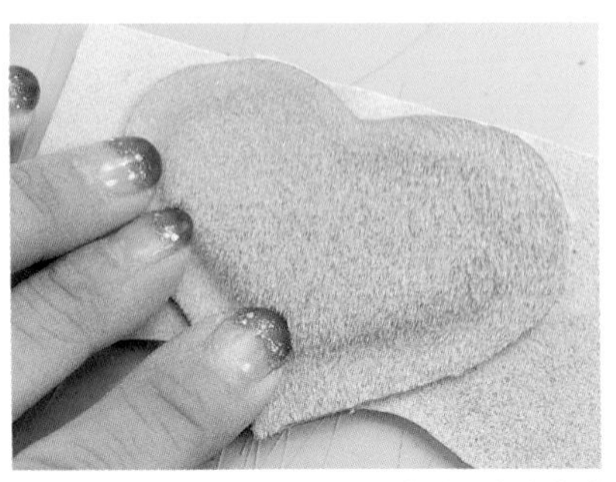

13 黏貼心型部位。白膠沾到胎牛皮素材就無法清除，因此務必小心黏合。

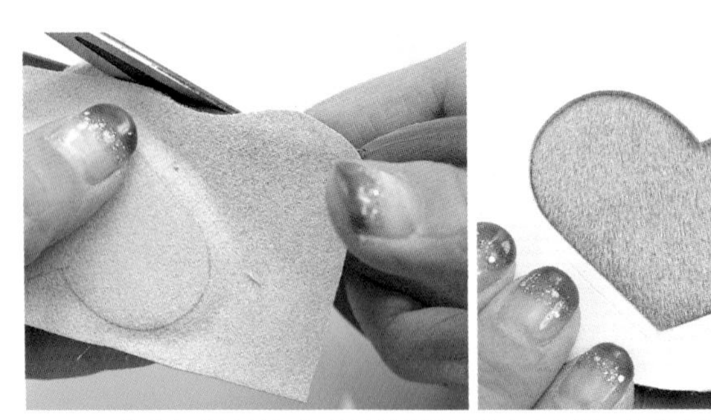

14 裁掉超出鑰匙包襯裡材料部位的胎牛皮素材，仔細確認尺寸，確認本體皮革和心型的V字型部位是否完全吻合。

## 黏合心型部位

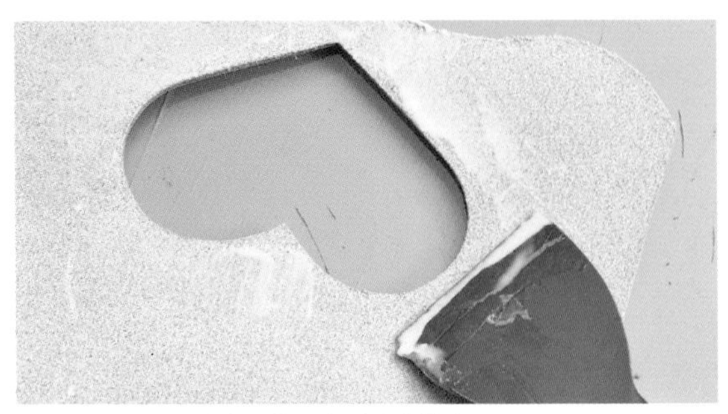

1 將白膠薄薄地抹在本體皮革的肉面層上，裁切部位附近必須塗抹得特別薄。

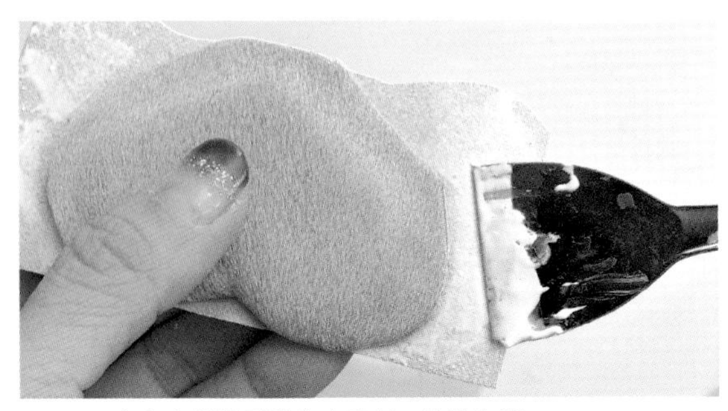

2 小心白膠沾到胎牛皮素材，鑰匙包襯裡材料上也塗抹白膠。

3 確實對齊心型下方的尖角部位後才黏合本體和鑰匙包襯裡部位。

4 同時，從心型背面用力地按壓塗抹白膠部位以便促使緊密黏合。

5 黏貼本體和內裡皮革。內裡皮革要最後裁切，因此面積比較大。

6 內裡皮革塗抹在表面光滑的皮面層上，本體皮革塗抹在表面粗糙的肉面層上，迅速地全面塗抹橡皮膠。

7 等橡皮膠呈半乾狀態後，將本體擺在內裡皮革上以便黏合。

8 利用滾輪滾壓出裡面的空氣以便皮革與皮革緊密黏合。

9 等橡皮膠乾了以後，利用美工刀，刀刃和皮面垂直，裁掉超出範圍的內裡。

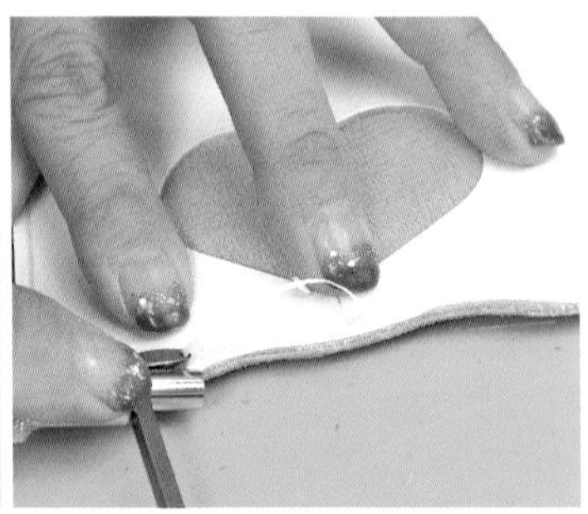

10 在本體上描出寬3㎜的導引線。利用拉溝器，環繞本體一周，拉出導引線，小心處理，務必拉出相同的深度。

## 打上縫孔

1 在照片上畫著紅點記號的角落上打孔，以作為斬打縫孔之指標。

2 將毛氈墊和橡膠板墊在皮革底下，再將圓錐抵住拉溝器拉出來的導引線，然後以木槌敲打圓錐，鑿出孔洞。

3 間距為2㎜的菱斬刀刃抵住圓錐鑿的孔，壓痕後以該痕為基準打孔。

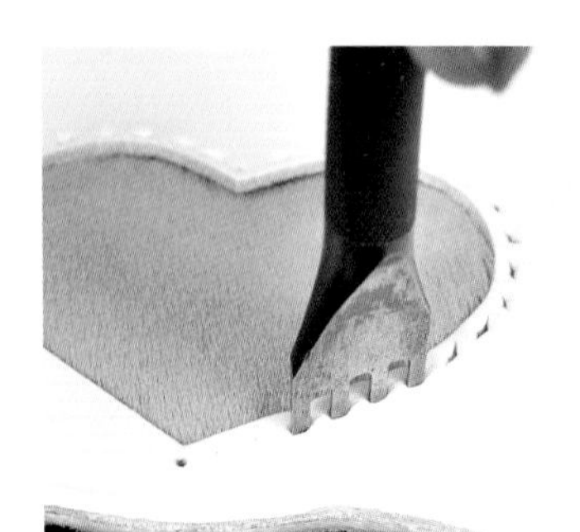

4 心型部位較多曲線，基本上使用雙孔菱斬。只有左、右側的直線部位使用四菱斬。

5 打本體周圍的縫孔時先使用雙菱斬，從蓋子部位的縫孔開始打起。

6 打曲線部位的縫孔時，將菱斬的刀刃抵住前一個菱形孔，先壓出痕跡後，再將刀刃插入該縫孔，依序打好縫孔。避免同一個縫孔重複插入菱斬。

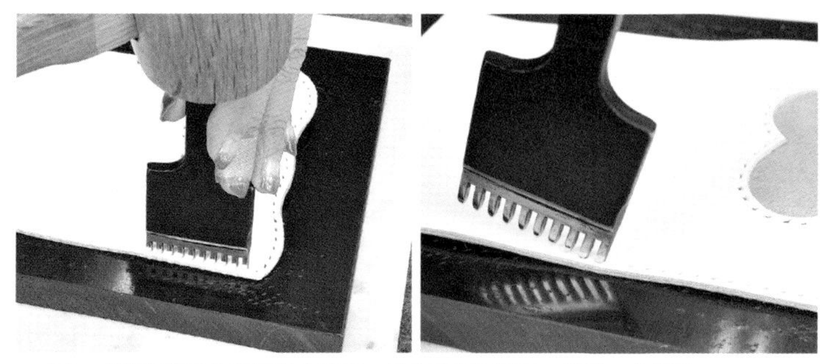

7 處理直線部位時使用十菱斬，操作起來更迅速。此時，必須將菱斬的2根刀刃插入事先打好的縫孔以便繼續地打出縫孔。

8 處理最後部位時，使用雙菱斬即可打出均等間隔的縫孔。

# 縫 合

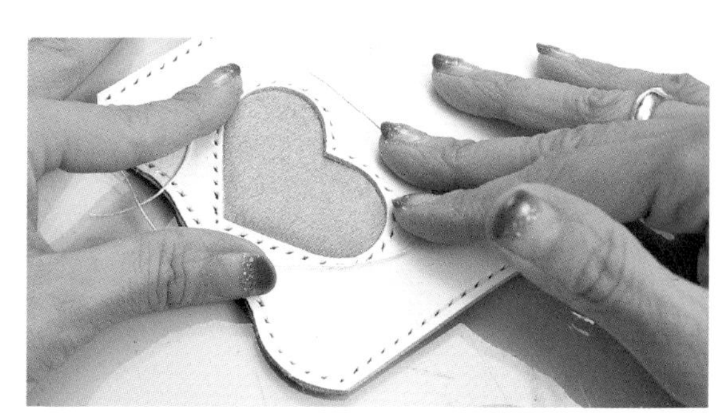
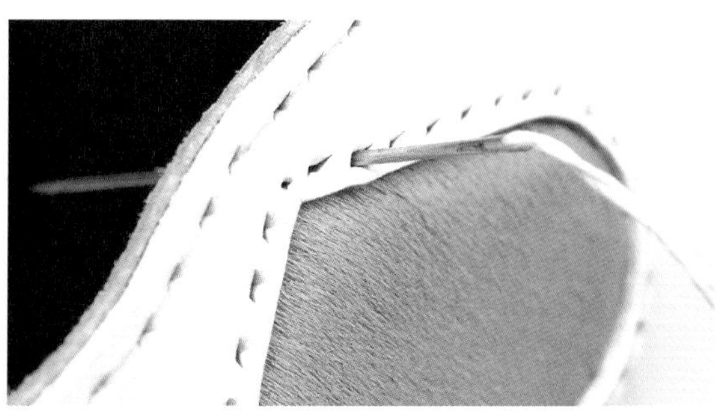

1 先從心型部位開始縫合。準備長度為縫合距離5倍的縫線。

2 從距離底下的尖角2個縫孔（照片中插針位置）開始縫起。從作品的表側插入縫針。

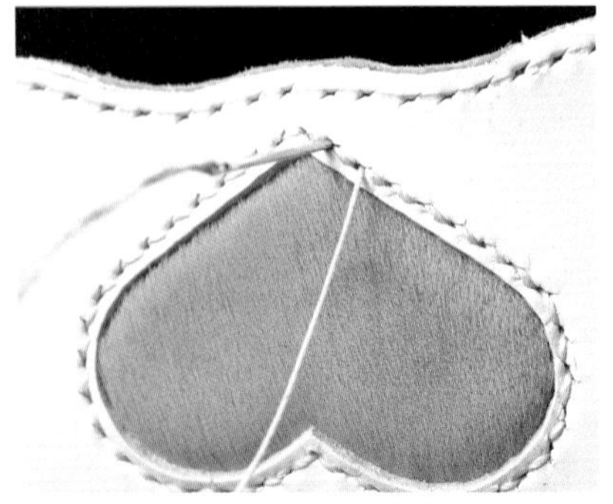

3 邊縫合、邊用力地拉緊縫線，最後回縫2個縫孔。

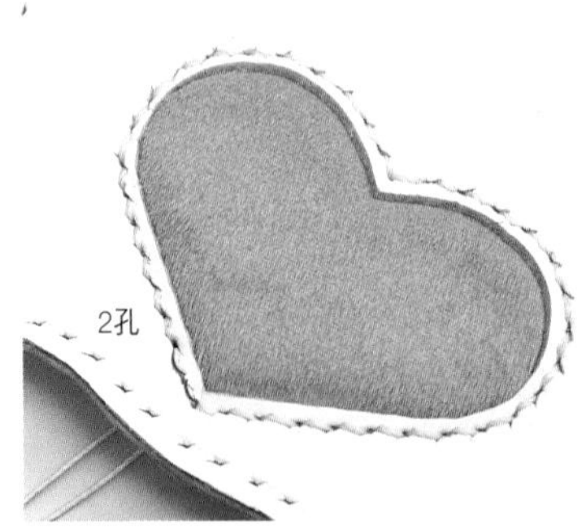

4 參考照片（左）回縫2個縫孔後，將2條縫線穿到背面以處理線頭。

5 將拉到背面的縫線剪短。剪斷縫線時務必小心，避免因剪太短而剪到縫好的針目。

6 將白膠抹在線頭上，再將線頭埋入縫孔以固定住線頭。

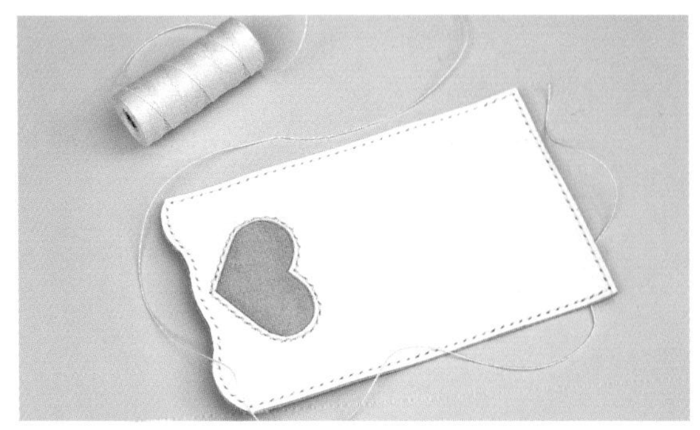

7 縫合本體周邊。準備長度為本體周長3.5倍的縫線。

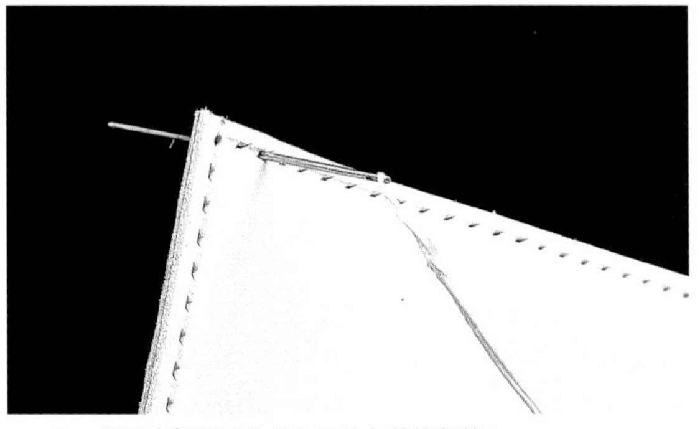

8 從固定釦件時位於內側的角落算起第2縫孔，開始縫合。

## Point 縫出整齊劃一的縫孔

將縫針穿過縫孔2回是手縫之基本技巧，務必從位於作品表側的縫針開始插入縫孔。

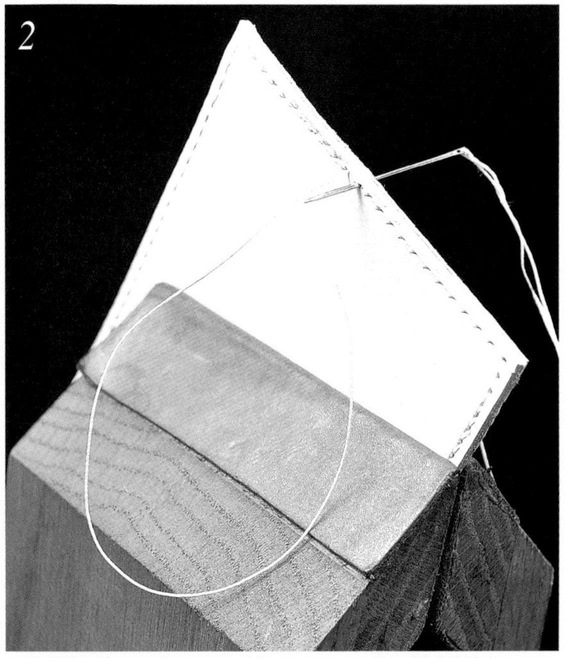

在率先穿過縫孔的縫線尚未拉緊的狀態下，插入裡側的縫針，然後同時拉緊兩側的縫線，即可縫出整齊劃一的針目。

從後方扎針時，將比率先穿過縫孔的縫線，更加地靠近繼續縫合的方向插入縫針。堅守以上原則，即可縫出漂亮的針目。

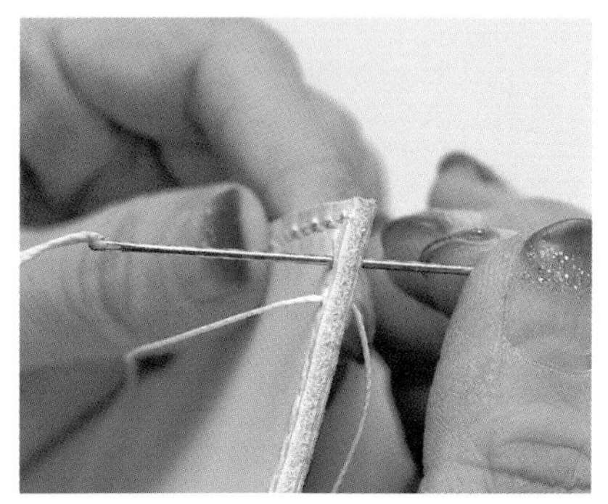

9 縫到最後1個縫孔後，回縫1個縫孔，再將2條縫線穿向裡側後處理線頭。

10 留下約1～2㎜縫線後剪斷，再將白膠抹在線頭上，配合針目狀態，黏住線頭。

## 安裝金屬配件

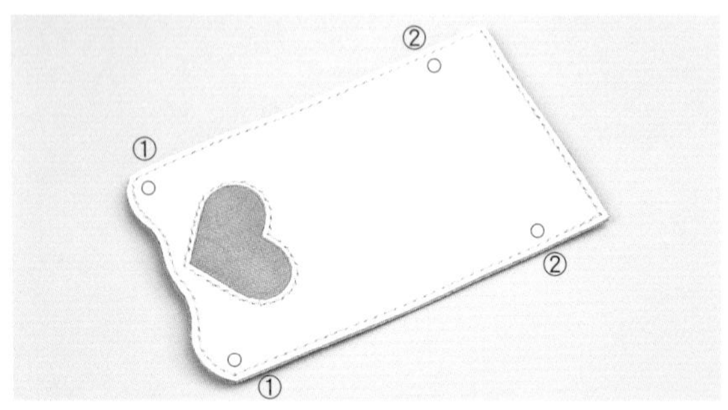


*1* 在安裝四合釦的位置上打孔。①使用12號，②使用10號圓斬，分別打好釦孔。

*2* 在袋蓋部位打孔。圓斬必須垂直打入。

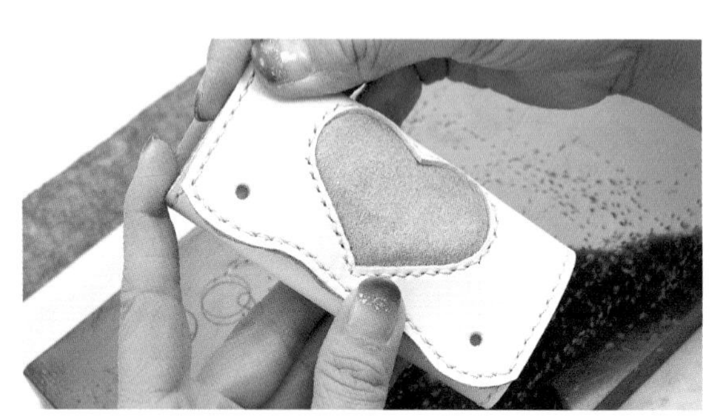

*3* 如成品似地（參見P96）彎曲本體，確認②的圓孔是否偏離位置。

*4* 透過步驟3確認圓孔並未偏離位置後，利用10號圓斬打孔。

*5* 將釦腳插入②的圓孔中。首先從裡側插入釦腳部位。

*6* 再將釦頭部位套在釦腳上，然後擺在萬用環狀台的平面上，利用四合釦斬釘上釦件。

## Point 金屬配件的尺寸和使用工具

安裝四合釦或固定釦等金屬配件時，必須依據釦件種類或尺寸，選用適當的斬具和環狀台。使用相同種類的金屬配件時，假使配件尺寸不一樣，就必須依照該尺寸選用適當的斬具，因此固定金屬配件前必須確認使用的金屬配件和手邊的斬具尺寸。

照片中上為雙面環狀台，下為萬用環狀台。可視金屬配件大小區分使用萬用環狀台上的凹孔。

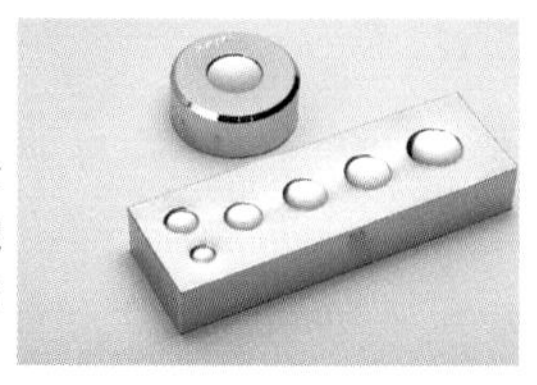

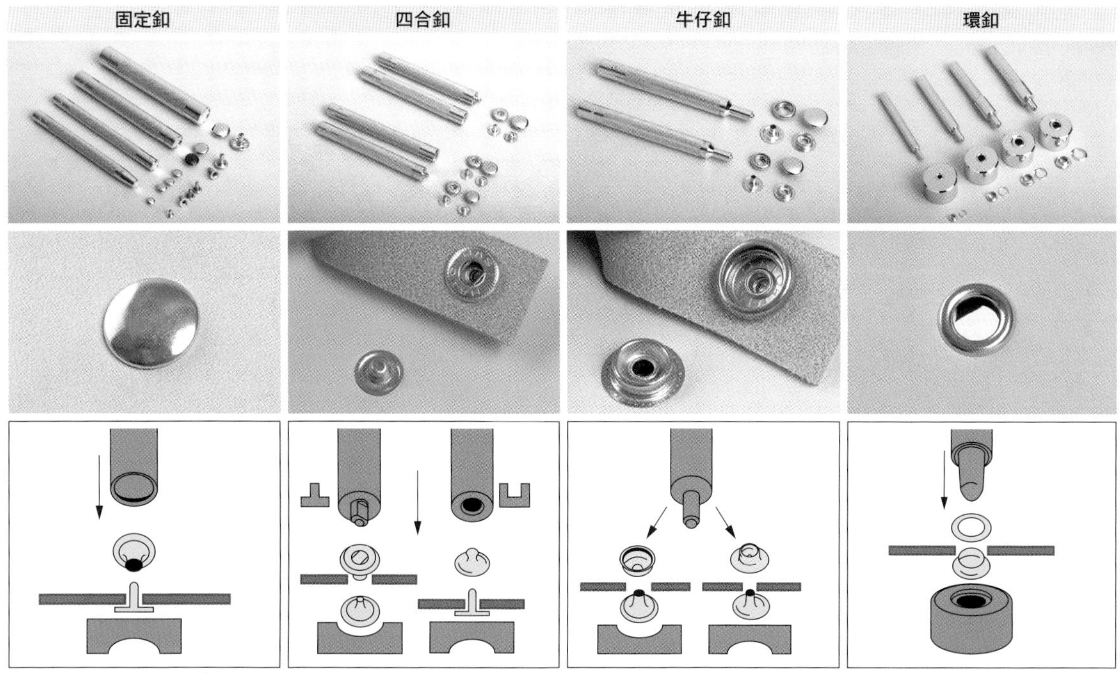


| | 金屬配件尺寸 | 圓斬 | 斬具 | 環狀台 |
|---|---|---|---|---|
| 固定釦 | 極小（直徑4㎜・腳長5㎜） | 6號（直徑1.8㎜） | 固定釦斬（極小） | 雙面環狀台或萬用環狀台 |
| | 小（直徑6㎜・腳長7㎜） | 8號（直徑2.4㎜） | 固定釦斬（小） | |
| | 中（直徑9㎜・腳長7㎜） | 10號（直徑3.0㎜） | 固定釦斬（中） | |
| | 大（直徑12㎜・腳長9㎜） | 12號（直徑3.6㎜） | 固定釦斬（大） | |
| 四合釦 | 小（直徑10㎜） | 8、12號（直徑2.4㎜、直徑3.6㎜） | 四合釦斬（中） | 雙面環狀台或萬用環狀台 |
| | 中（直徑12㎜） | 8、15號（直徑2.4㎜、直徑4.5㎜） | 四合釦斬（中） | |
| | 大（直徑13㎜） | 10、15號（直徑3.0㎜、直徑4.5㎜） | 四合釦斬（大） | |
| 牛仔釦 | 中（直徑13㎜） | 12號（直徑3.6㎜） | 牛仔釦斬（中） | 雙面環狀台或萬用環狀台 |
| | 大（直徑15㎜） | 15號（直徑4.5㎜） | 牛仔釦斬（大） | |
| 環釦 | 極小No.300（直徑4.6㎜） | 15號（直徑1.8㎜） | 環釦斬（極小） | 斬具套組 |
| | 中No.20（直徑8.1㎜） | 30號（直徑2.4㎜） | 環釦斬（中） | |
| | 大No.23（直徑8.6㎜） | 30號（直徑3.0㎜） | 環釦斬（大） | |
| | 特大No.25（直徑9㎜） | 30號（直徑3.6㎜） | 環釦斬（特大） | |

以上為CRAFT公司產製金屬配件、工具之尺寸

*7*

將四合釦的彈簧部位放入①的凹孔中。從表側插入釦腳，再將彈簧部位套在上面。

*8*

利用萬用環狀台、四合釦斬和木槌，敲打2～3回以固定住釦件。

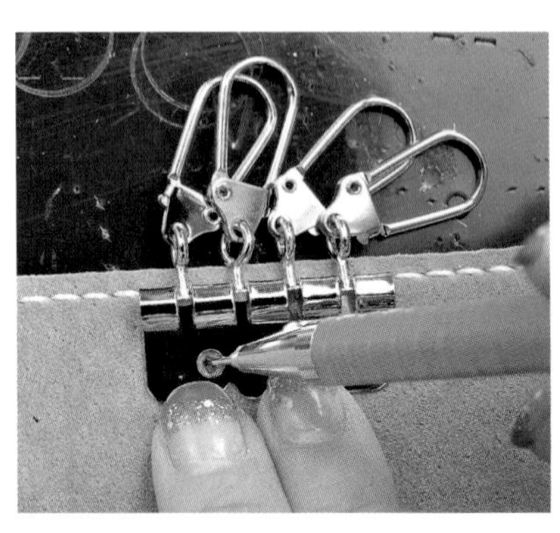

*9*

鑰匙包專用金屬配件和縫孔對齊，決定安裝位置。

*10*

以鉛筆做上記號為準，利用8號圓斬，打好釦孔以安裝金屬配件。

*11*

從裡側插入雙面固定釦的釦腳後，蓋上釦頭，一直嵌入到發出咔聲為止，再利用萬用環狀台和釦斬釘牢釦件。

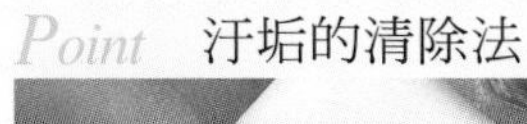

## *Point* 汙垢的清除法

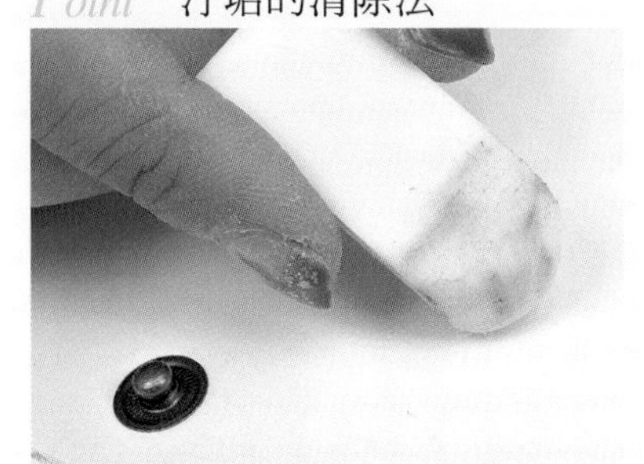

白色皮革於製作過程中沾染到汙垢時，利用橡皮擦即可去除汙垢。

# 修整裁切面

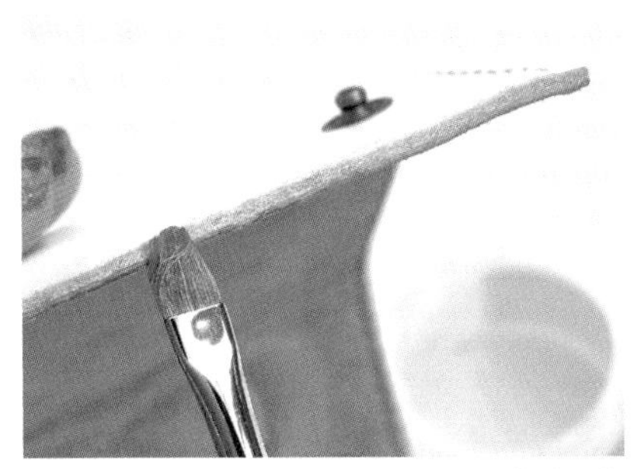

1 用水彩筆將透明肉面層處理劑塗在裁切面上。小心塗抹以免沾到正反面。

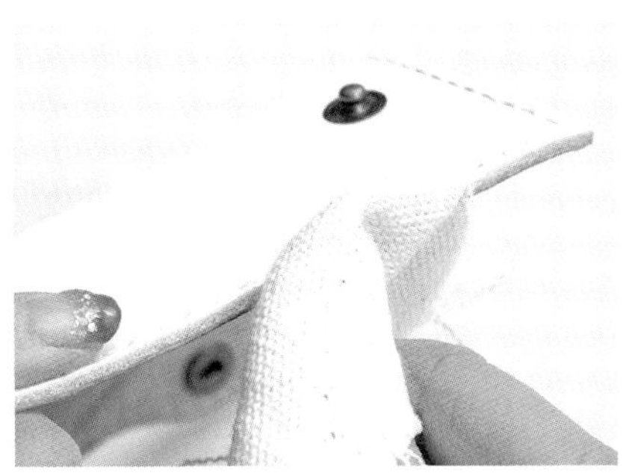

2 等處理劑乾了以後，以帆布打磨，修整皮革裁切面。修整後，將ORLY豔色劑等皮革裁切面專用著色劑塗抹在皮革的裁切面上。

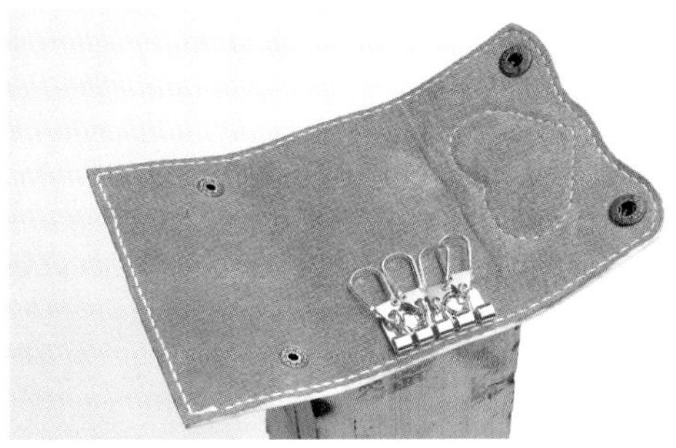

3 約擺放1天，直到ORLY乾了為止。擺放時務必留意，應避免沾染到其他物品。

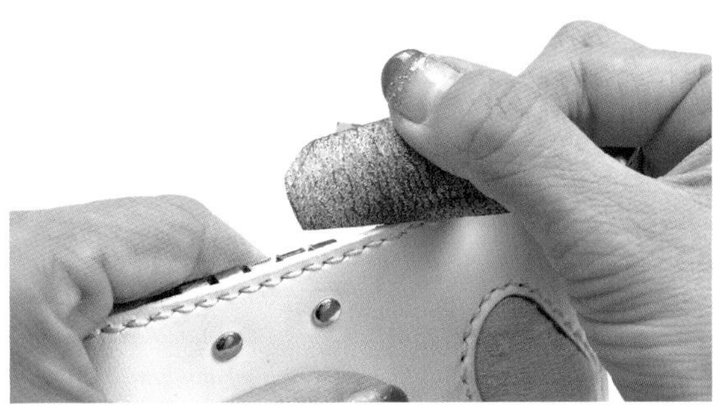

4 等ORLY完全乾掉後，利用砂紙將皮革裁切面打磨得非常平整美觀。

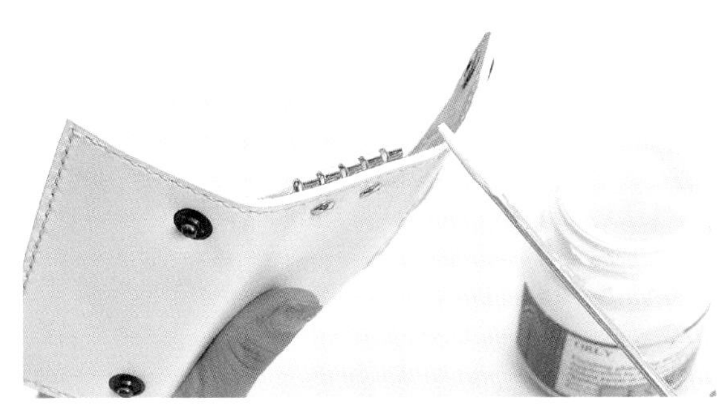


5 磨平後，再次塗抹ORLY並等乾燥。反覆步驟4和5即可將裁切面處理得非常漂亮。

6 鑰匙包完成圖。亦可改變一下雕切造型或使用素材，做出不同的造型變化。

# 短皮夾的作法

這是一款利用白色皮革的清純意象，加上造型非常可愛的花瓣模樣，再以裝飾用固定釦作為重點裝飾的短皮夾。打開對折的本體，即可清楚地看到天然植物鞣皮革結構，成品尺寸小到可以握在手掌心，而且是一個越使用越順手的作品。

製作　LEATHER WORKS HEART

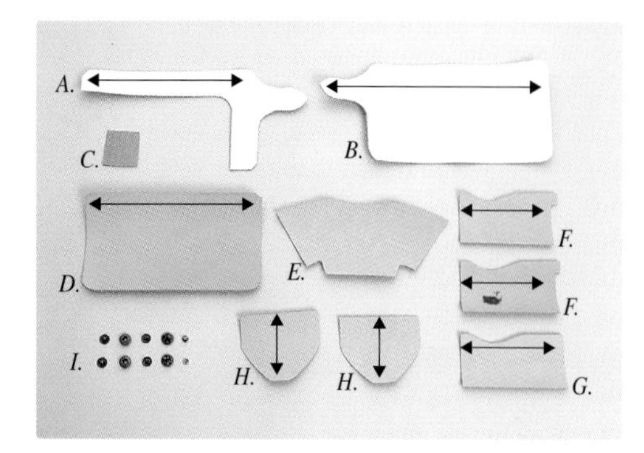


## 材　料

*A*、*B*：白色皮革（A厚1㎜，可於購買皮革時請店家削薄。B厚1.6㎜）300㎜×300㎜。*C*. 豬絨面革（厚0.5㎜）35㎜×35㎜。*D*～*H*：光面皮（厚1㎜）300㎜×400㎜。*I*：四合釦[中]（$\phi$12㎜）。裝飾固定釦（$\phi$5㎜）。

## 製作要點

區分出裡側部位（天然）和表側部位（白色皮革）後，分別製作、縫合。製作時必須確實定位，以免縫合後夾層或零錢袋等重疊較多層皮革的部位偏離固定位置。充分考量零錢袋等部位必須花較多的時間才能形成漂亮弧度，耐心仔細製作反而可以提升工作效率。參考照片（左）的箭頭，腦海中意識著彎曲配件的方向，依序切割材料吧！

# 紙　型

夾層和零錢袋蓋都由2片皮革構成。零錢袋的彎曲位置、鉚丁的固定位置等，請於依據紙型裁切皮革時，做上記號吧！請將紙型放大230%後使用。

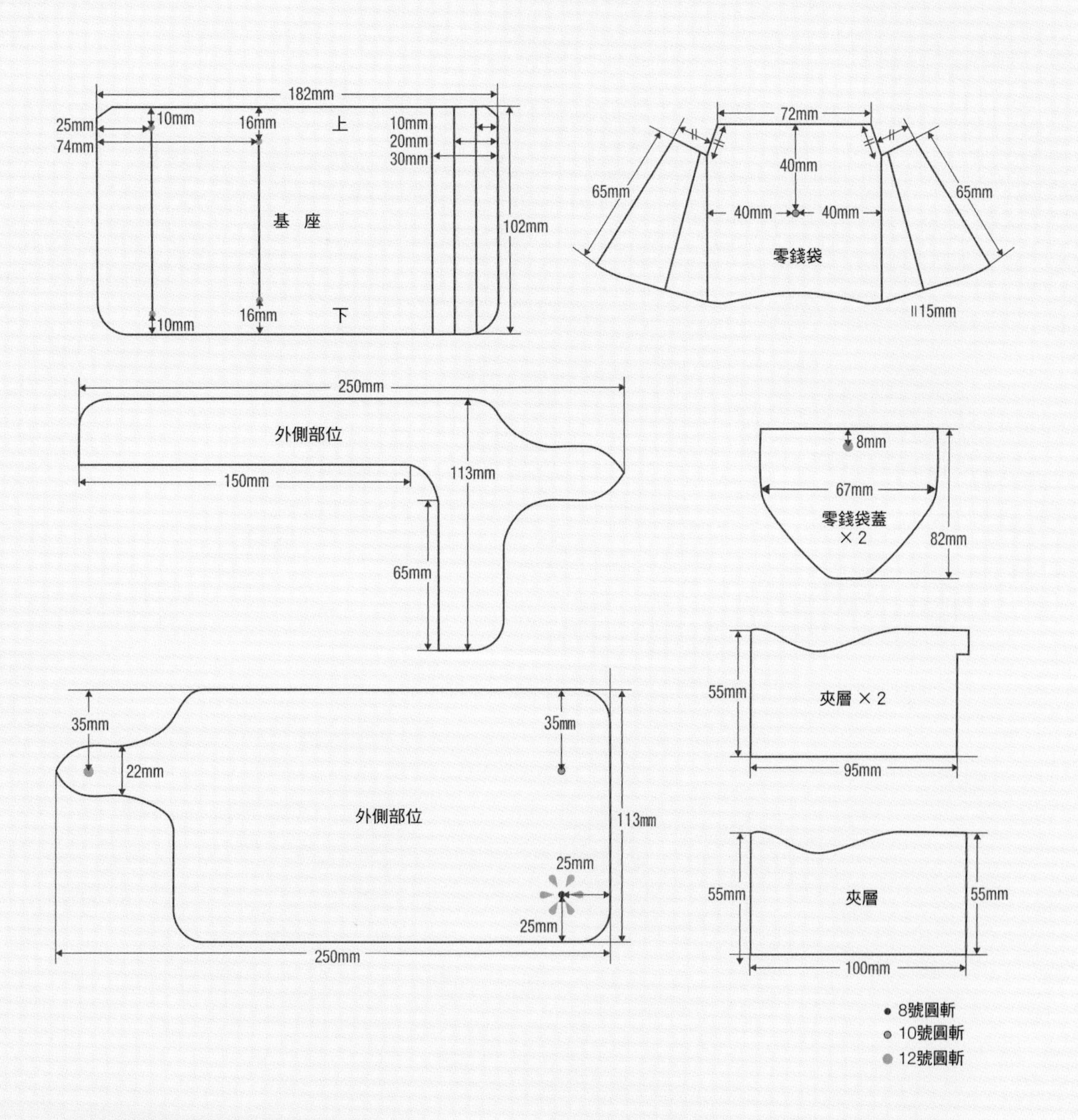

## 製作之前的材料處理

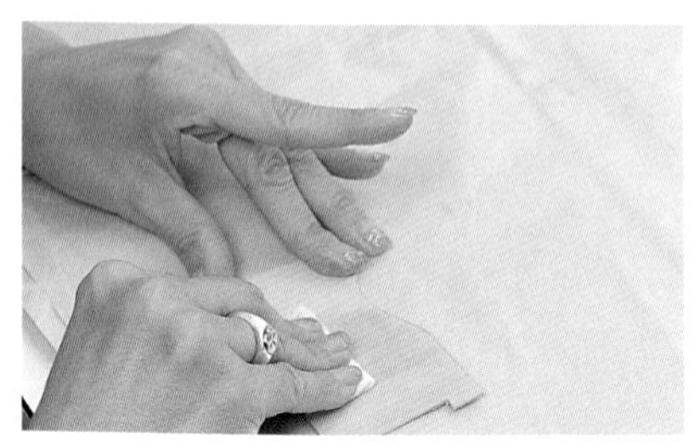

1 裁好的皮革需塗抹專用乳液清除汙垢。白色皮革已經過加工，不需塗抹。

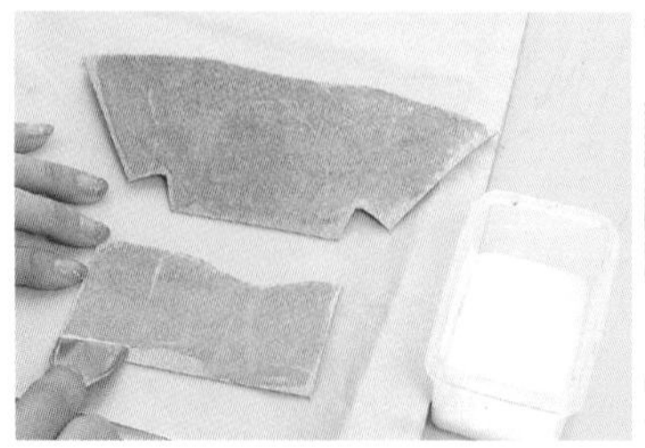

2 零錢袋或夾層等部位的肉面層上塗抹防水肉面層處理劑以降低起毛現象之發生。袋蓋部位因必須於稍後黏合而不塗抹。

3 左圖為各部位皮革的肉面層上都塗好防水肉面層處理劑後狀態。塗抹後至完全乾燥約需10分鐘。又Leather Work Heart（通過日本工藝學園認定的教室）經常將吃文字燒時使用的小鏟子拿來塗抹防水肉面層處理劑或膠料。

## 打磨各部位夾層的裁切面

1 利用削邊器削掉各夾層部位的稜邊。因為縫合後就無法修整各夾層部位。

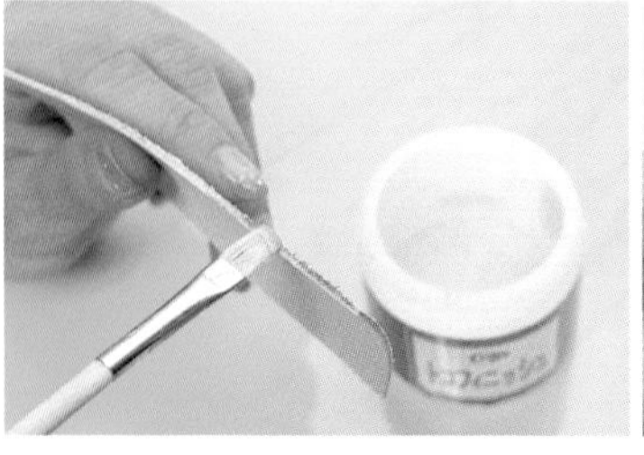

2 將透明肉面層處理劑塗抹在皮革裁切面上，再利用木製磨緣器打磨出光澤。夾層多達3片，最好事先處理打磨。

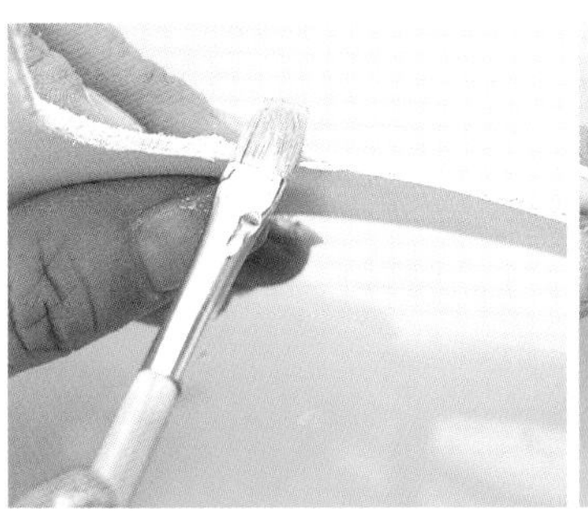
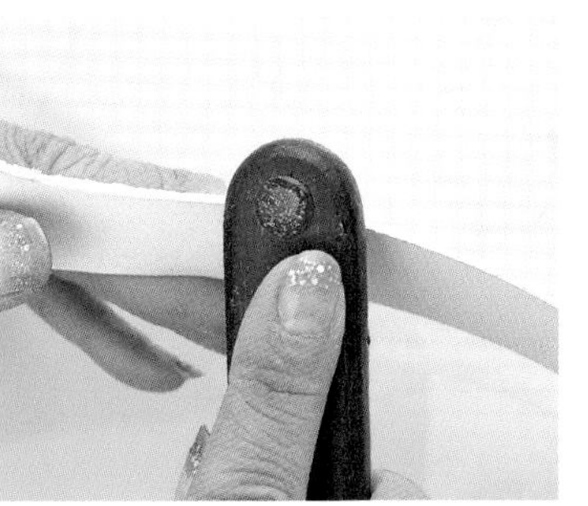

3 白色皮革部位也塗抹透明肉面層處理劑，利用木製磨緣器打磨。小心塗抹以避免處理劑沾到皮面層。

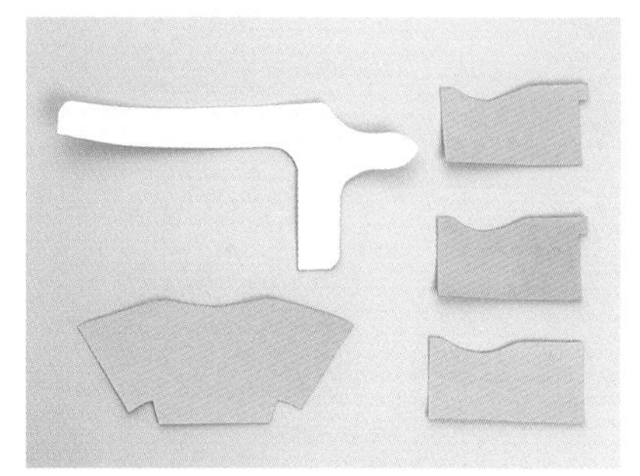

4 照片中列舉部位為一旦縫合就難以加工處理的部位。請於事前加工處理。

## 製作零錢袋

1 零錢袋蓋由2片皮革貼合而成，必須以三角研磨器將肉面層磨粗。

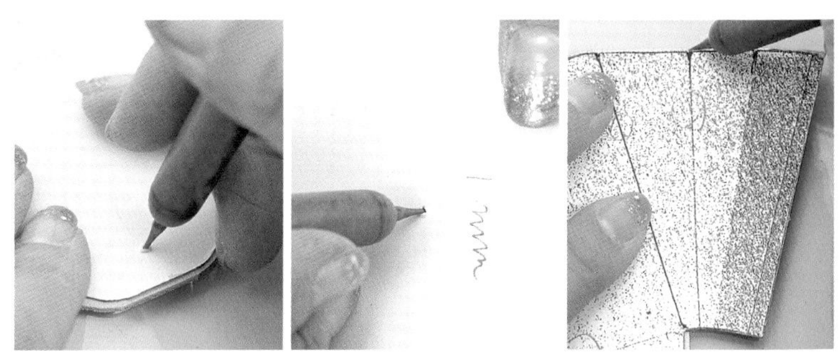

2 將紙型擺在袋蓋、零錢袋上，利用銀筆做記號，標出安裝金屬配件的位置或折彎位置。

3 將零錢袋捏出弧度，再以濕潤的海綿，從皮革背面潤濕皮革。

### Point 留意皮革出現裂痕

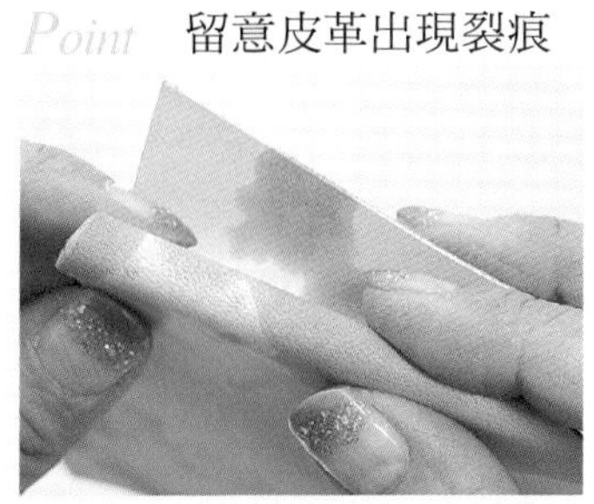

潤濕後才彎曲皮革，即可在不必擔心皮革龜裂狀況下彎曲皮革。

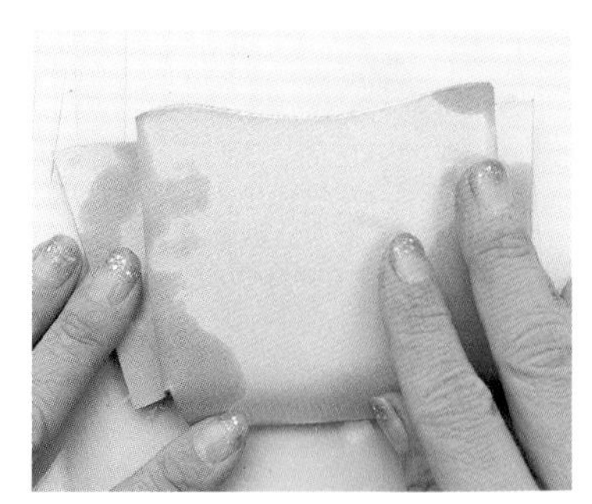

4 調整形狀自然陰乾。若用吹風機吹乾，表面易留下汙漬請留意。

5 零錢袋蓋上塗抹橡皮膠後黏合。必須留意未塗抹部位浮起問題。另外必須等膠料乾了以後才可黏合。

6 黏合2片皮革後，利用滾輪以均等的力道滾壓，以便促使皮革緊密黏合。

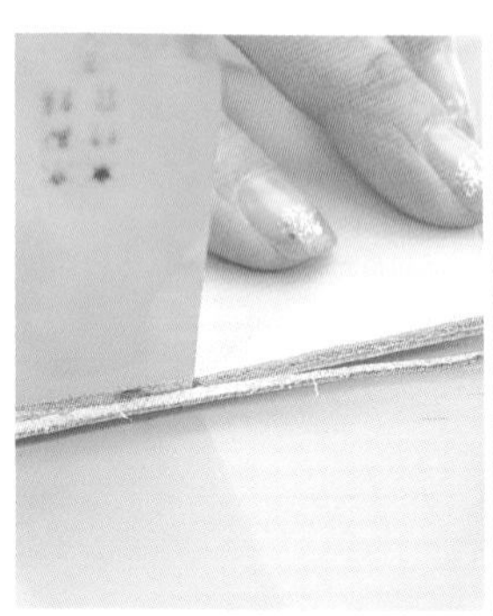
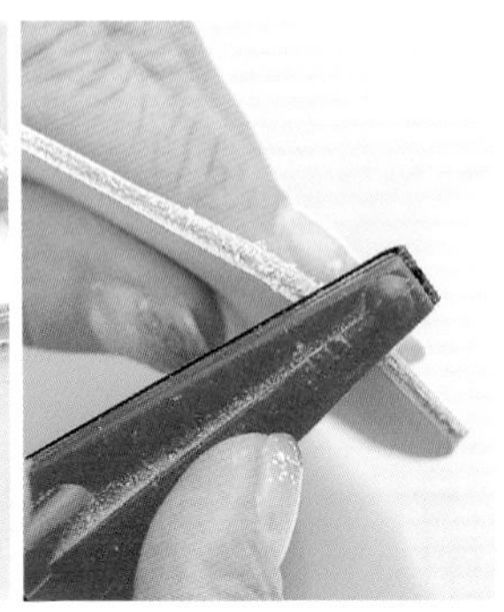

7 為了將黏合後偏離位置而超出範圍的部分修整齊，先利用裁皮刀切除皮邊，再利用三角研磨器打磨皮革的裁切面。

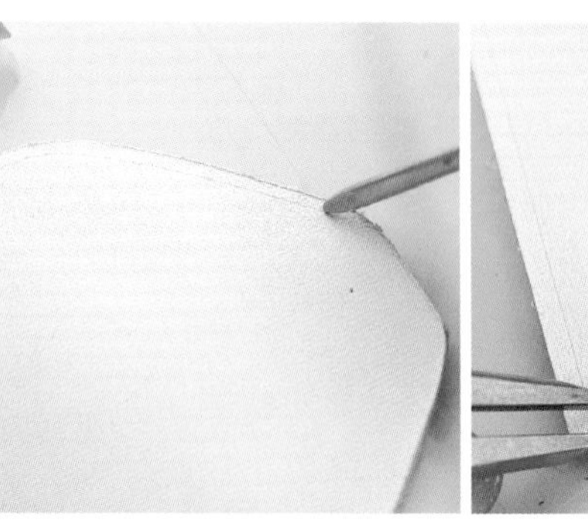

8 利用間距規，在距離皮邊3mm處描上縫合導引線。角落等不縫合的部位，不需要描線。

9 黏合2片皮革，做記號標出金屬配件固定位置，拉好縫合導引線的部位。

**Point** 空下1個縫孔份，擺好菱斬。

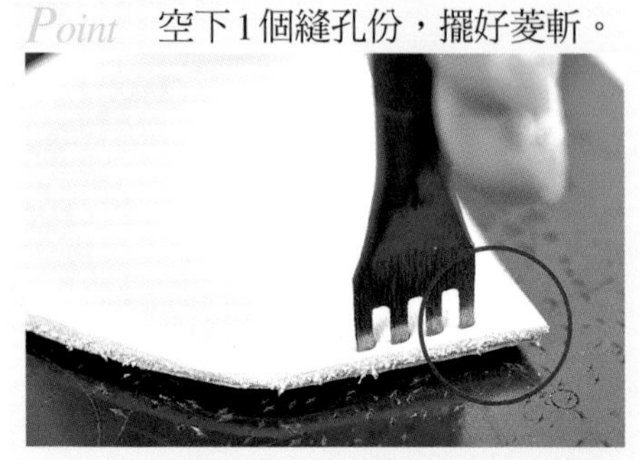

空出1個縫孔位置，打上用於縫合的菱形孔，以便將袋蓋縫在本體上。

## Point 分別使用菱斬

打孔至曲線部位時，由四菱斬、雙菱斬、單菱斬依序減少刀刃數，邊打孔邊調整間隔。

10
打好菱形孔後，必須留意的是縫到本體上的位置未打上菱形孔。

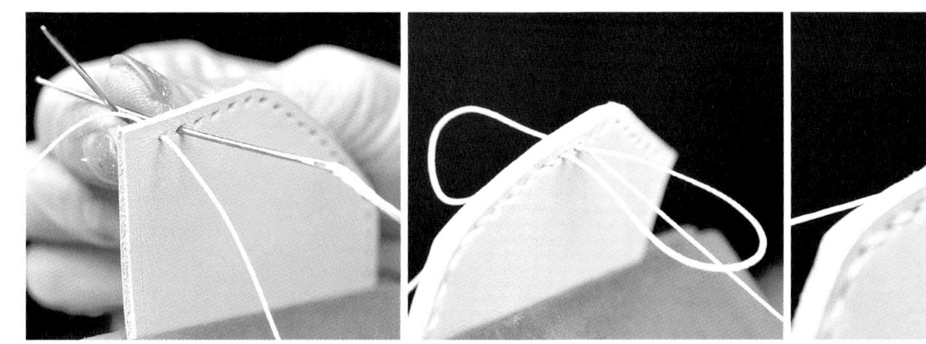

11
縫合袋蓋。必須準備長度為縫合距離3.5倍的縫線。穿好縫線後，拿著兩頭的縫針，將2條縫線整理出相同長度，將縫針穿過下一個縫孔，依序縫合。

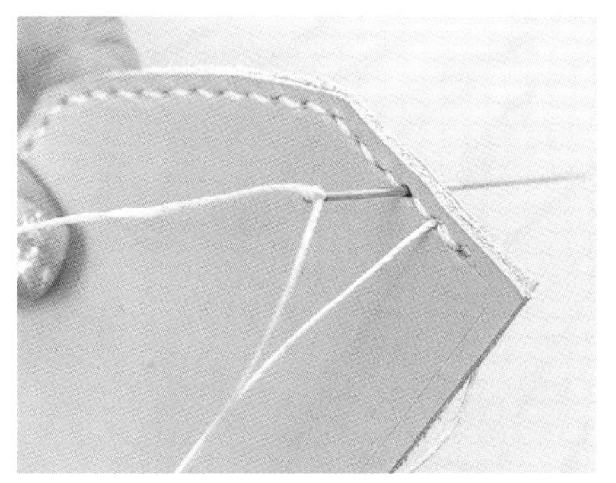

12
縫到終點後，位於表側的面回縫2針，位於裡側的面回縫1針。照片中的面為表側。

13
拉緊縫線，留下約1～2㎜的縫線後剪斷。若縫線拉到表側就太顯眼了，必須將縫線拉到裡側，並抹上強力膠以固定住線頭。

14 利用削邊器削掉零錢袋蓋部位的皮革稜邊後，打磨處理出平滑形狀。

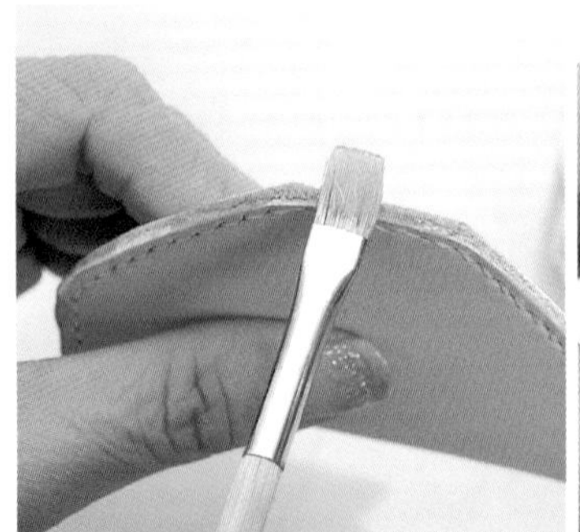

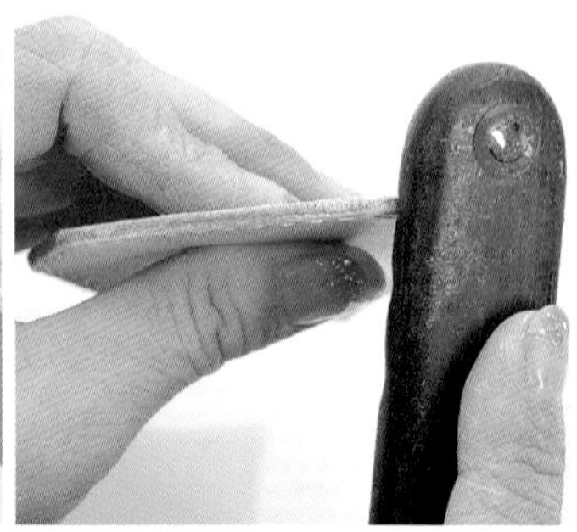

15 將透明肉面層處理劑塗抹在皮革裁切面上，以木製磨緣器打磨。利用水彩筆沾取處理劑，容易塗抹也不沾他處。

16 海綿沾水，從背面潤濕皮革，即可順利地促使袋蓋形成弧度。

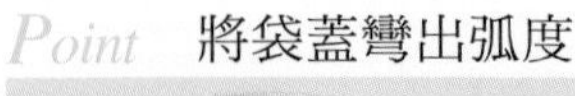

## Point 將袋蓋彎出弧度

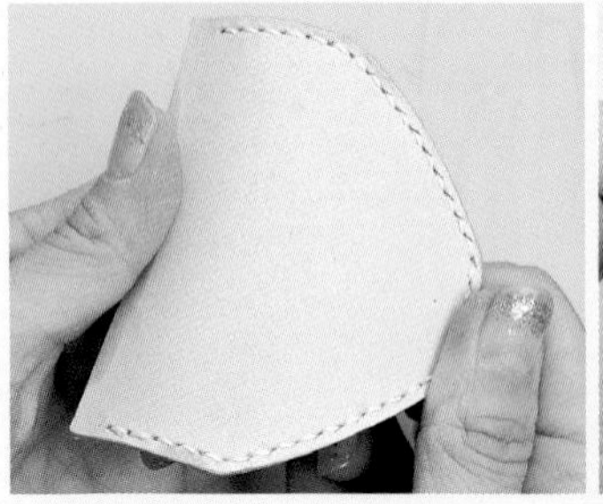

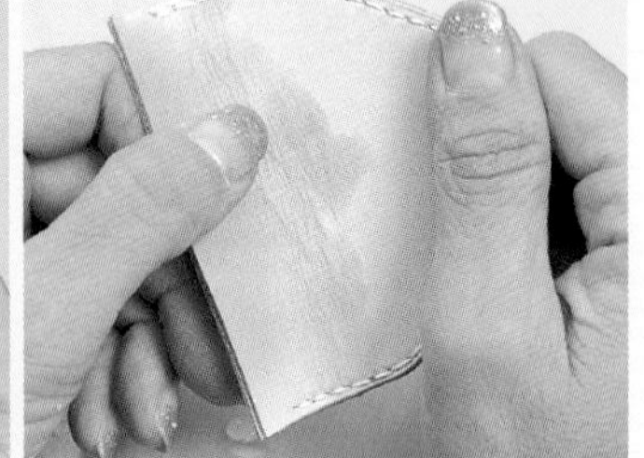

零錢袋蓋也和零錢袋一樣形成彎曲狀態。用水潤濕已貼合的組件，再用手指輕輕地彎曲即可。

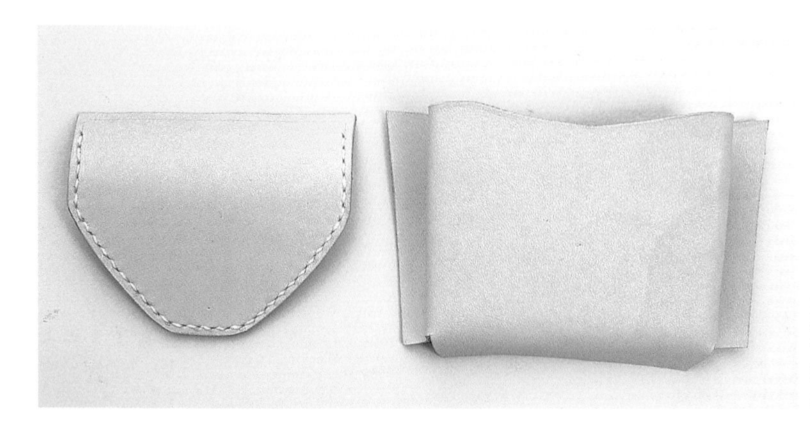

17 用水潤濕並形成弧度的部位，最好比其他部位更早準備。過度潤濕皮革皮面層或以吹風機吹乾，容易在皮面上形成汙漬。因此，務必採自然風乾方式。

# 縫合內側夾層部位

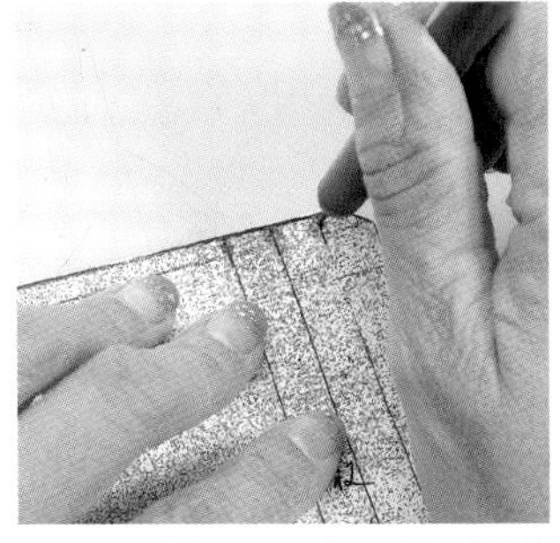

1 將表示內側夾層縫合位置的記號，由重疊在皮革上的紙型描到製作構成基座的皮革上。

2 將白膠塗抹在夾層部位的皮革上。薄薄地塗抹，範圍為距離邊緣約3mm。

3 將內側夾層貼在基座上。避免物品從夾層底部掉出，利用間距規描出縫合導引線。

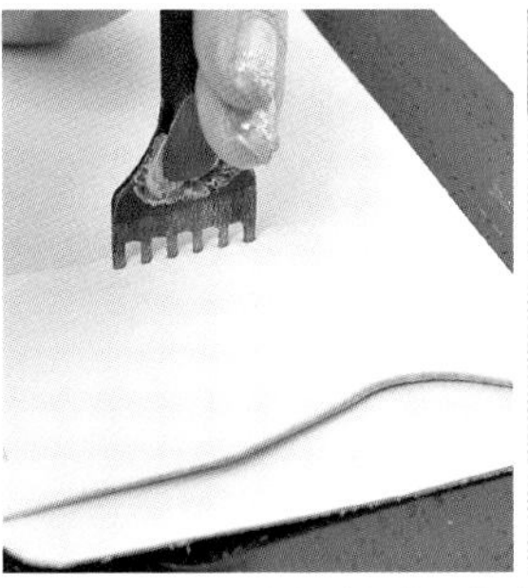
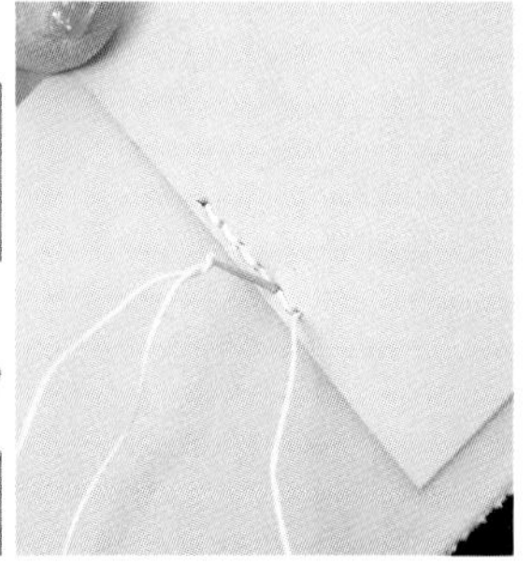

4 主要目的為避免物品掉出，因此縫合約6個縫孔就夠了。內側夾層依序重疊，縫合後就看不出縫合情形。

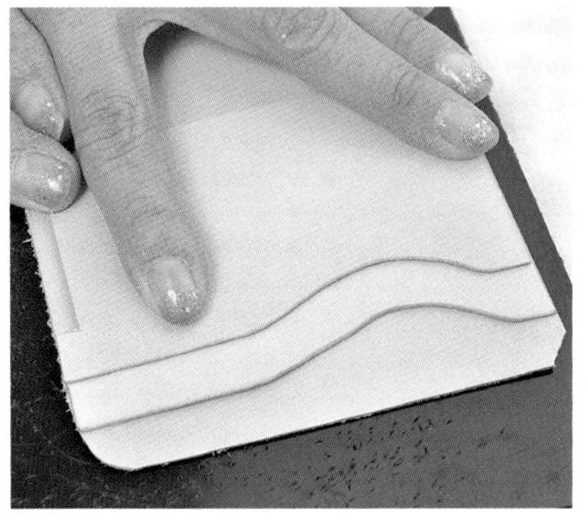

5 黏合第2片夾層。和第1個夾層一樣，只須縫合一小部分。

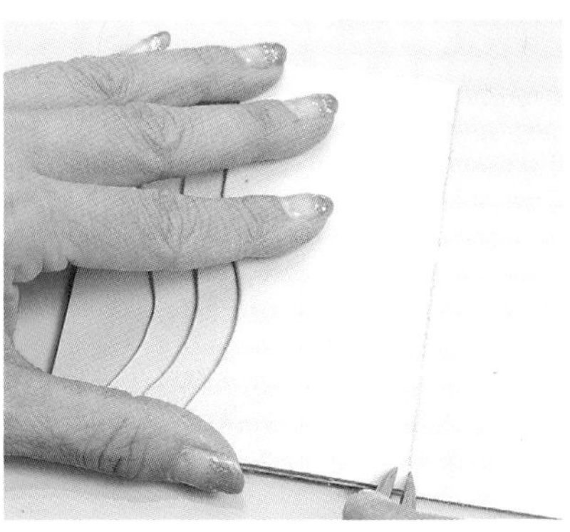

6 黏合第3片夾層，描好縫合導引線。

7 沿著導引線，利用菱斬打孔。使用十菱斬最方便，不過也可使用四菱斬。

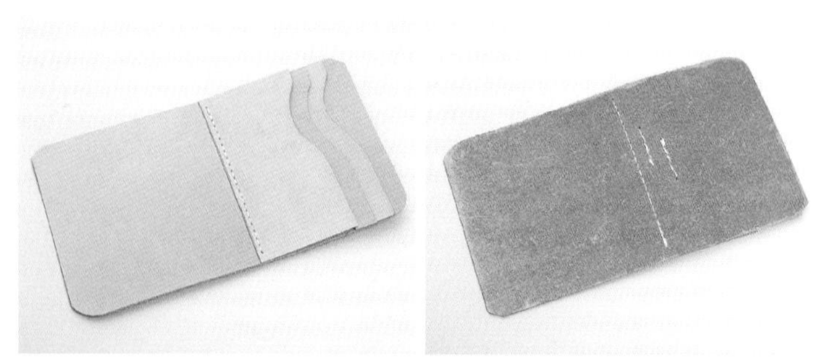

8 縫合內側夾層後狀態。錯開縫孔位置，即可分散針目隆起現象，將內側夾層縫得非常漂亮。

## 縫合零錢袋

1 將圓斬抵住零錢袋、袋蓋上，打出安裝金屬配件的孔洞。零錢袋部分使用10號圓斬，袋蓋部分使用12號圓斬。

2 擺在萬能環狀台上，裝上四合釦的配件，使用四合釦斬，拿起木槌筆直地敲下釦斬。

### Point 小心敲破釦件

敲打四合釦斬時若用力過猛，可能導致釦斬中的金屬配件扭曲變形。作業時務必留意。

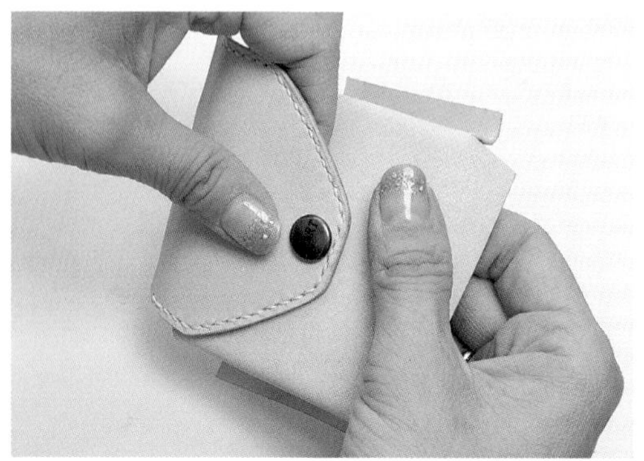

3 扣上金屬配件，確認是否確實安裝，避免裝出搖搖晃晃的金屬配件。

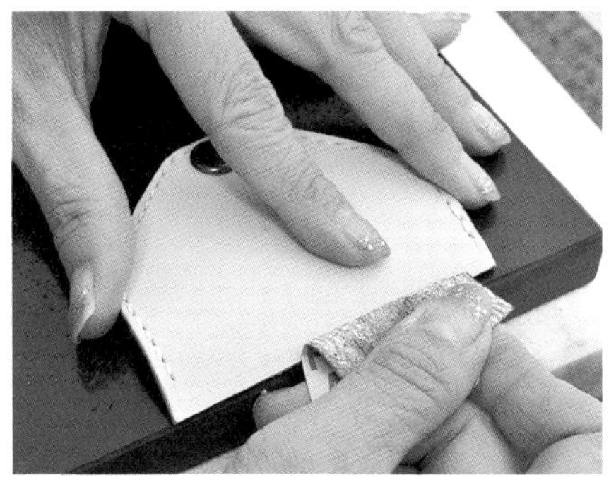

4 將距離邊緣約3㎜處磨粗，以便將袋蓋縫到本體上。

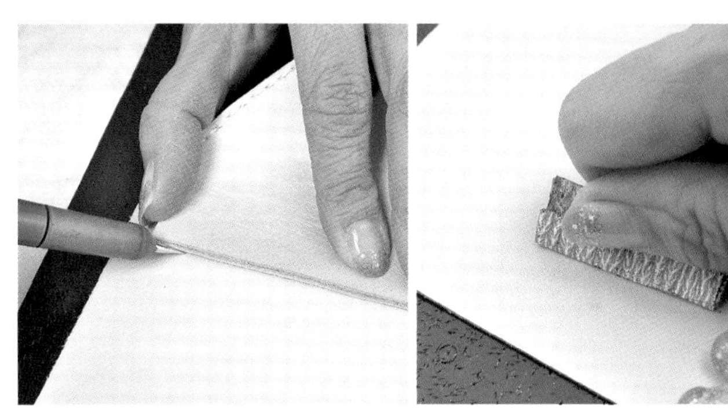

5 描好袋蓋縫在基座部位時的縫合位置，以該線為準，將縫合部位磨粗，範圍為寬3㎜。

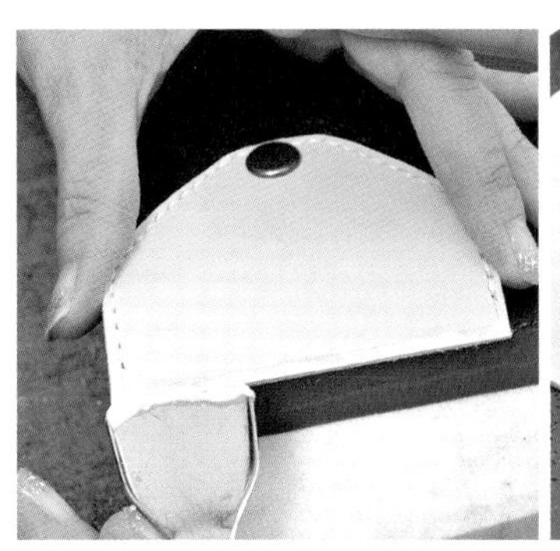

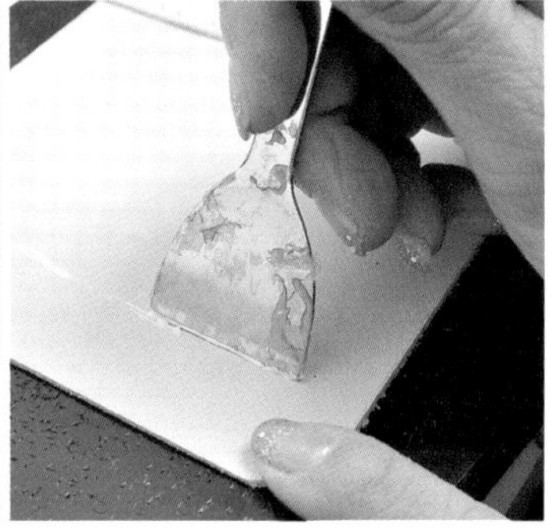

6 將白膠塗抹在袋蓋和基座安裝部位。只有已經磨粗的部分塗抹白膠，並依序薄薄地抹出均等的寬度。

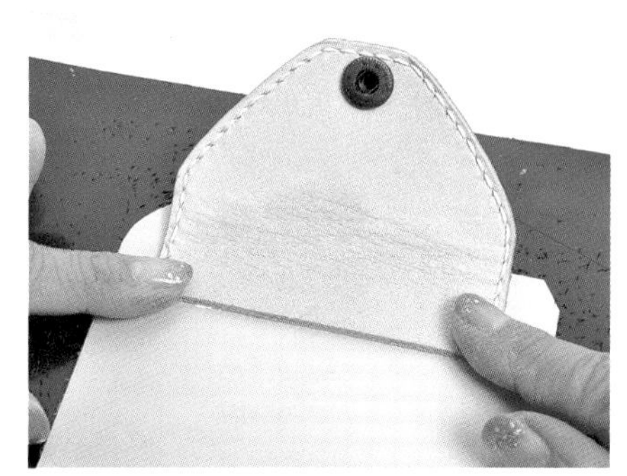

7 將袋蓋黏到基座上。對齊描線痕跡，手指用力按壓以促使緊密黏合。

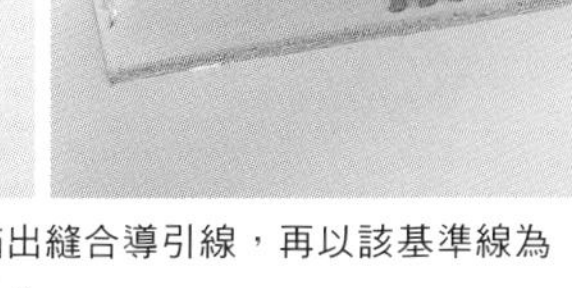

8 利用設定寬為3㎜的間距規描出縫合導引線，再以該基準線為準，利用菱斬依序打上菱形孔。

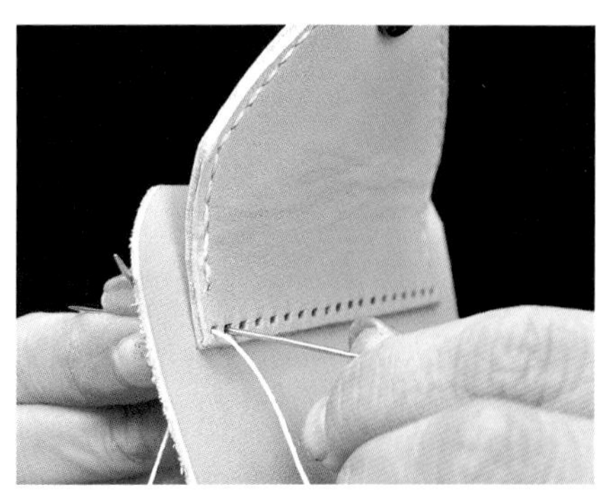

9 準備縫合距離4倍左右的麻線，將袋蓋縫在基座上。

10 打磨零錢袋的縫合部位，將距離皮邊約3㎜處磨粗。

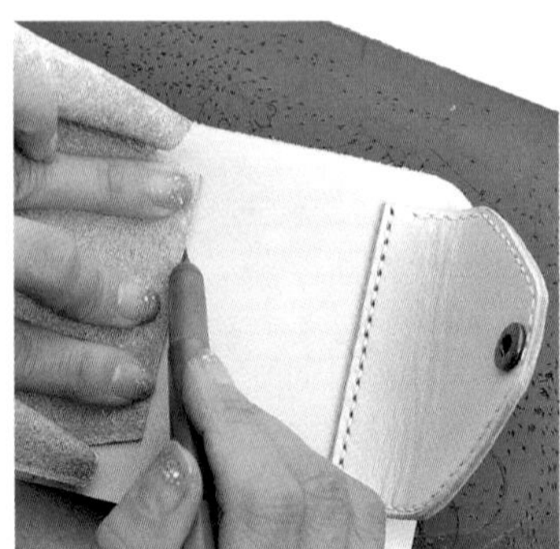

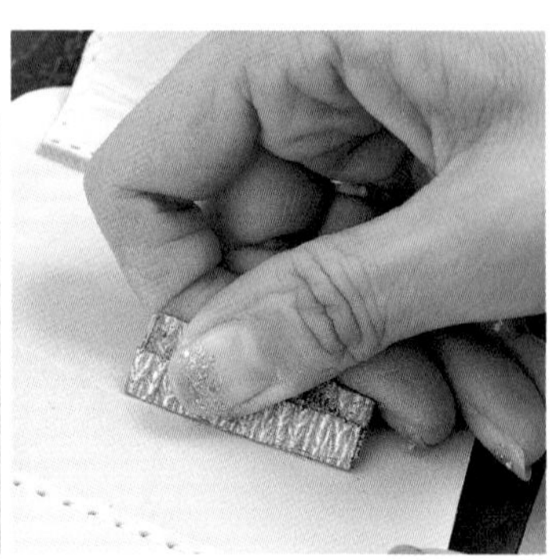

11 在基座安裝部位描上縫合位置，以該描線痕跡為準，基座部位也磨粗。

12 零錢袋、基座都塗抹白膠，塗到距離邊緣3㎜處。

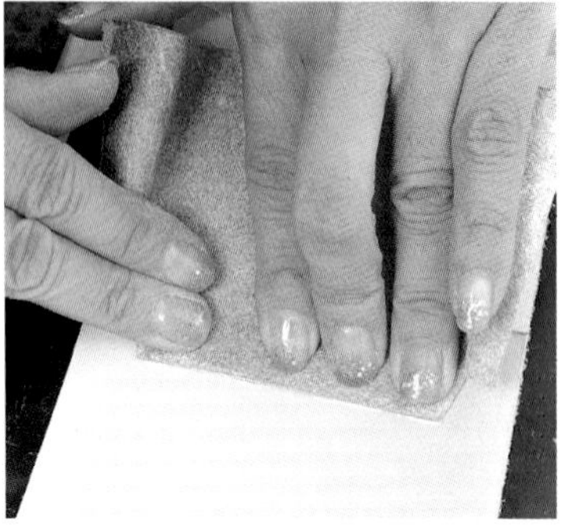

13 將零錢袋黏到基座上，手指用力按壓以促使緊密黏合。

Point 白膠溢出時

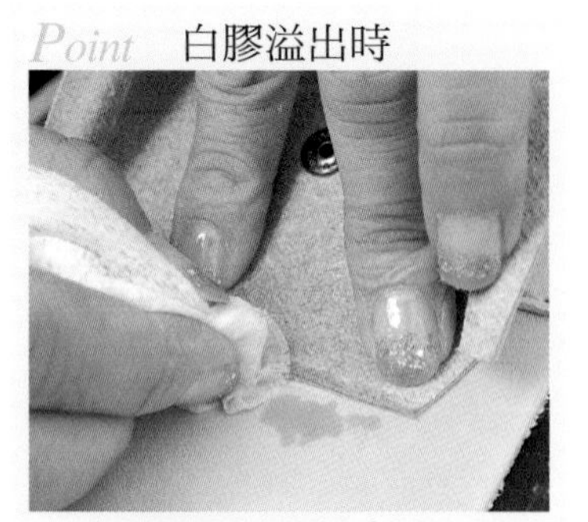

白膠溢出時容易留下汙漬，請利用濕紙巾擦掉白膠。

14 以距離設定為3㎜的間距規，描好斬打縫孔的導引線。拿著菱斬，沿著該導引線打好縫孔。

15 完成零錢袋底部縫合步驟後的狀態。

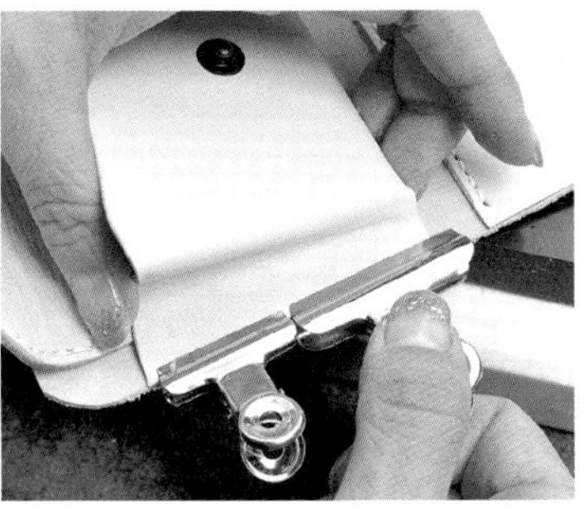

16 將白膠塗抹在零錢袋的襠部。塗抹距離邊緣約3mm處，並黏貼在基座上，再以燕尾夾等夾緊，固定至白膠乾掉為止。

17 白膠乾了以後利用三角研磨器，打磨重疊部位的皮革裁切面以修整形狀。

# 縫合內側各部位

1 利用間距規描好導引線以便打上縫孔，間距規設定為距離3mm。

Point 打孔時應避開皮革重疊部位

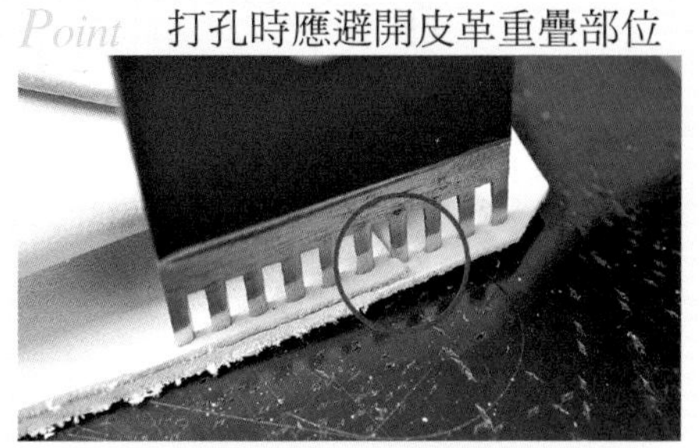

除確保外觀漂亮程度及強度外，打菱形孔時，最好讓重疊部位置於菱斬的刀刃之間。

2 內側夾層為皮革重疊部位較多的部分，處理時應減少菱斬的刀刃數，邊打菱形孔，邊調整孔與孔之間隔。

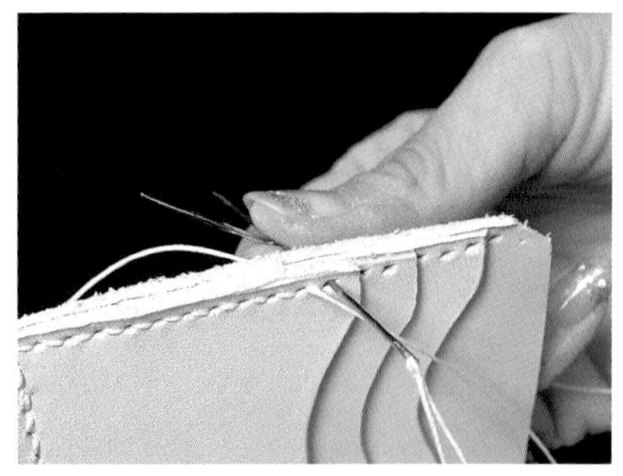

3 縫合基座的上方部位。

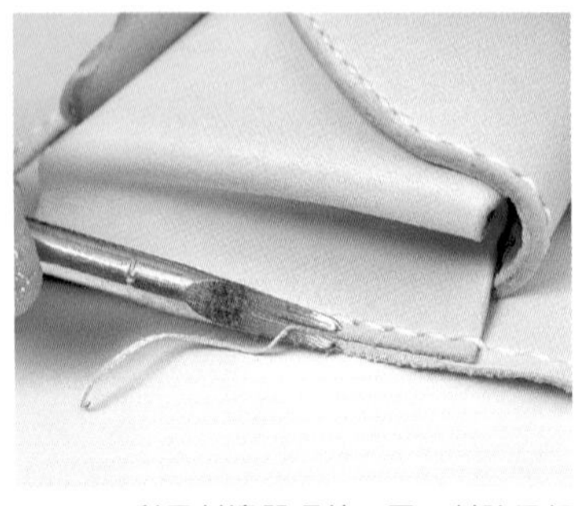

4 利用削邊器環繞一圈，削除已經縫合的基座部位的皮革稜邊。

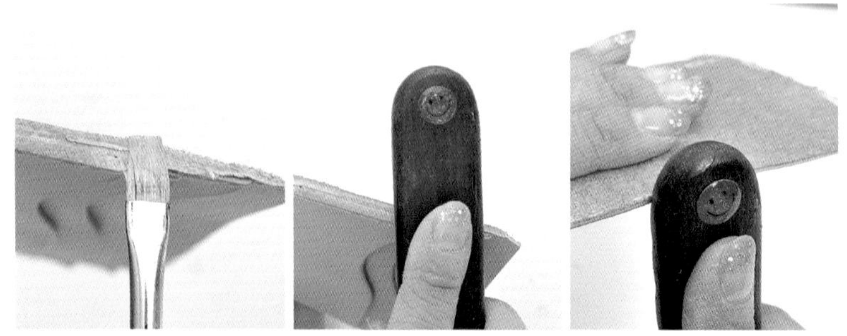

5 將透明床面處理劑塗抹在基座部位的皮革裁切面上，利用木製磨緣器打磨皮邊。皮革重疊部位必須多花一些時間，耐心地打磨。

# 在外側部位加上圖案與黏合

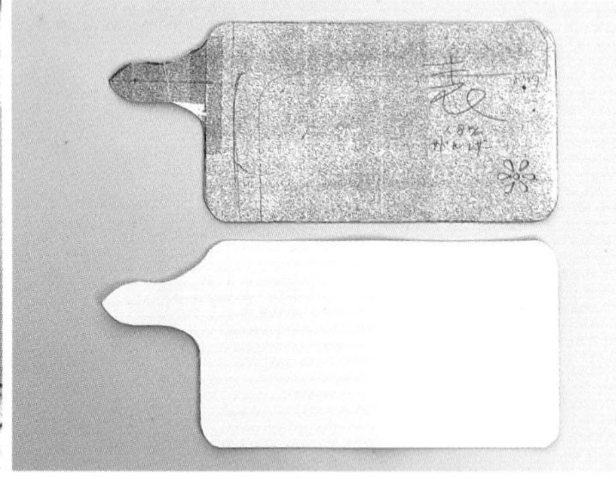

1 對齊紙型，在外側部位的皮革上做記號，描出裝飾用固定釦或裝飾部分的位置。紙型必須不偏不倚地重疊。

Point 使用花斬，在對角線上斬打花樣

將水滴型花斬刀刃壓在對角線上，打中央的小孔時使用8號斬具。

2 打好花瓣部位後，緊接著打上四合釦安裝孔。四合釦的釦榫部分使用10號圓斬，彈簧部分使用12號圓斬。

3 花瓣部位的背後黏貼絨面革。距離端部約5㎜的每個邊都塗抹白膠。白膠確實地抹到邊緣為止。

4 在花瓣部位黏貼絨面革。手指緊緊地壓住四周以促使緊密黏合。

## Point 切勿碰觸強力膠

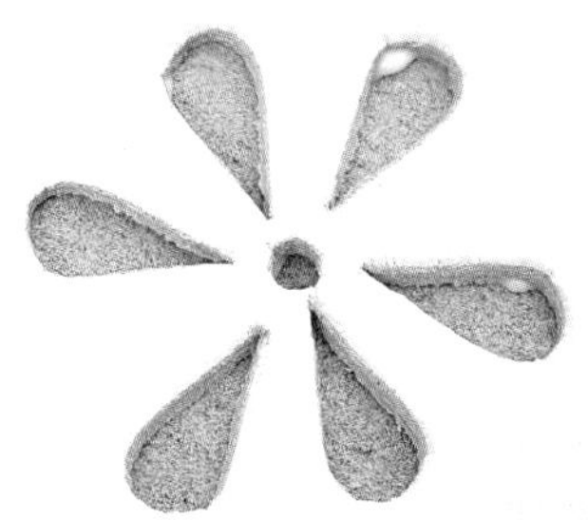

花瓣部位溢出白膠時，必須等乾了以後才用牙籤等物品剔除。

5 安裝裝飾用固定釦。因黏貼絨面革而暫時賭住的小孔，利用圓斬再次貫穿後插入釦腳。

## Point 利用面紙緩和衝擊

用力過猛可能導致裝飾用固定釦破損。因此最好墊著面紙等才敲下斬具。

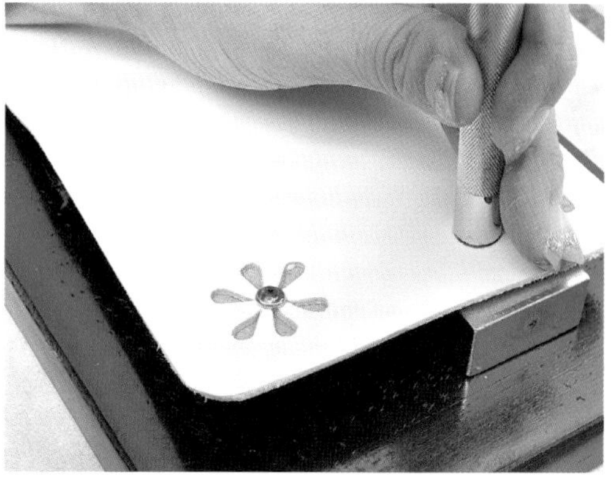

6 將四合釦的釦榫固定在外側部位的皮革上。

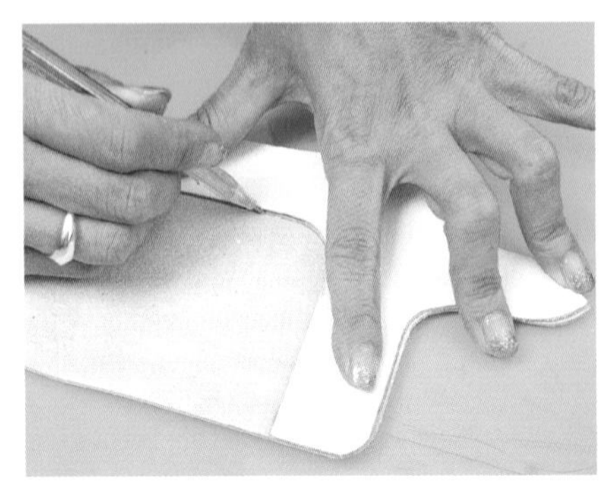

7 對齊外部部位的皮革後描好導引線。描線的主要目的是為了確定塗抹橡皮膠的位置。

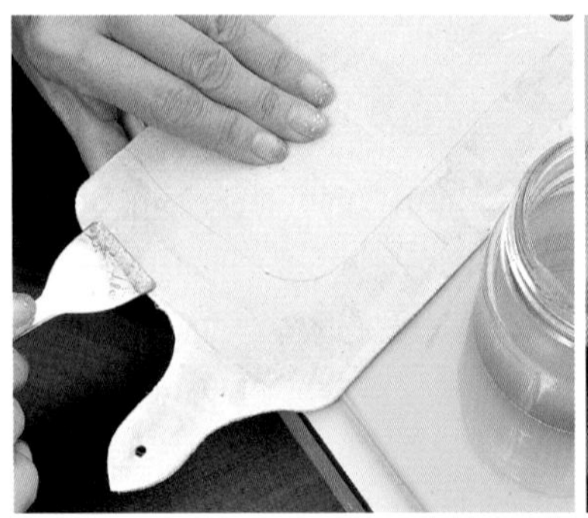

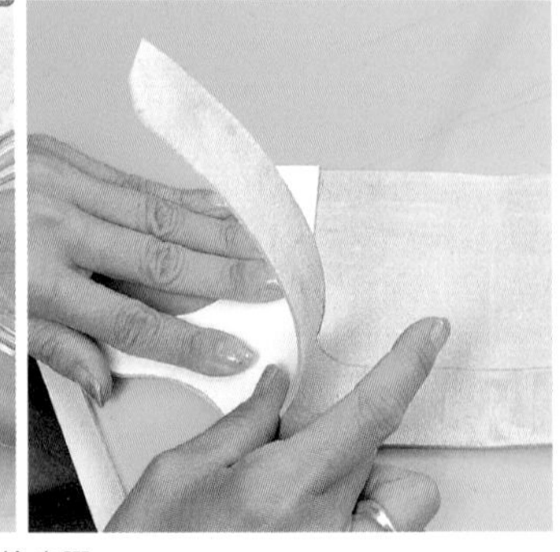

8 外側部位的黏合範圍內均勻地塗抹橡皮膠。
等橡皮膠呈現出微乾狀態後，對齊位置後依序黏合。

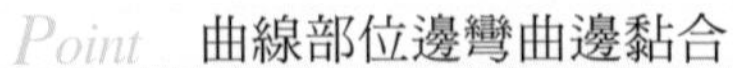

Point 曲線部位邊彎曲邊黏合

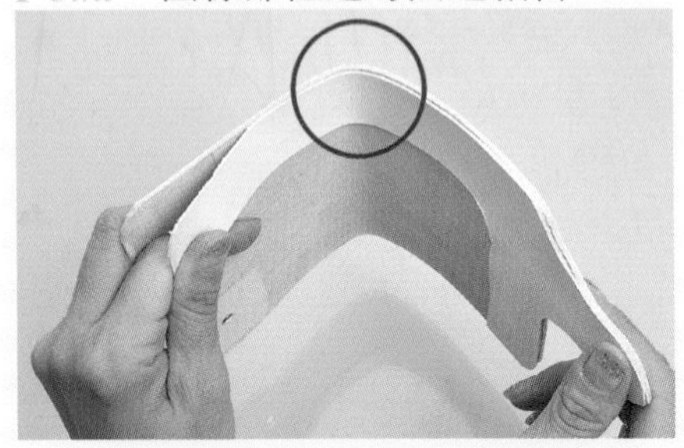

腦海裡想像著對折後狀態，邊彎曲邊黏合，對齊2片皮革的位置。

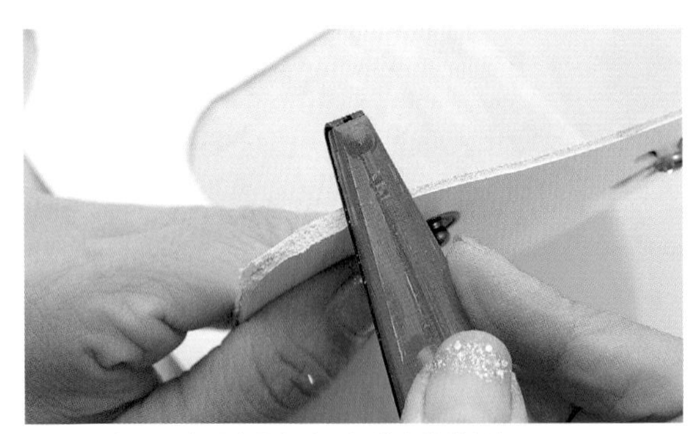

9 利用三角研磨器打磨已經黏合的外側部位的皮革裁切面以修整形狀。

10 黏合部位再次打孔後，裝上彈簧部分。

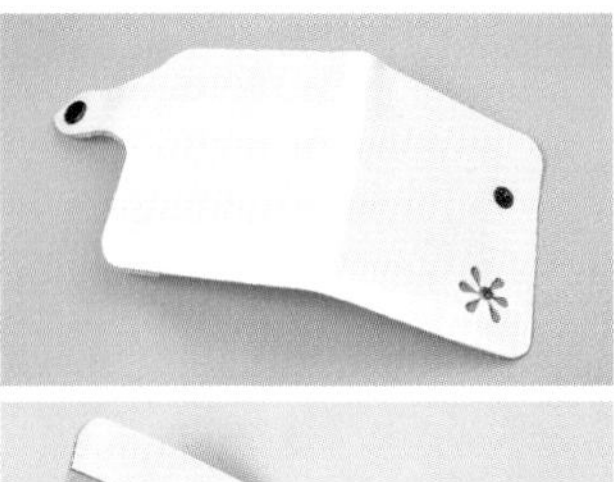

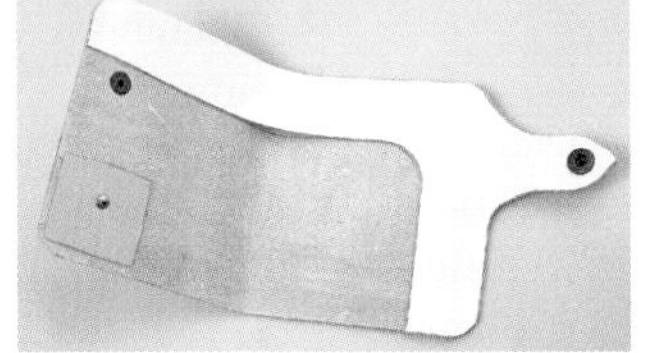

11 外側部位完成後的狀態。確認一下釦件位置是否平行，並是否穩固安裝。

# 縫合內、外側各部位

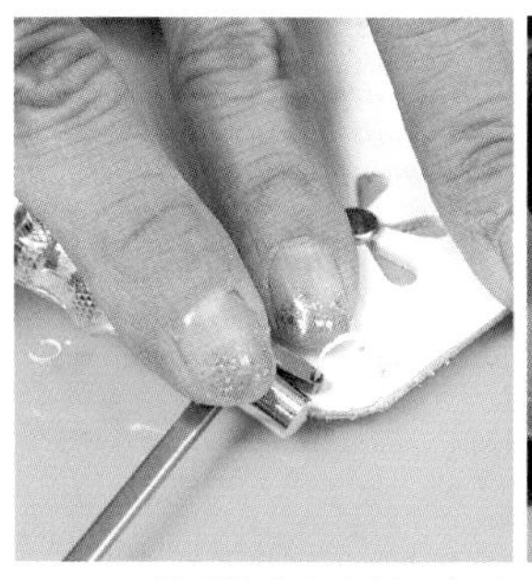

1 利用拉溝器在外側部位的皮革上拉溝以便打上縫孔。拉溝器處理扣帶部位時，比較不易拿捏，務必慎重處理。

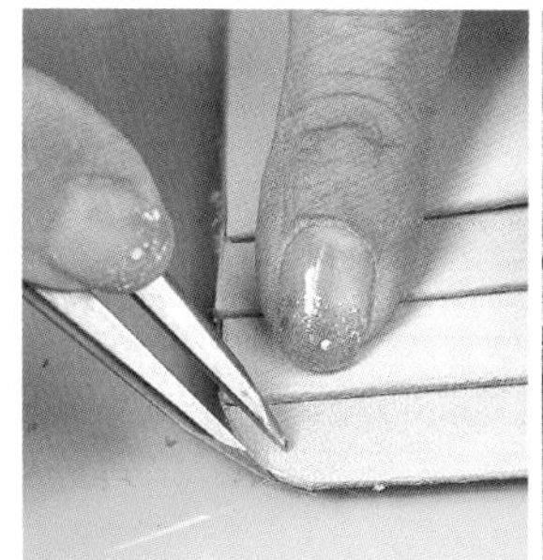

2 在內側部位的皮革外圍描上導引線，描線是為了斬打縫合內、外部位的縫孔。將間距規設定為距離3mm。

## Point 確實對齊起縫基點後才打孔

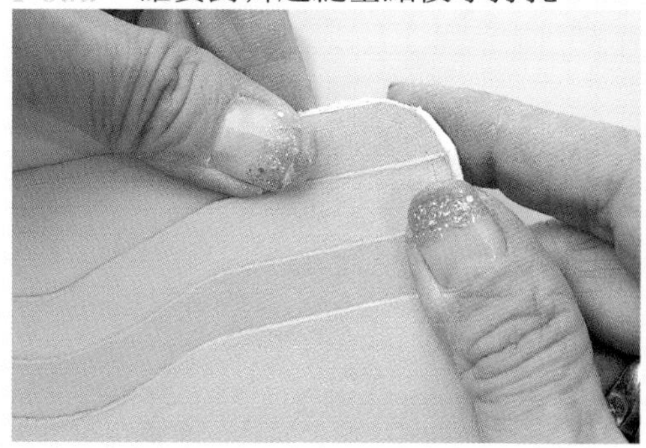

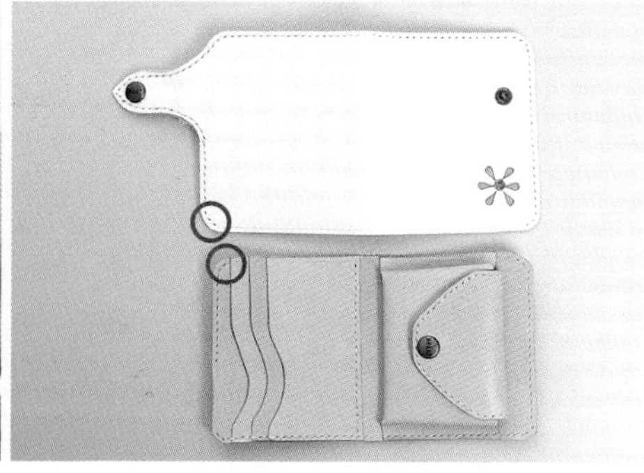

照片（右）中以紅線圈起的部分為起縫點。兩部分確實對齊後，沿著曲線部位，依序重疊在一起。基本上，必須等縫合的皮革黏合後才打孔。不過，照片中的2片皮革是分別打孔後才黏合。

3 市面上可能買到刀刃方向各不相同的菱斬，這種菱斬可從表側或裡側打出菱形孔。

4 利用雙菱斬，在外側部位的皮革角落上打出基點的縫孔。利用圓錐，在內側部位的皮革上鑿出孔的位置。這麼做是為了避免打出太大的縫孔。

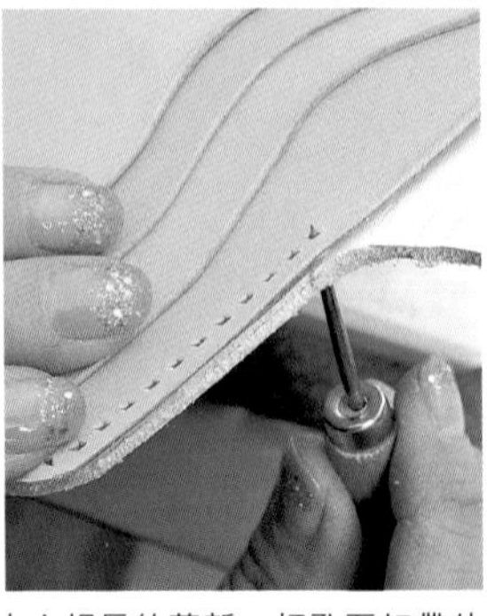

5 內、外側部位使用刀刃方向相反的菱斬。打孔至扣帶位置時，利用圓錐鑿孔。

6 只有外側部位才有扣帶。利用錐子，瞄準拉溝器拉出來的溝槽打孔。端部以圓錐鑿孔即可處理得更漂亮。

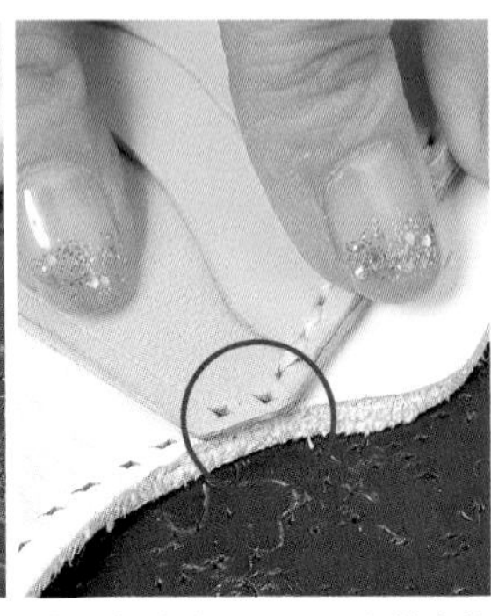

7 處理扣帶（外側部位）和內側部位時，必須再次對齊菱形孔的位置。照片中紅線圈起的部分表示該基點位置。

8 打直線部位的菱形孔時使用十菱斬效率更好。打孔至對折部位時，換成雙菱斬，斬打曲線部位的菱形孔。

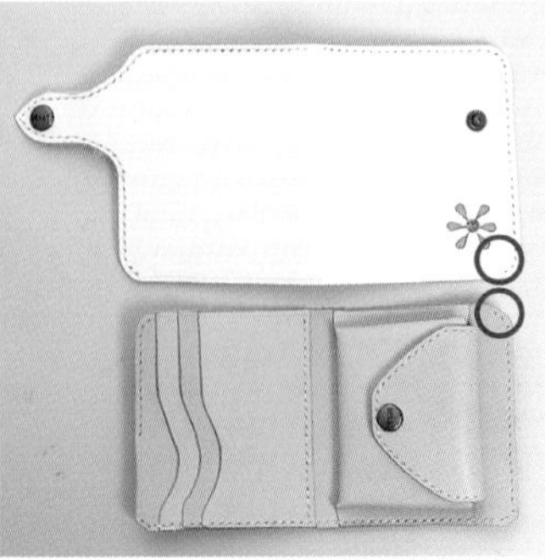

9 對齊另一邊的打孔基點。內、外側部位儘量對齊後重疊在一起。

10 於曲線部位打好基準縫孔後，利用圓錐在內側部位的皮革上戳出孔的位置。

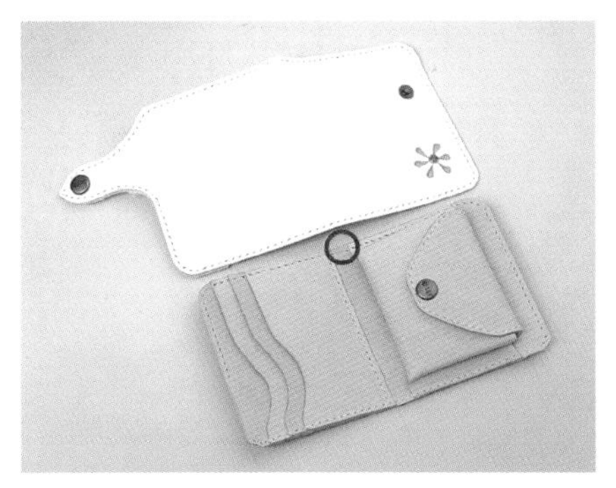

11 內、外側部位打孔後的狀態。內側部位的皮革上以紅線圈起的部位不打孔。

12 內、外側部位的皮革上分別塗抹橡皮膠，一直塗抹到距離裁切面3mm處。先從內側夾層開始塗抹。

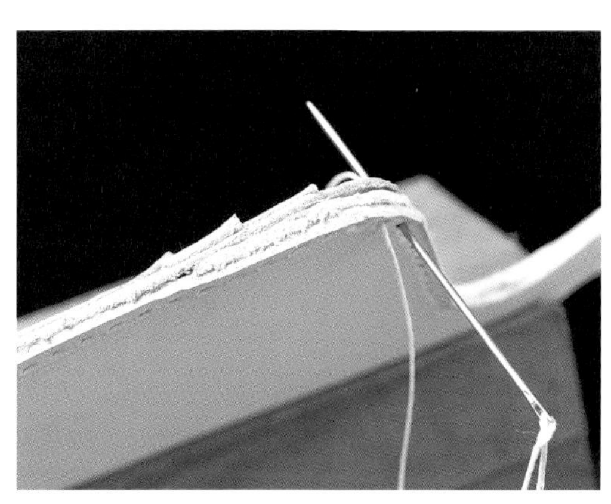

13 從基點的縫孔開始縫合。準備長約縫合距離3.5倍的麻線。

## Point 對折部位在彎曲狀態下縫合

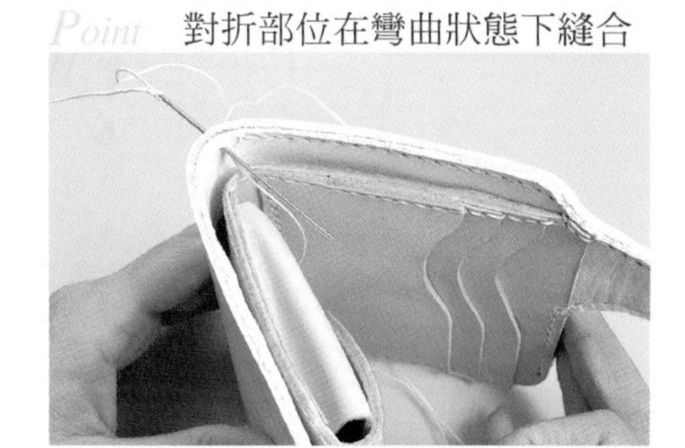

對折部位在彎曲狀態下縫合，即可縫出齊整漂亮的針目。

14 另一側的零錢袋部分的皮革上也塗抹橡皮膠。一直塗抹到距離邊緣3mm處為止，內、外側部位的皮革上都抹上橡皮膠。

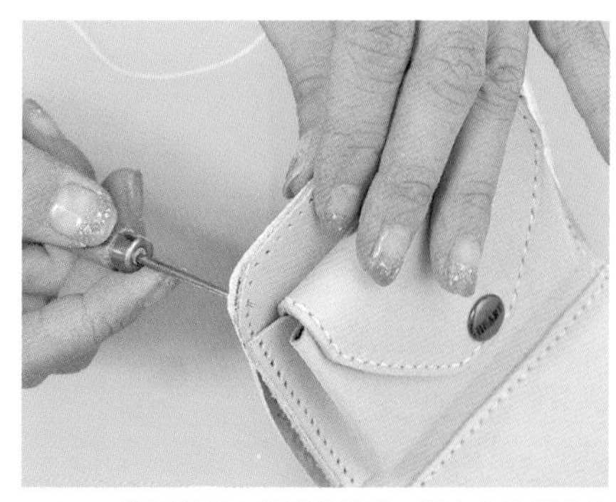

15 將圓錐插入基點的縫孔，對齊縫孔後調整黏合位置。

16
從基點開始縫起，縫到對折部位時，在內、外側部位之間形成空隙。

## Point 對折部位只縫合外側

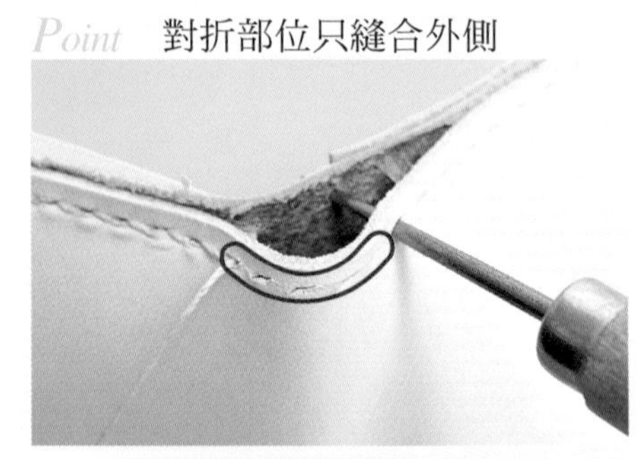

利用圓錐對齊縫孔位置後，只縫外側，依序縫上還沒有縫好的4個縫孔。

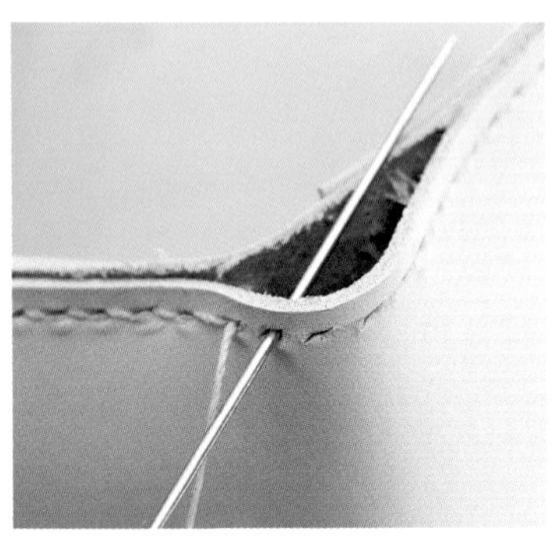

17 縫針只穿過外側部位的皮革，然後從空隙中拉出縫針。

18 將位於內側部位的縫針穿過前一個縫孔，再從縫孔拉出縫線。這麼做的目的為避免縫線鬆脫。

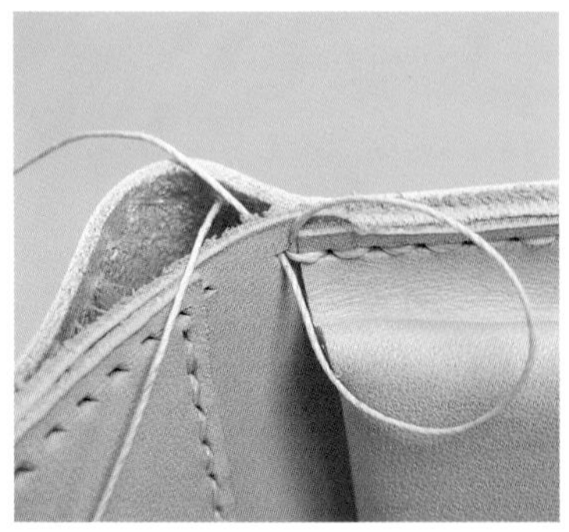

19 將縫線穿過前一個縫孔，再將縫針穿過原來的縫孔，然後將縫線拉到外側。

20 只縫外側部位的4個縫孔。

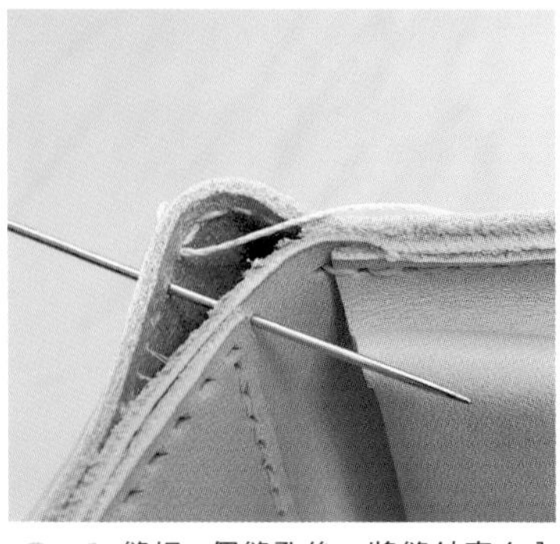

21 縫好4個縫孔後，將縫針穿向內側部位，依序縫合兩部位。

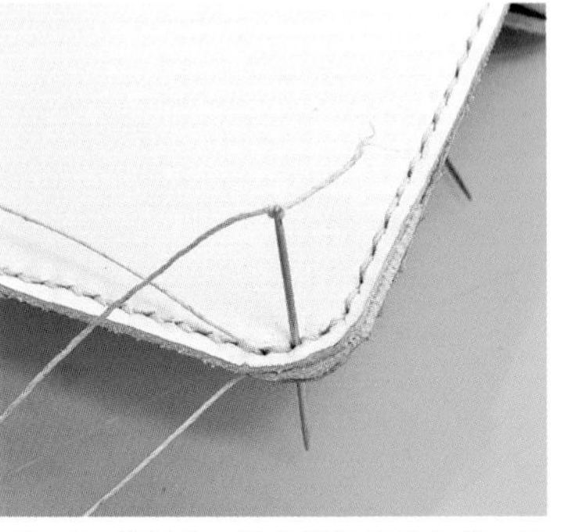

22 縫好後，避免縫線裸露在外，於表側回縫2個縫孔後，將2根縫針穿向內側部位。

# 最後修飾

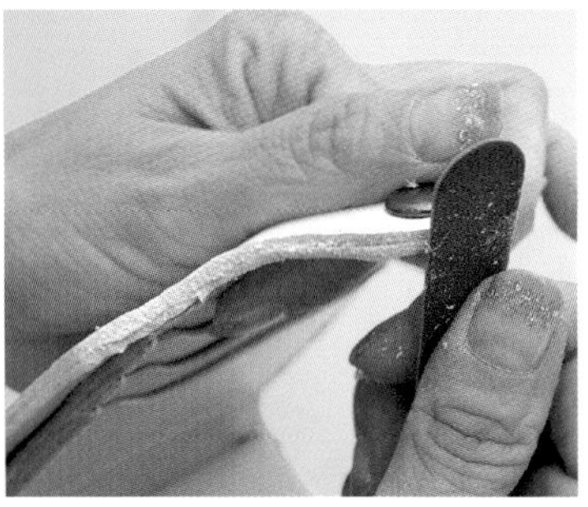

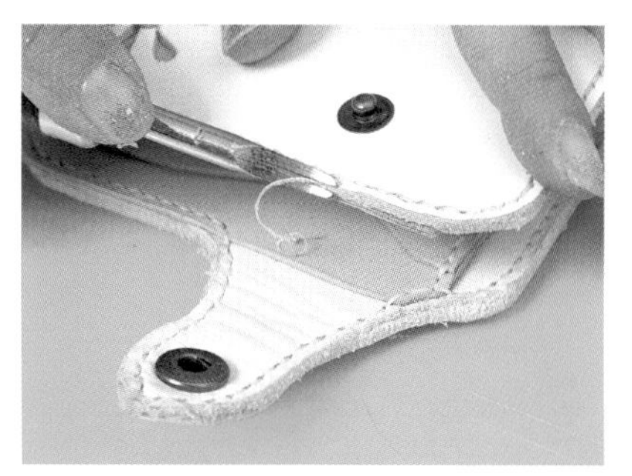

1 打磨皮革裁切面以便調整縫合部位的形狀。打磨一整圈，修整出現嚴重落差或偏位的部分。

2 先以研磨棒修整形狀，再使用削邊器削除整個作品皮革上的稜邊。

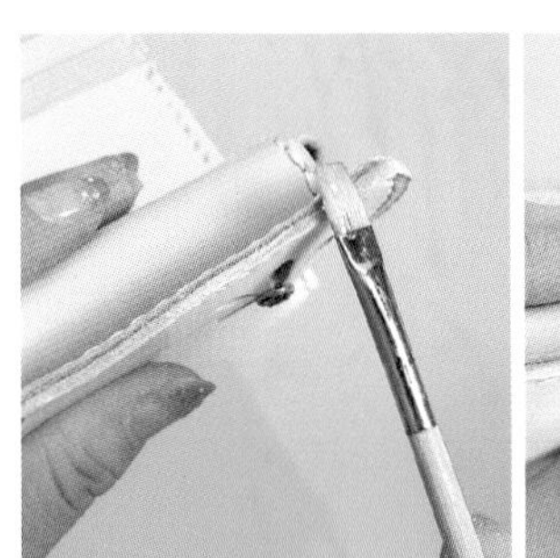

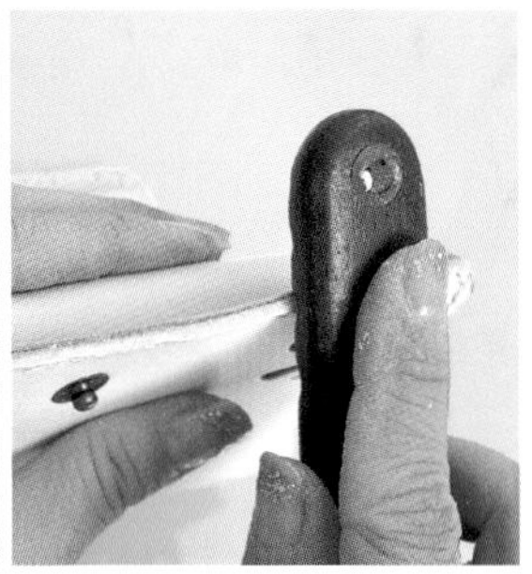

3 以水彩筆沾取透明床面處理劑後塗抹皮革的裁切面。小心塗抹避免沾到裁切面以外，再用木製磨緣器打磨。

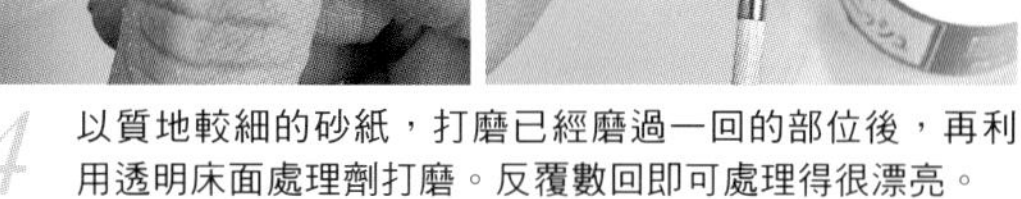

4 以質地較細的砂紙，打磨已經磨過一回的部位後，再利用透明床面處理劑打磨。反覆數回即可處理得很漂亮。

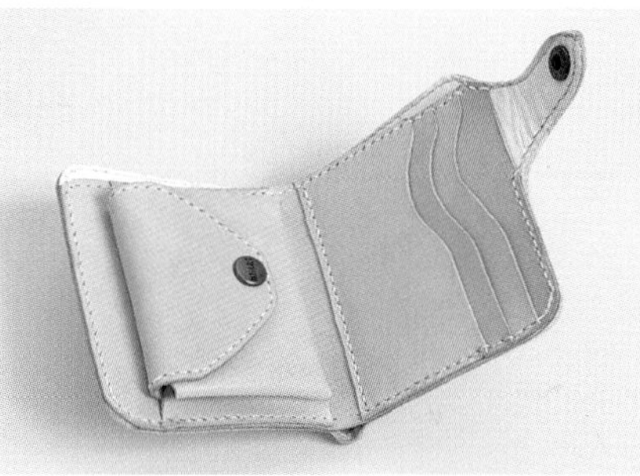

5 利用帆布打磨皮革裁切面，打磨到非常光滑漂亮。

6 白色皮革表面加上重點裝飾，造型非常可愛的短皮夾完成圖。皮革裁切面必須花點時間耐心地修整打磨。

# 車縫製作的小皮件

選擇適當的皮革厚度及專用車縫線，加上高功能縫紉機將是從事皮革工藝者最堅強的好夥伴。學會車縫技巧即可大幅拓展小皮件的製作範疇。為了更輕鬆地享受皮革工藝樂趣，趕快利用縫紉機挑戰一下小皮件作品吧！

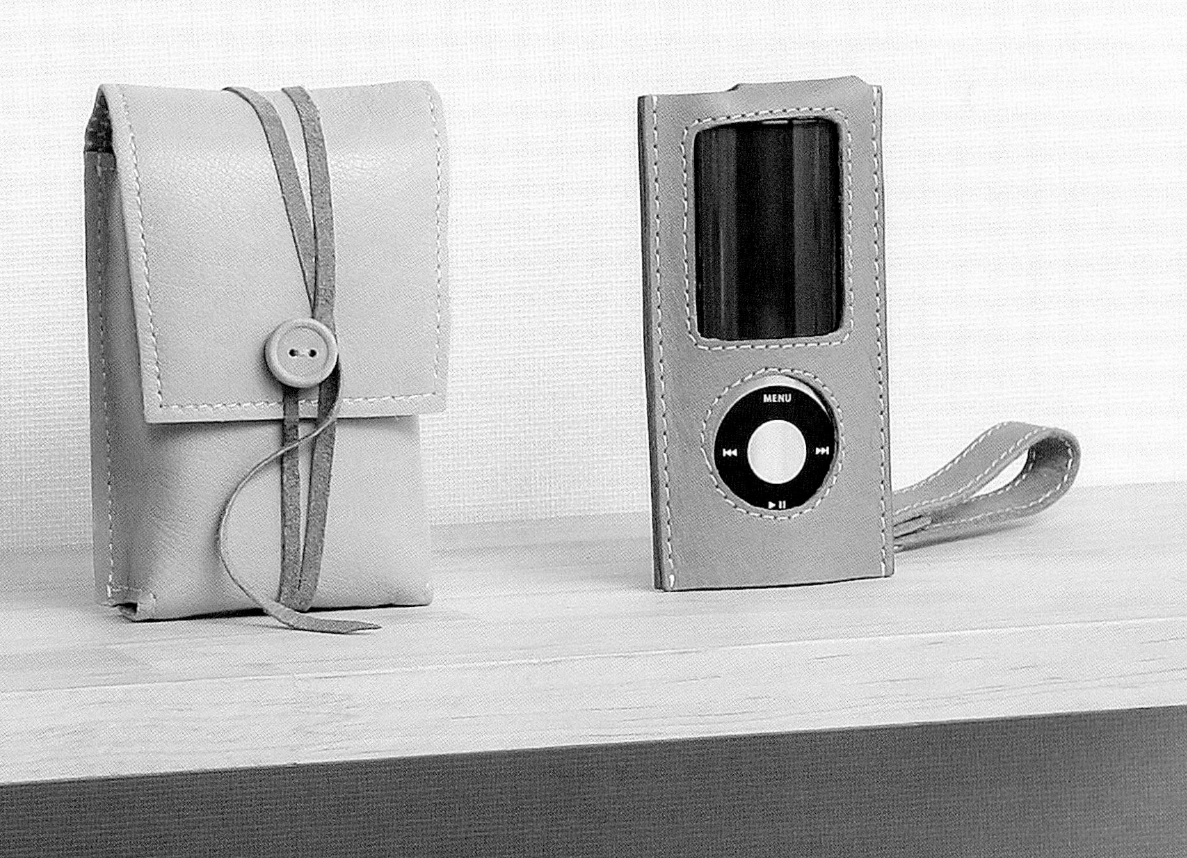

# 基本車縫技巧

認為小皮件一定得用手縫的人顯然不少，事實上，縫紉機亦可用於縫合皮革。建議您不妨利用可車縫較厚布料的縫紉機，試著挑戰一下皮革工藝作品吧！

「從事皮革工藝真麻煩，必須準備許多手縫工具……。」一直抱持著這種想法的人不在少數。事實上，市面上不乏專用於車縫皮革的縫紉機。不過，必須挑選質地較薄、較軟的皮革，家裡若有可車縫厚布的縫紉機，即可輕鬆地開始從事皮革工藝。其次，使用縫紉機車縫小皮件就能夠大幅拓展作品製作的範疇。

本單元中介紹的都是從事皮革工藝的人使用縫紉機時之要點以及注意事項。

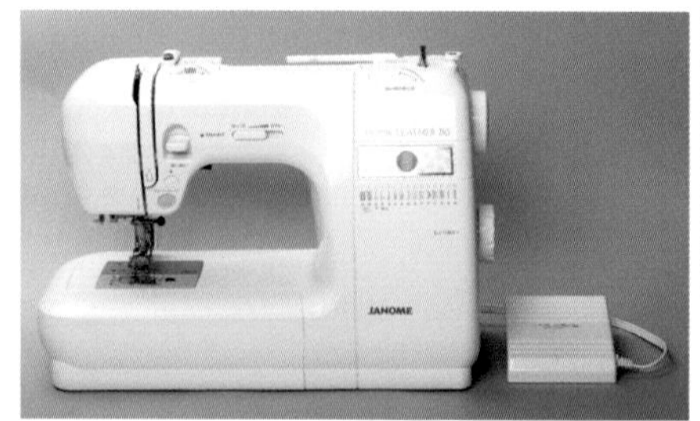

擁有一部可車縫單寧布等厚布的高功能縫紉機，就可以利用縫紉機製作小皮件。使用20～30號皮革專用車縫線，縫針則使用針尖呈菱形狀態的皮革工藝專用車縫針或用於車縫厚布的粗針吧！

## 準備縫紉機

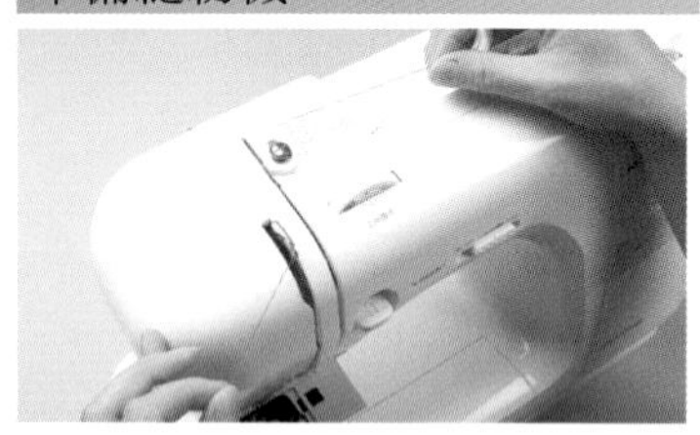

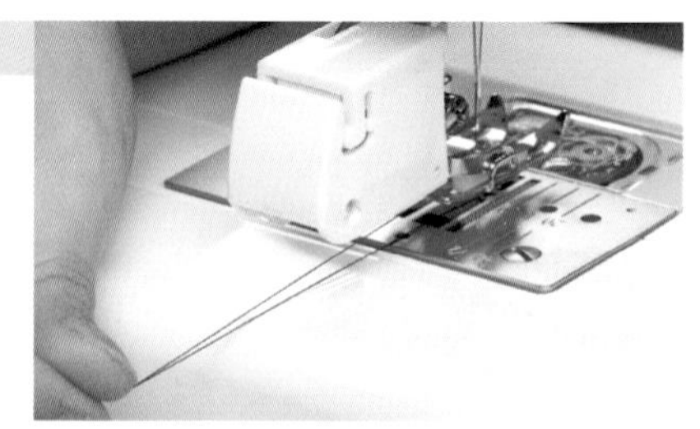

1 皮革工藝專用縫紉機的上線穿法，從線軸中引出下線的方法，事實上和家庭用縫紉機用法並沒有什麼不一樣。

2 車縫前，將上、下線拉出相同的長度。

## 準備皮革

1 在不影響皮革表面狀況下，事先黏合皮革，車縫起來更方便。

2 兩塊皮革上都塗抹接著劑，黏合到可藏住騎縫記號為止。

3 利用鐵鎚等敲打，降低黏合部位的高低差後更方便車縫。

4 利用間距規等工具描出導引線，大略地標出車縫部位。

## 縫合

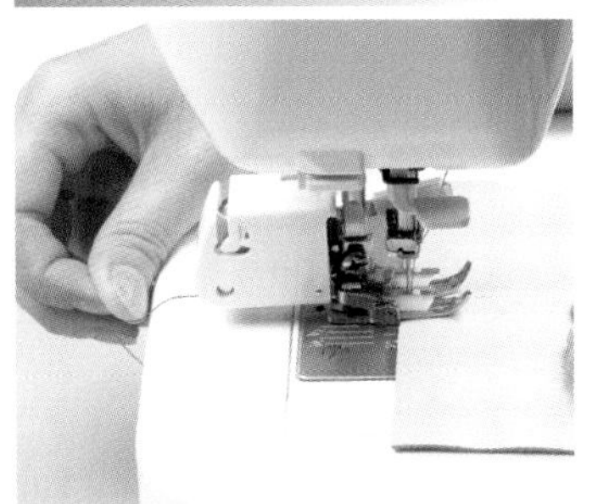

1 縫針插入起縫孔後放下壓腳，拉住縫線尾端開始車縫。

## Point 試車縫

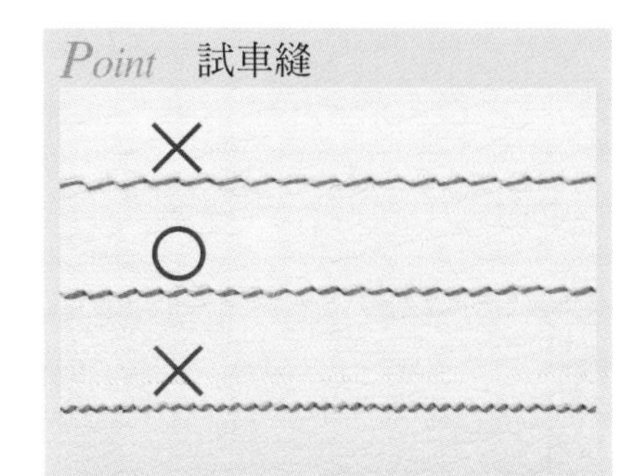


使用30號車縫線、16號車縫針時，必須調好車縫狀況，將針孔間隔設定為3mm左右。

## 回縫

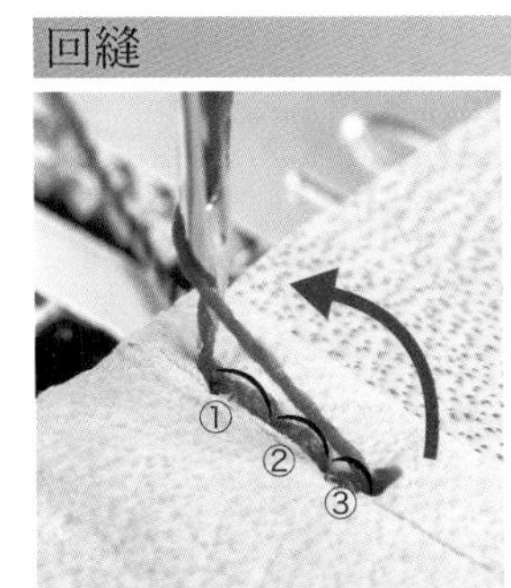


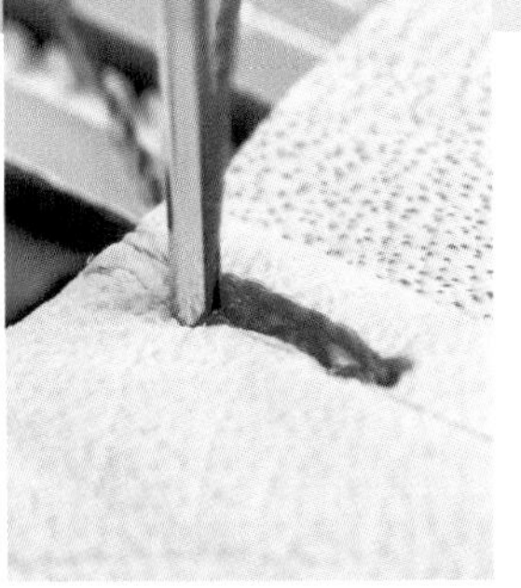

1 車縫到第3針時，直接將車縫針拉回第一個縫孔，車縫針再次插入相同的縫孔後，才進行後續車縫。

2 回縫部位會出現縫線浮出現象。

## 處理線頭

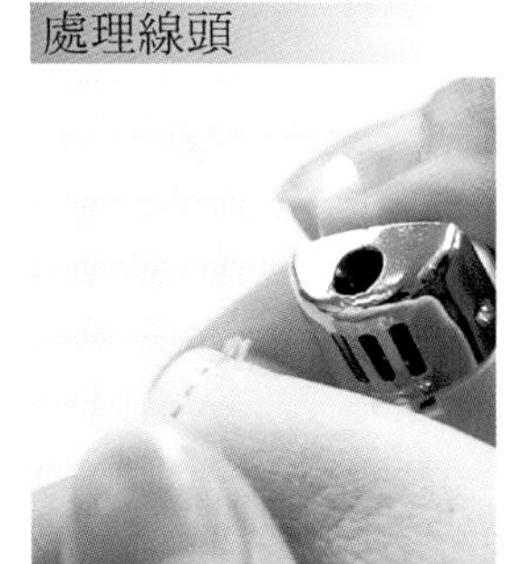

處理方式視部位而定，可用火燙黏或抹上強力膠以固定住線頭。

## Point 無法順利車縫時

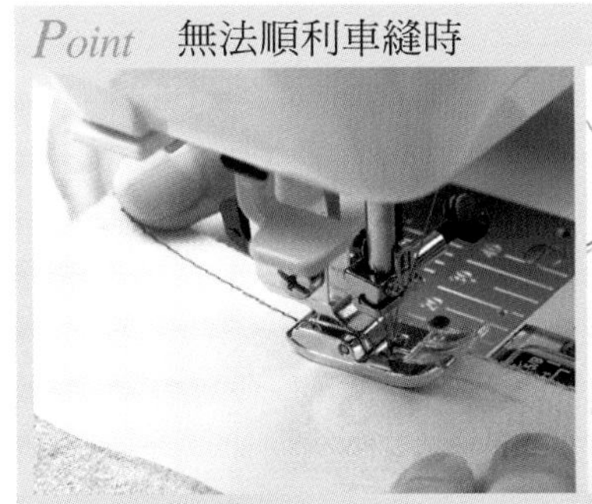

由於皮革厚度或材質關係，無法順利地將皮革往前推送時，將描圖紙墊在皮革上車縫，即可提升潤滑度，更順暢地車縫作品。

## 跳針時

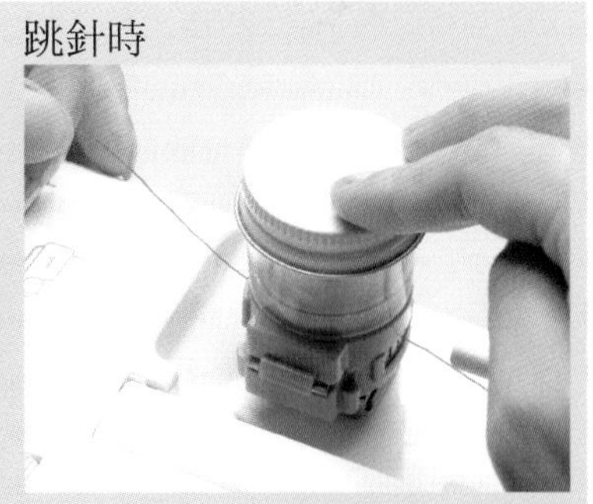

縫線抹上矽膠，提升潤滑度即可防止跳針情形之發生。

# 流蘇束口包的作法

圓鼓鼓的輪廓，造型非常可愛。可放入大包包裡或裝些小東西拿在手上，還可調節皮繩提把長度。將提把調得長長的，當做小肩包使用也不錯。束口包加了裡布，不用擔心沾染顏色問題。

製作　CRAFT公司

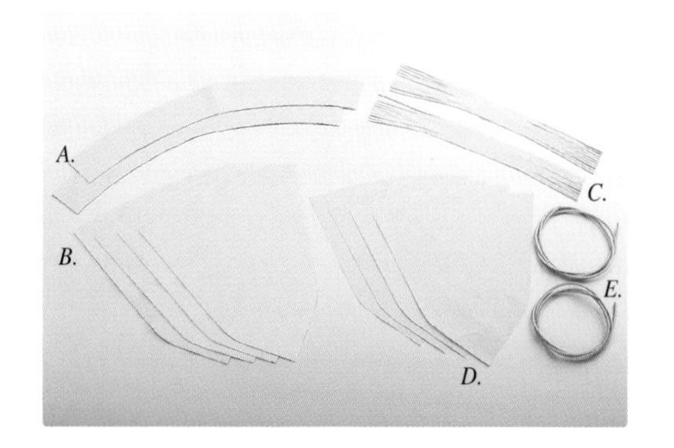


## ■材　料

*A*、*B*、*C*：半光澤鉻鞣軟牛皮（厚1㎜）600㎜×700㎜。*D*.山東綢500㎜×500㎜。*E*：圓形牛皮繩 4㎜（900㎜×2條）

## ■製作要點

先將紙型上的縫線轉描到表側皮革和裡布上，然後利用縫紉機，在完全對齊狀況下車縫吧！在翻面狀態下縫合後，運用「攤開縫份」技巧，將縫份攤開壓向左右側。這麼做除可將作品的輪廓處理得更漂亮外，還可降低重疊部位的皮革厚度，使後續部位車縫起來更輕鬆。

# 紙　型

裁好4片相同形狀的表側皮革和裡布。圖中以虛線表示縫線，紙型上最好剪出細細的切口。裁剪2片相同形狀的內側袋口邊條。將紙型放大320%後使用。

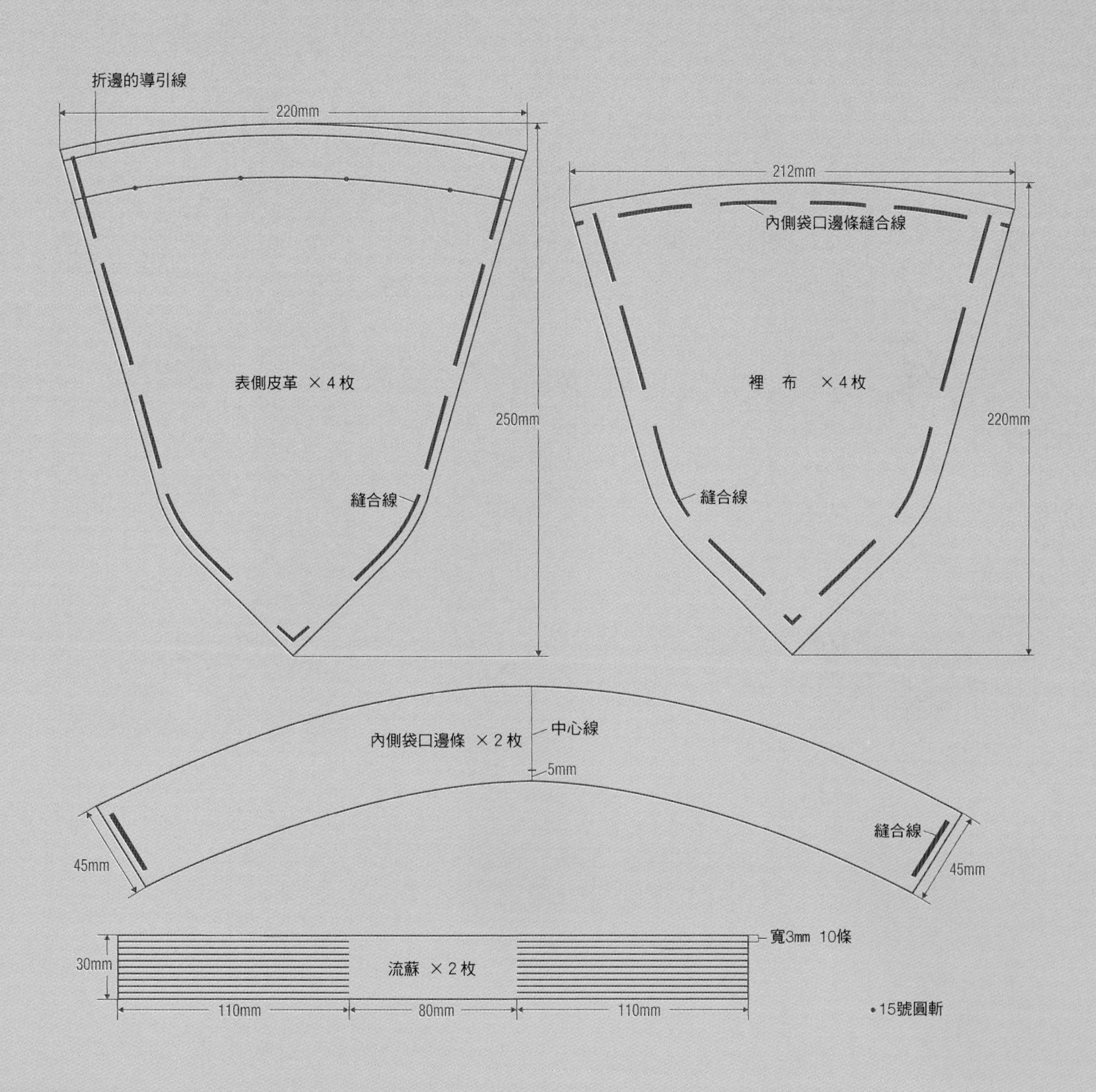

## 製作之前的材料處理

1 裁好材料，擺上紙型，在表側皮面層描上打孔位置，在肉面層描好縫合線。

2 總共4片材料，上面都描好相同的線條。

3 布的裡側描上縫合線，表側描上內側袋口邊條縫合線。裡布材料也準備4片。

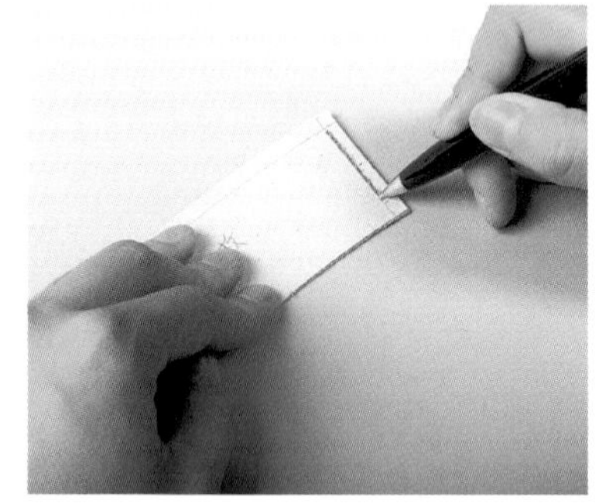

4 用銀筆在內側袋口邊條部位的肉面層上描縫合線，在皮面層上描中心線。事先描好可從裡側分辨的線條。

## 縫合表側皮革

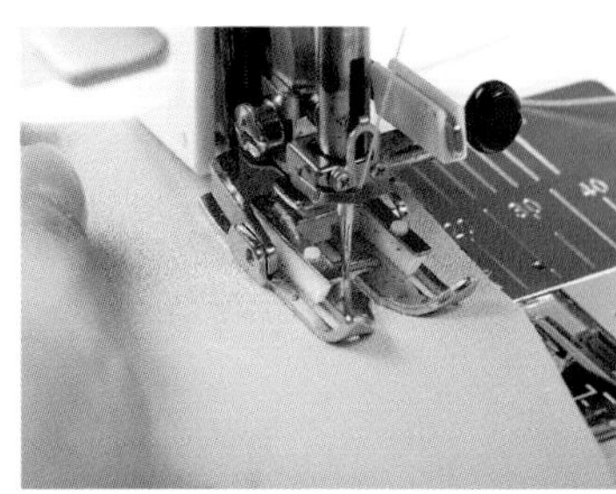

1 車縫前，利用零碎的小皮塊試車縫，看看能否順利車縫。事先確認車縫線狀態。

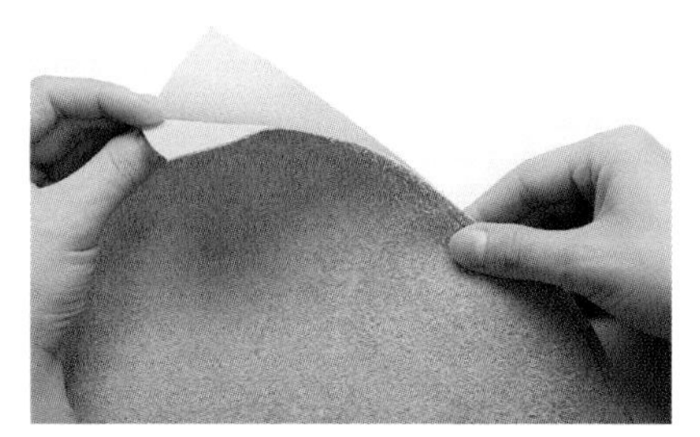

2 正面對正面，對齊2片皮革（縫合線都在外側）事先以橡皮膠黏合縫線外側。

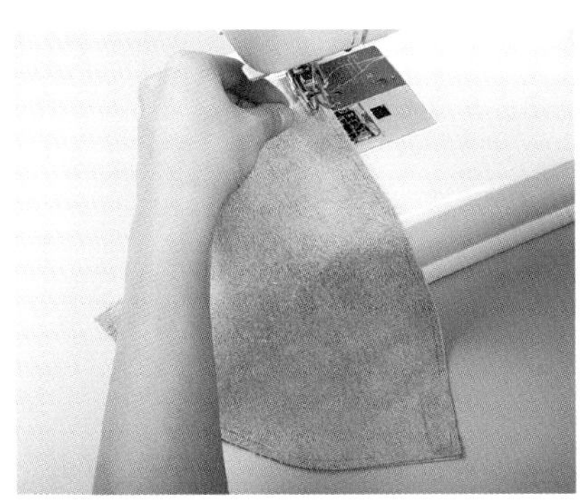

3 在表側皮革重疊下縫合。起縫點回縫後才繼續車縫（P133）。

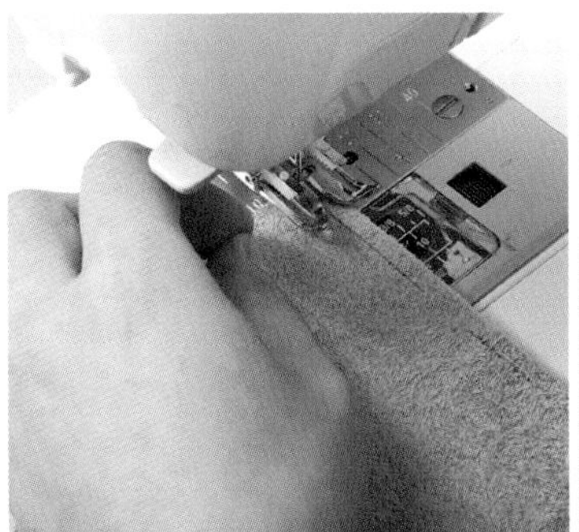

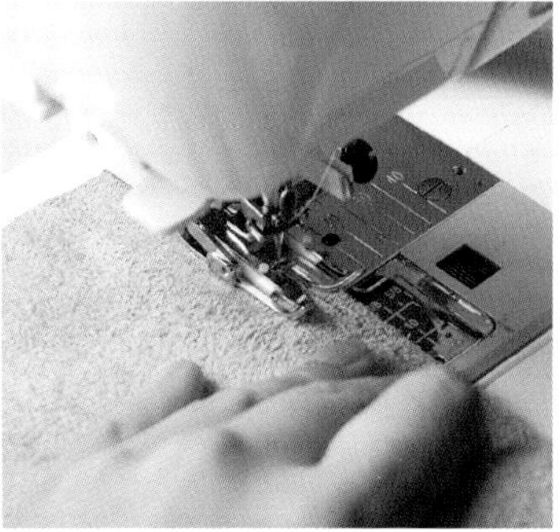

4 在一開始就描在皮革的縫合線上車縫。邊車縫邊微調表側皮革的位置，以便縫針不偏不倚地壓過縫合線。

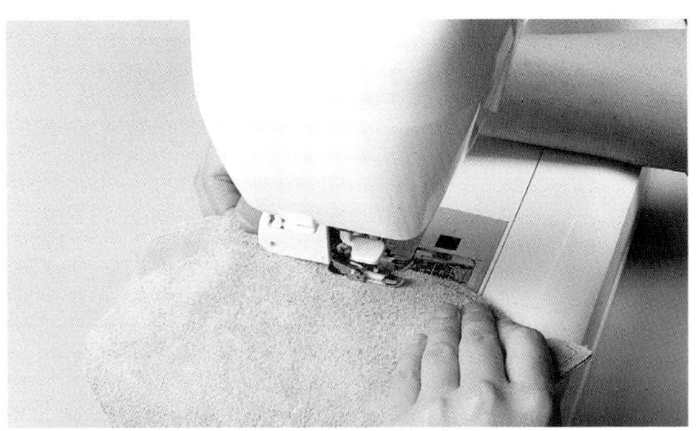

5 肉面層出現在表側，皮革無法順利地送出，因此必須留意縫份部位是否偏離位置。

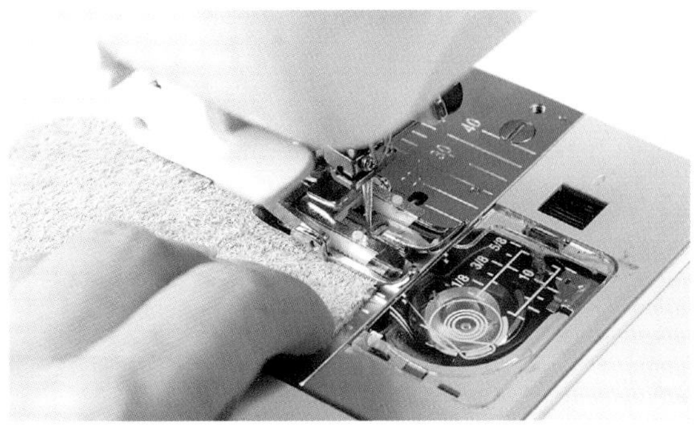

6 車縫另一邊，最後約回縫3針。車縫原來的縫孔，避免出現雙重針孔。

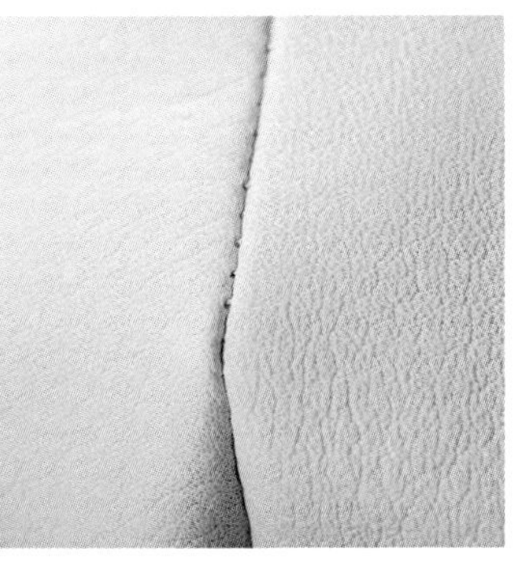

7 沿著縫合線，縫合表側皮革後狀態。因為使用縫紉機而將針目縫得非常整齊漂亮。

8 沿著縫合線，分別縫合2組表側皮革的其中一邊。

# 縫合裡布、內側袋口邊條

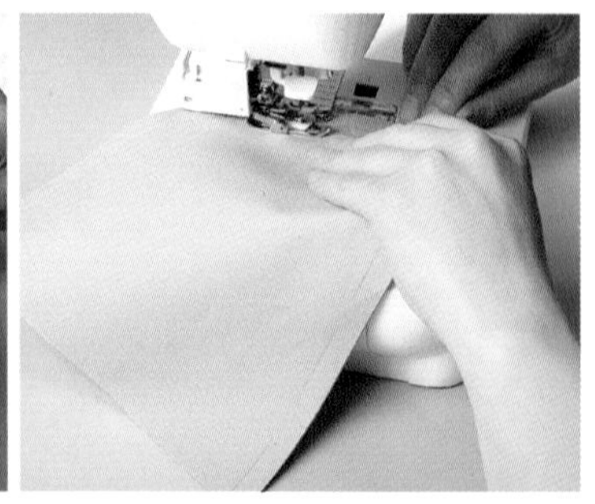

1 將2片已經描好縫合線的裡布重疊在一起（背面對背面），然後車縫縫合線。

2 沿著描好的縫合線車縫裡布。和車縫表側皮革時一樣，慢慢地車縫以免偏離事先描好的縫合線。

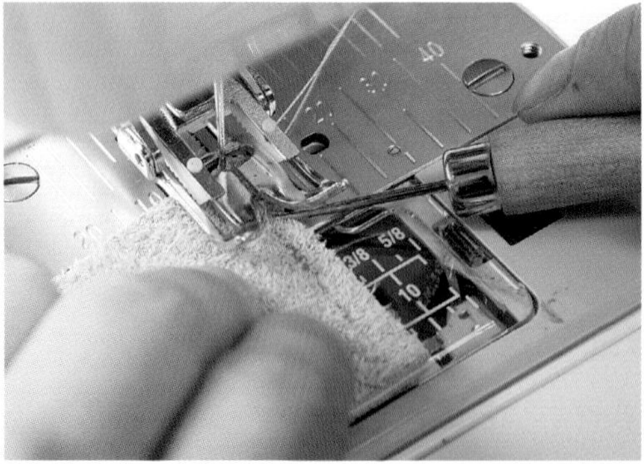

3 肉面層朝外，將2片內側袋口邊條部位對齊並重疊後車縫兩端。不容易往前推送時，可利用錐子等工具幫旁推送皮革。

4 縫合裡布後即完成兩個部分。照片中為單邊縫合後狀態。

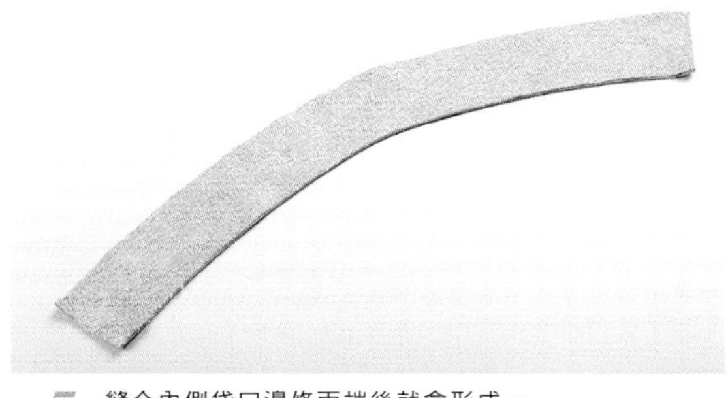

5 縫合內側袋口邊條兩端後就會形成一個環狀。

# 攤開縫份後縫合

1　皮面層朝下攤開擺放，底下墊著大理石和用於消除噪音的毛氈墊。

2　利用比較窄的鐵鎚端部，將縫份部位往左右側攤開，然後拿起鐵鎚輕輕地敲打，將縫份部位敲平。這就叫做攤開縫份。

3　處理曲線部位時，底下墊著堅固圓形物體才敲打，即可敲出漂亮的曲面。

**Point　利用木槌的側邊**

攤開縫份，敲打曲線部位時，可將木槌墊在皮革下方，利用木槌之曲面。

4　照片中為攤開縫份後狀態。車縫部位的邊角處理得非常漂亮。

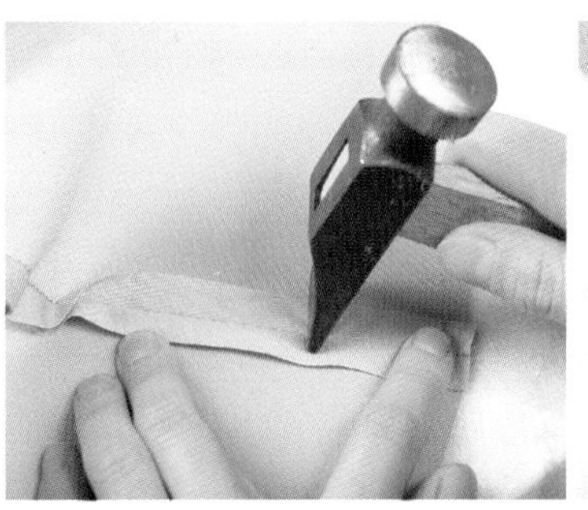

5　裡布、內側袋口邊條都經過鐵鎚敲打，攤開縫份。表側皮革、裡布都準備了2份，且都非常仔細地攤開縫份。

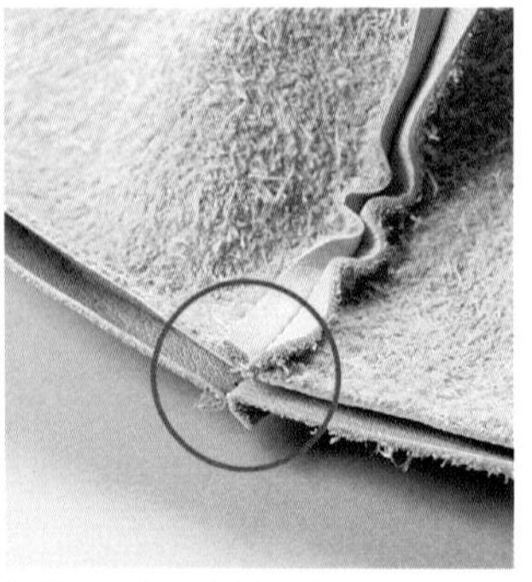

6 攤開已經縫合的2片表側皮革，緊接著將皮面層朝向內側，背面對背面後對齊。車縫針目完全吻合地重疊在一起。

7 裡布也同樣地攤開後重疊。將2塊裡布重疊，車縫針目必須確實對齊。

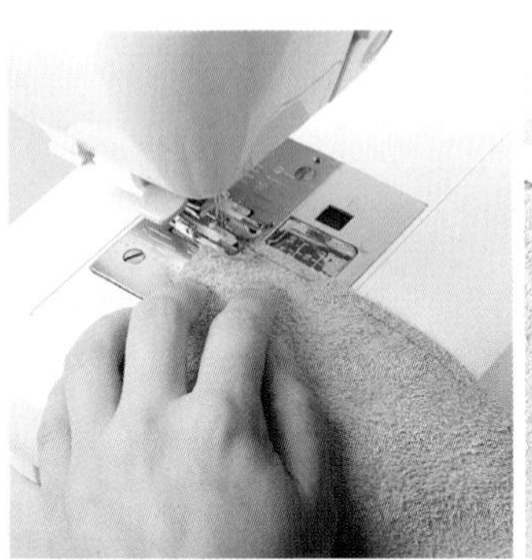

8 將表側皮革重疊在一起後，一口氣地從尚未縫合的縫合線上壓過。為了避免中途偏離縫合線，必須放慢車縫速度。

## Point 抬高壓腳以進行微調

為了筆直地送出車縫對象，只能車縫直線。微調一下位置吧！

9 眼看著就要偏離描好的縫合線時，趕快抬高壓腳，修正車縫軌道吧！

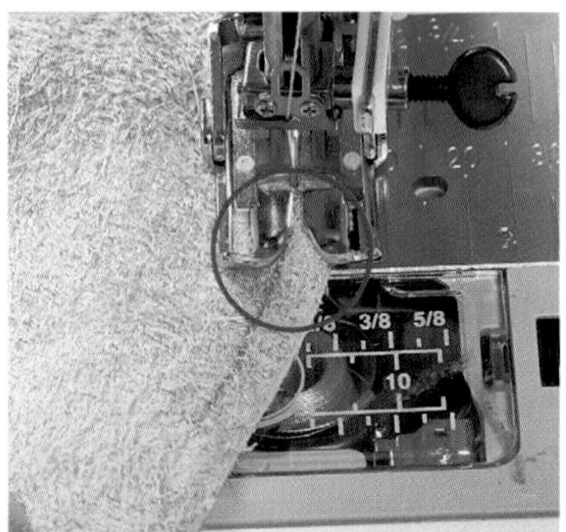


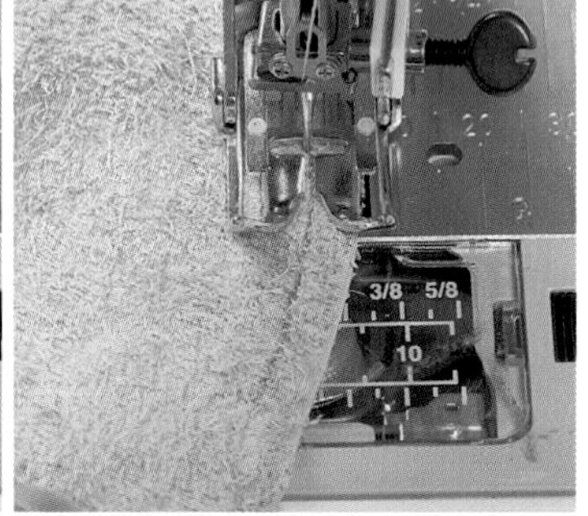


10 照片（左）中，縫針的行進方向和描好的縫合線方向不一樣，繼續車縫就會偏離事先描好的縫合線。必須如照片（右），描好的縫合線位於壓腳中心，邊車縫邊調整。

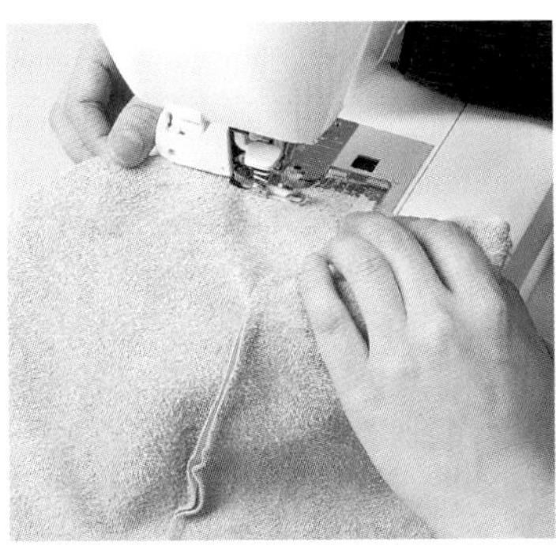

11 攤開縫份後必須壓好，避免因縫份捲入而偏離位置。亦可事先以橡皮膠黏貼固定。

**Point 利用錐子攤開縫份**

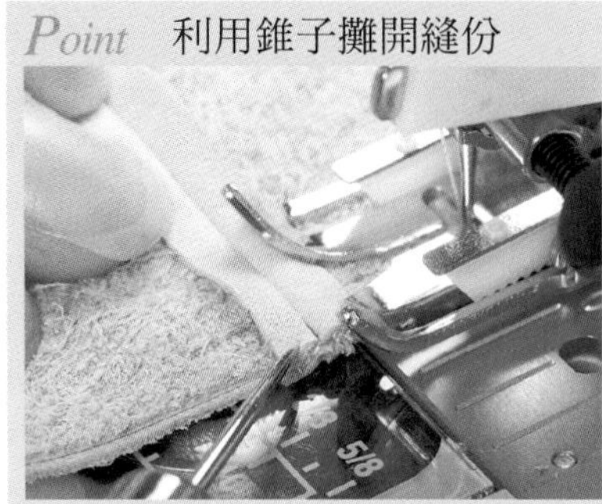

車縫針越來越接近時，繼續用手按壓就很危險，最好使用輔助工具。

12 沿著描好的縫合線，縫合後剪斷車縫線。

13 裡布也一樣，必須確實對齊縫份部位才可繼續車縫。車縫時必須不慌不忙地，非常正確地，避免偏離描好的縫合線。

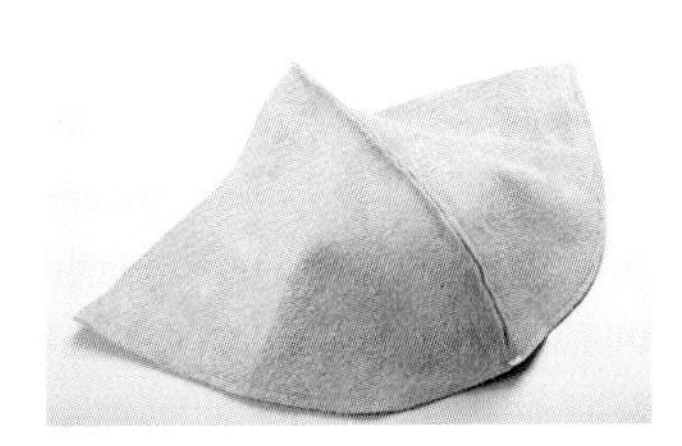

14 分別縫合後狀態。打開來看，像一個袋子。

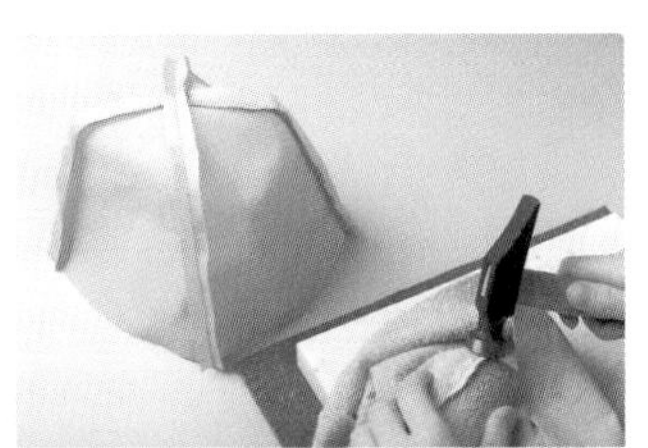

15 部分也必須事先攤開縫份。緊接著將照片中這兩個部分重疊在一起後依序縫合。

# 對齊內側袋口邊條和裡布

1 為了黏合內側袋口邊條和裡布，用上膠片將兩個部位縫份都抹上橡皮膠。

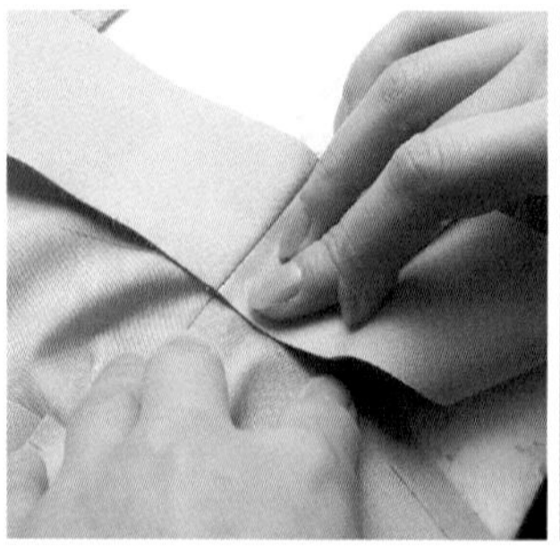

2 對齊針目，再將內側袋口邊條和裡布重疊在一起。事先對齊2處的針目。

3 對齊內側袋口邊條的中心和裡布的另一邊針目後，非常協調地黏合整體，再以鐵鎚敲打，促使接著部位緊密黏合。

4 內側袋口邊條和裡布黏合後狀態。

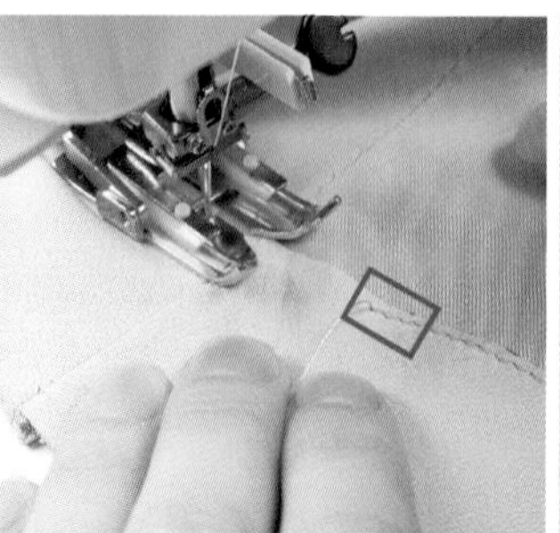

5 避開針目重疊部位，縫合裡布和內側袋口邊條，車縫一整圈，結尾時重疊起縫的3針以便固定住線頭。

6 縫好後，利用錐子等工具，將上線挑到裡側。

7 剪掉多餘的車縫線後，抹上強力膠以固定住線頭。

8 利用皮革專用剪，斜斜地剪掉內側袋口邊條的縫份部位。右側照片中為剪好後狀態。剪掉該部分是希望降低折邊部位的厚度。

## 表側皮革和內側袋口邊條的開口部位折邊

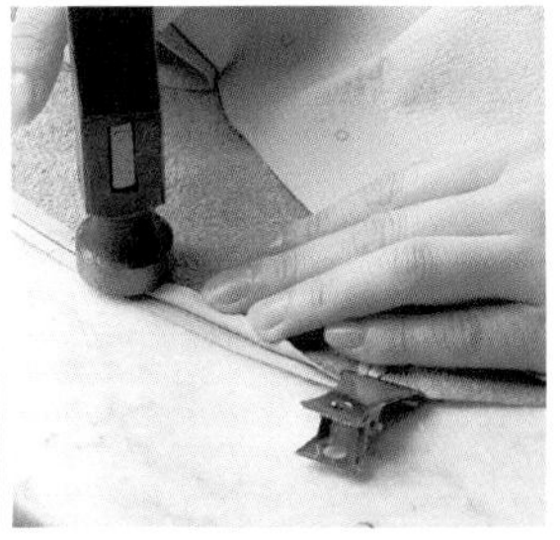

1 將距離表側皮革開口部位端部約10㎜處抹上橡皮膠。將紙型擺在底下，對齊導引線，回折5㎜，再利用鐵鎚敲打以促使緊密黏合。

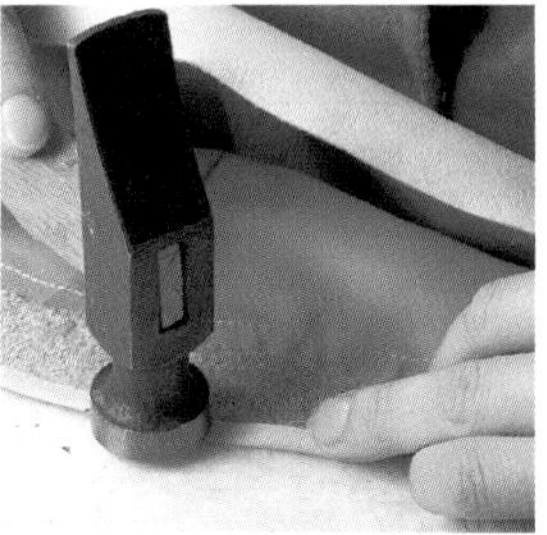

2 已攤開縫份部位因皮革重疊而厚度大增，因此，必須比其他部分更用力地敲打，以便敲打得平整均勻。內側袋口邊條也必須折邊。

## 對齊表側皮革和裡布

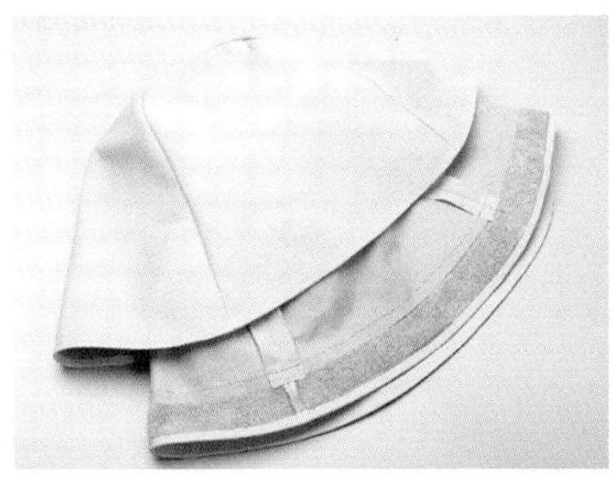

1 折邊後，利用上膠片，從表側皮革的內側邊緣開始塗抹約10㎜橡皮膠。

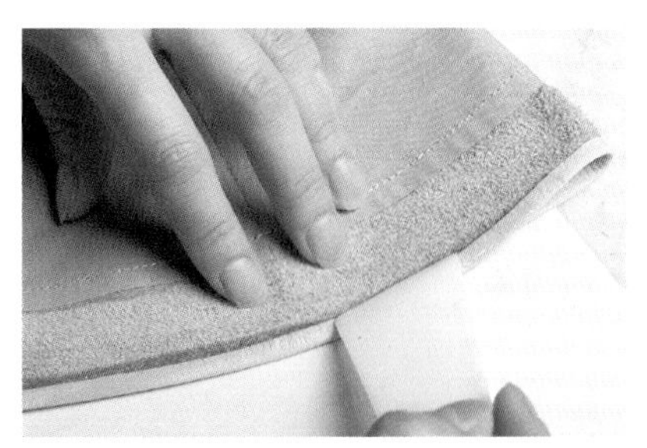

2 內側袋口邊條也一樣，塗抹10㎜的橡皮膠。

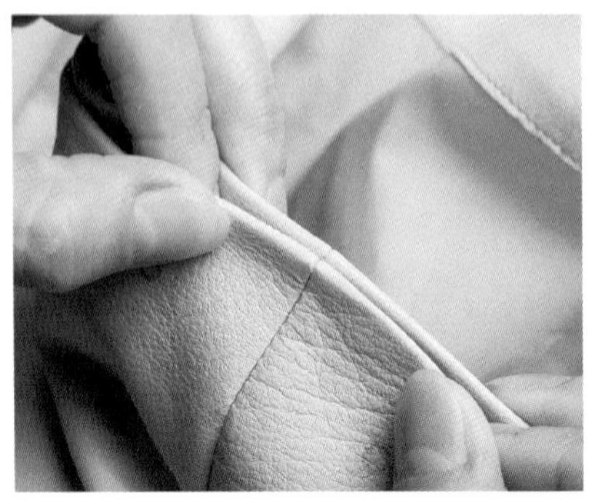

3 參考步驟1的照片（左），將裡布放入表側皮革中，確實地對齊針目。

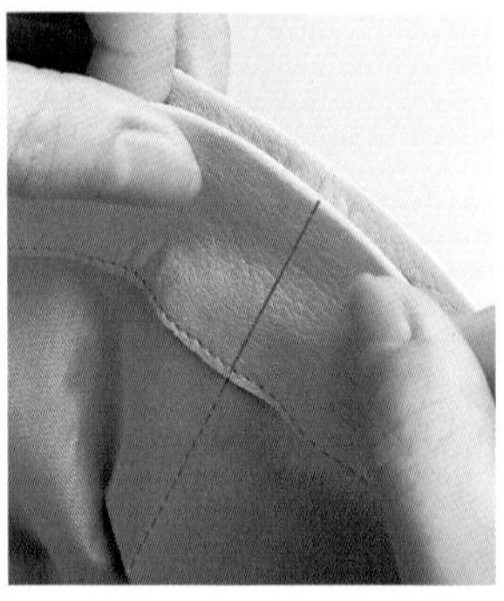

4 先用手黏合，以便兩處的皮革和裡布的各個縫合部位完全重疊在一起，然後進行整體黏合。

5 用鐵鎚敲打使得表側皮革和裡布更緊密的黏合。

6 將間距規設定為距離3㎜，在靠近包口的表側皮革上描出縫合線。

7 縫合表側皮革和裡布。避開重疊的縫合部位後開始車縫，縫合至終點時，重疊3針後回縫2針。

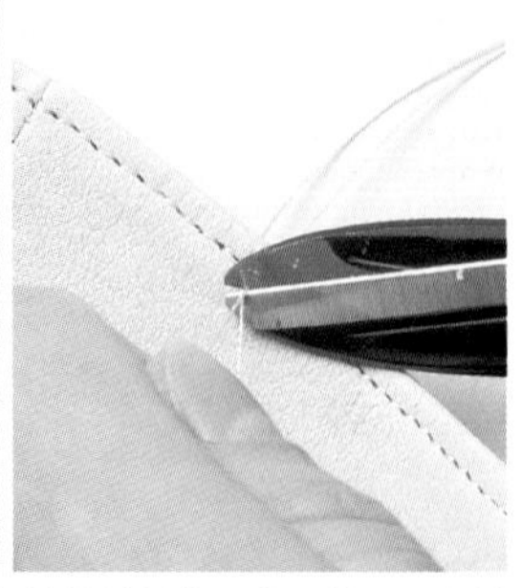

8 拉出上、下線，拉緊車縫的針目後，留下約2㎜車縫線，利用剪刀剪斷縫線。

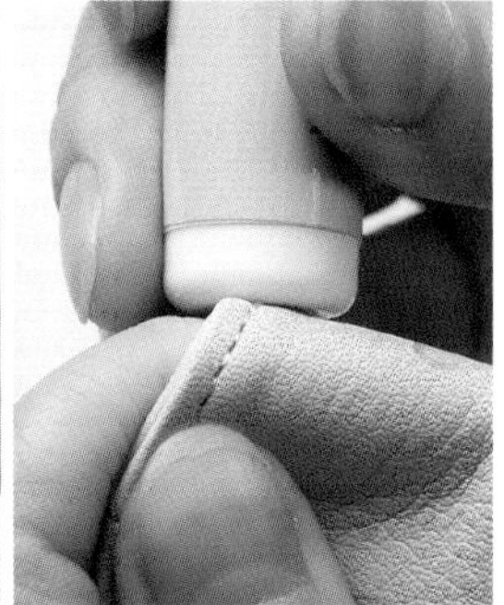

9 利用打火機燒燙縫線，再以打火機底部用力壓黏以固定住線頭。

# 穿入皮繩

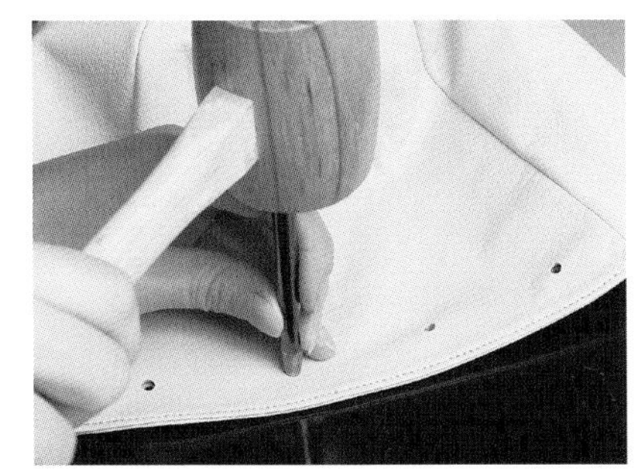

1 打好皮繩穿孔。上圖中使用15號圓斬。

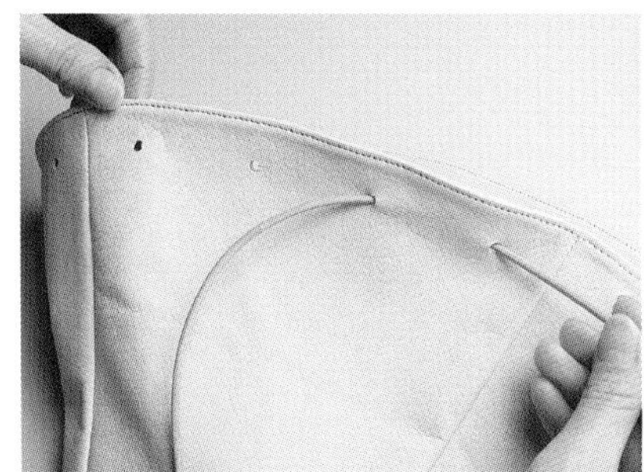

2 將皮繩穿入打好的穿孔中。一片皮革打上4個穿孔，從中央的2個穿孔開始穿入皮繩。準備2條長900㎜的皮繩。

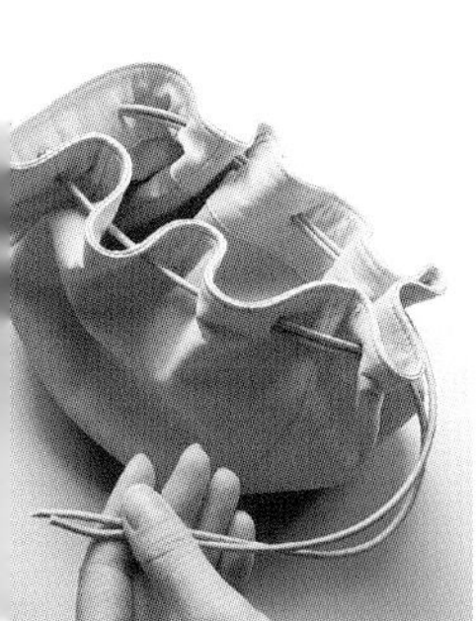

3 從前、後穿入2條皮繩。參考照片，將皮繩打結。

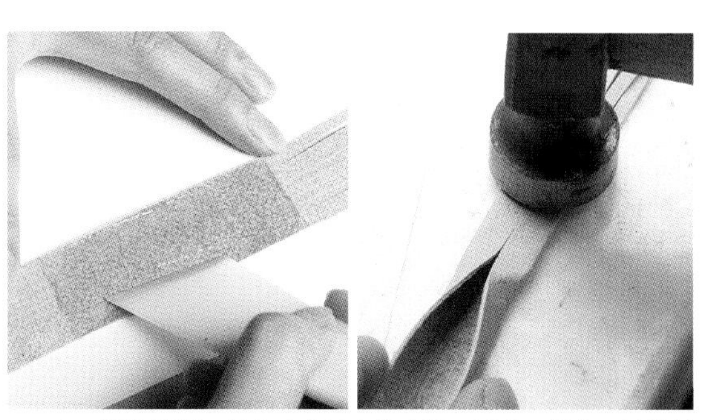

4 製作流蘇。只有中央抹上橡皮膠，折成三折後，用鐵鎚敲打以促使緊密黏合。

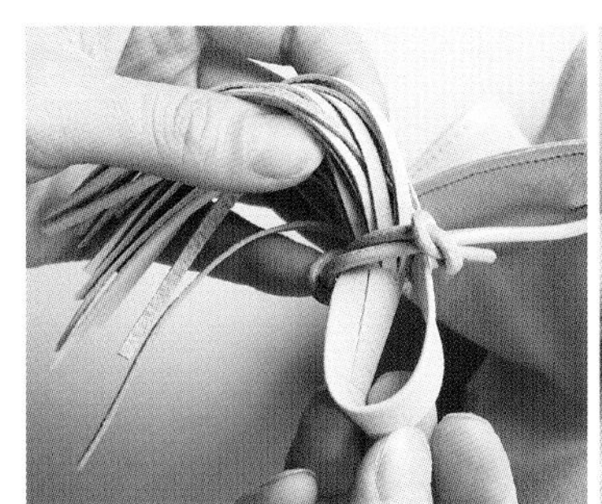

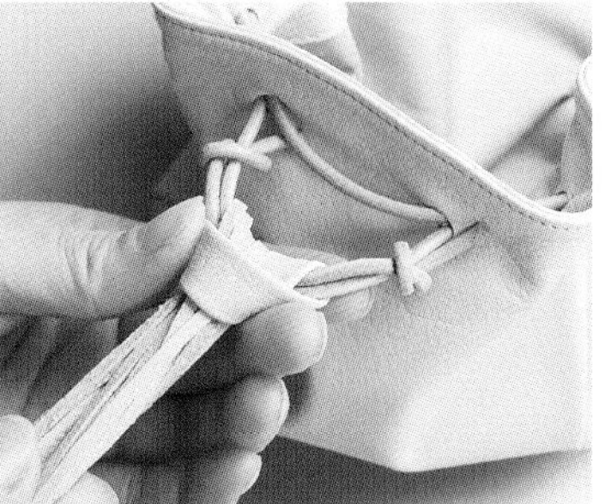

5 將對折起來的流蘇套入步驟3的打結處。套好後整理形狀。

6 固定好流蘇後狀態。錯開步驟3的打結處即可調節提把的長度。

# iPod nano皮套的作法

利用皮革製作一個可完全裝入第五代iPod nano的套子吧！上面裝著一個可彙整固定耳機線的扣帶，使用時依個人喜好調整耳機線。因此，即使擺在包包裡，耳機線也不會纏繞在一起。動動手挑戰一下兼具實用性和造型設計的小皮件作品吧！

製作 SOUGA

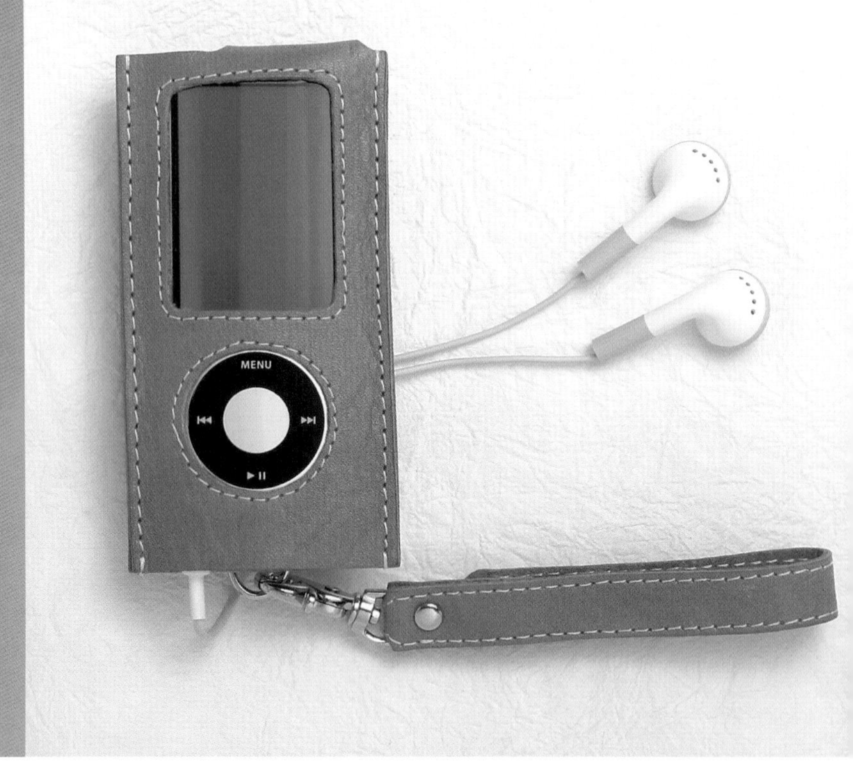


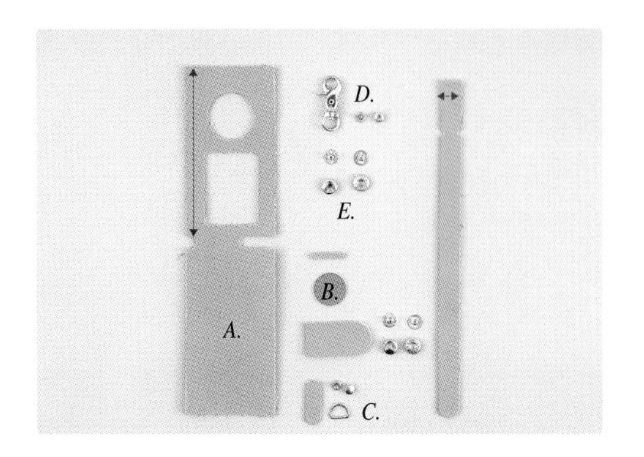


## 材　料

*A*：植物鞣牛皮（厚2㎜）100㎜×300㎜。*B.*釦蓋部位的皮革（厚1㎜以下）$\phi$20㎜。*C*：D型環（內徑1㎜）1個。雙面固定釦[小]（$\phi$6㎜）2個。*D*：活動鉤（配件內徑8㎜）1個。*E*：四合釦[中]（$\phi$10㎜）2個。

## 製作要點

裁切時務必留意皮革的延展方向。iPod nano插入口沒有蓋子，因此，裁切的皮革若往橫向延展，很可能從套子裡滑出來，處理此部分時必須特別留意。為了避免刮傷iPod，使用雙面固定釦金屬配件，以及利用薄皮革製作一個可以避免直接接觸到四合釦腳的部位。使用30號車縫線。車縫前請先試縫，以確認針目間隔或車縫線狀況吧！

# 紙　型

紙型上別忘了描上D型環和耳機座的安裝位置。耳機、D型環或內側台座等小組件，可從液晶畫面和操作部位的開孔處切割，因此請小心切割。請將紙型放大160%後使用。

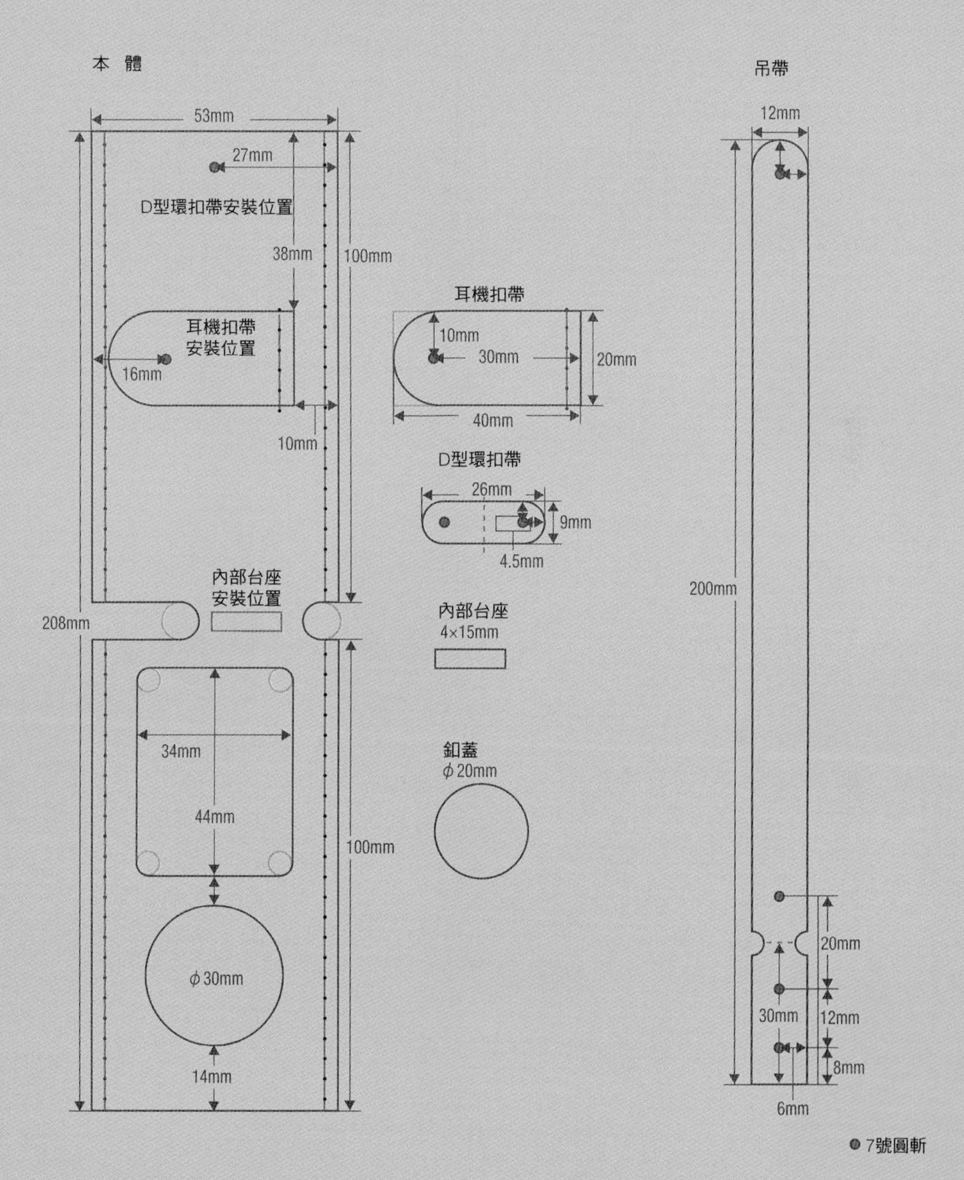

## 裁切鏤空部位

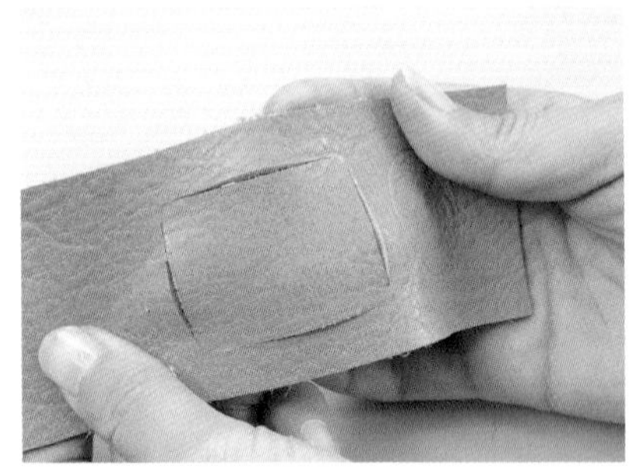

1 首先將直尺擺在直線部位，利用美工刀，一直切割到距離角落5㎜處。

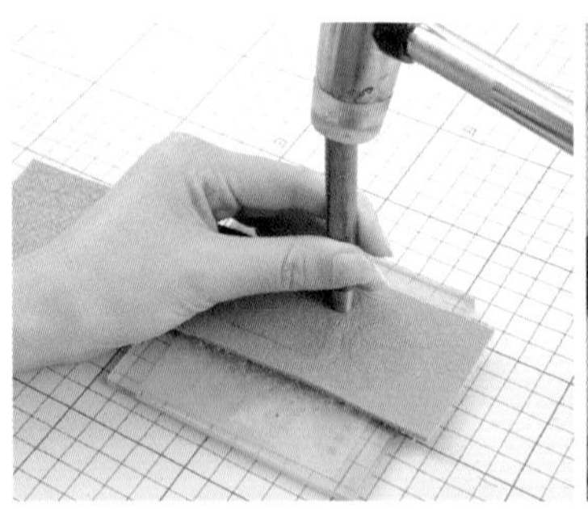

2 利用圓斬，打好R角。將50號圓斬抵住銀筆描好的線條，再用木槌敲打，從本體皮革切下鏤空部位。

3 切割圓形部位時邊轉動皮革，避免一次就切下。最好分成2～3次切割。

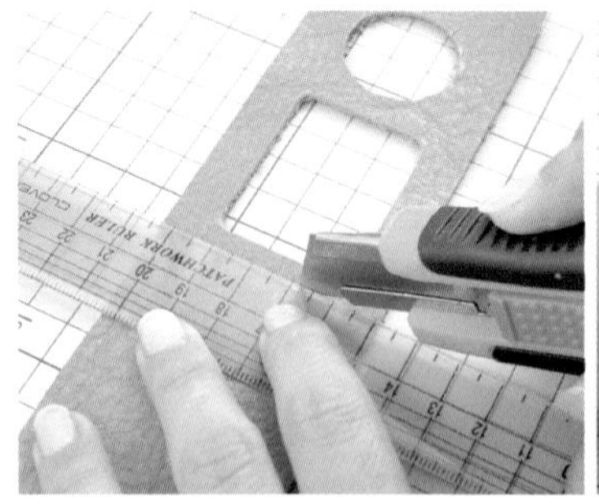

4 切割底部的直線部位時，用美工刀切割到圓形部分的5㎜前，然後曲線部分以25號圓斬，斬打出圓潤度。

5 使用肉面層上絨毛較為明顯的牛皮，必須利用剪刀修短一點。

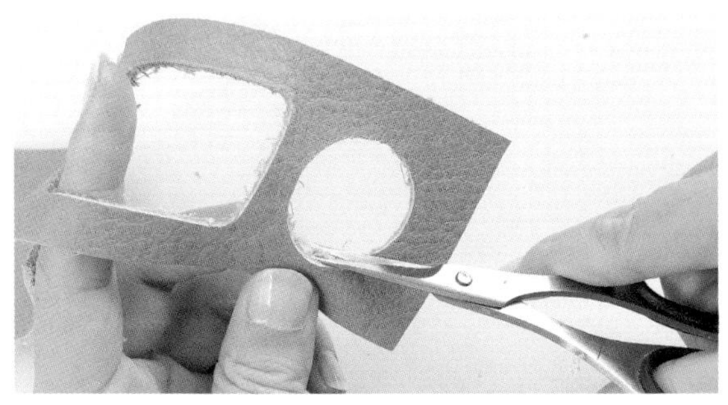

6 肉面層的絨毛露出鏤空部位或裁切面太粗糙時，利用剪刀修剪。

# 打磨肉面層

*1* 整個肉面層都塗抹透明床面處理劑。利用手指或質地柔軟的布塊均勻地全面塗抹。

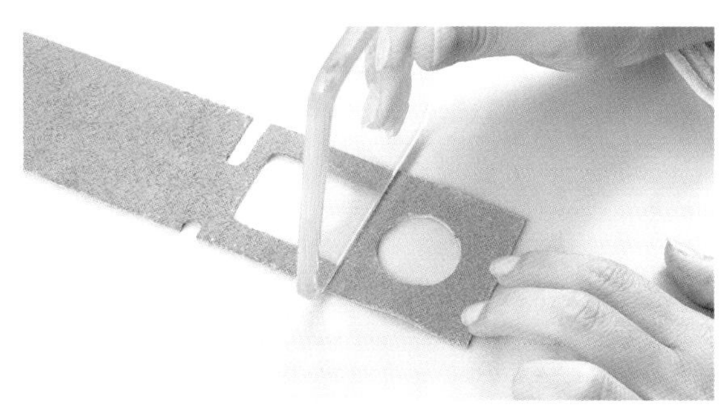

*2* 在處理劑呈現半乾狀態下，用玻璃板邊緣敲打皮革，將肉面層處理得更平整。

*3* 裁切部位一旦裝上其他部位就無法打磨裁切面，因此必須在此時打磨。塗上透明床面處理劑，利用錐子更方便打磨。

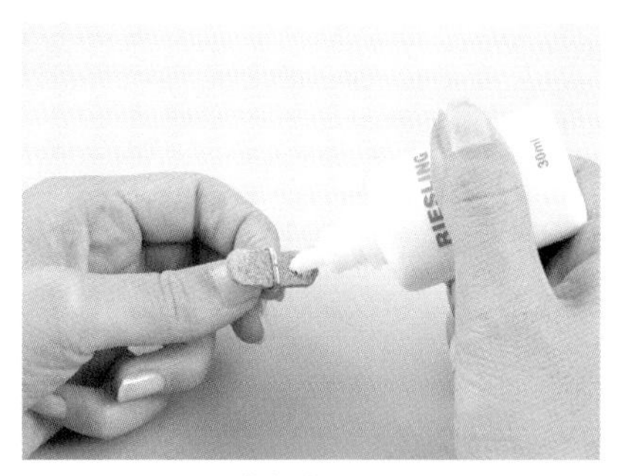


*4* D型環扣帶部位的肉面層朝上，套入D型環，然後薄薄地塗抹白膠。

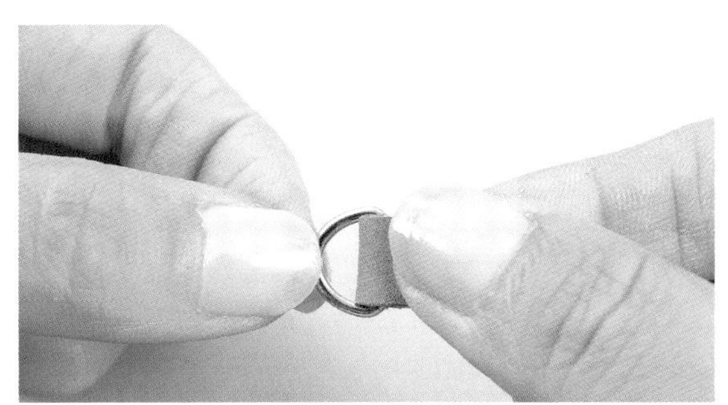

*5* 等白膠呈現半乾狀態後，對折皮革使其能夠緊密地黏合。

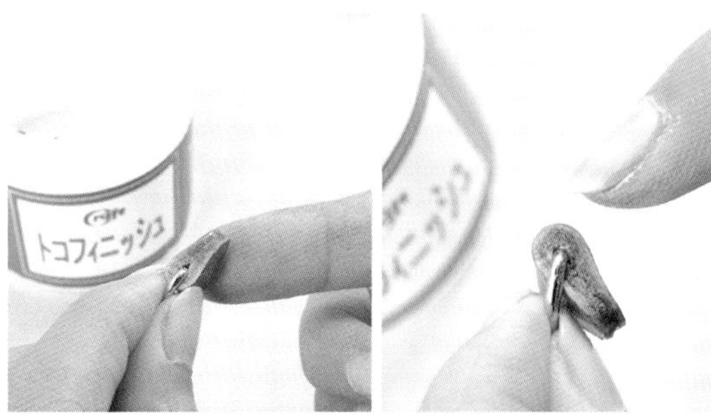


*6* 皮革黏合後，塗抹透明床面處理劑以便打磨皮革裁切面。

*Point* 打磨質地柔軟的皮革肉面層

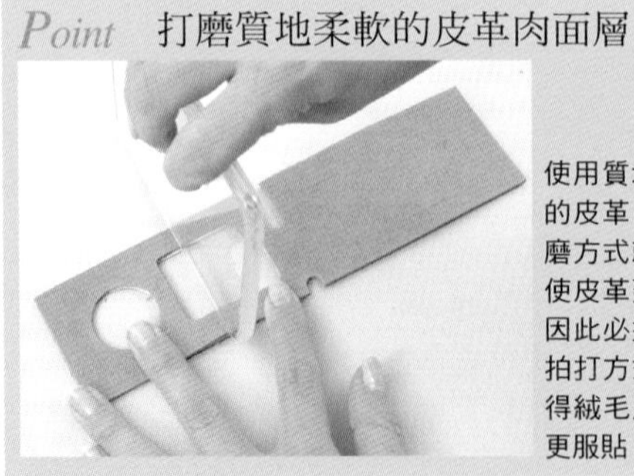

使用質地柔軟的皮革，以擦磨方式就會致使皮革延展，因此必須採用拍打方式，使得絨毛處理得更服貼。

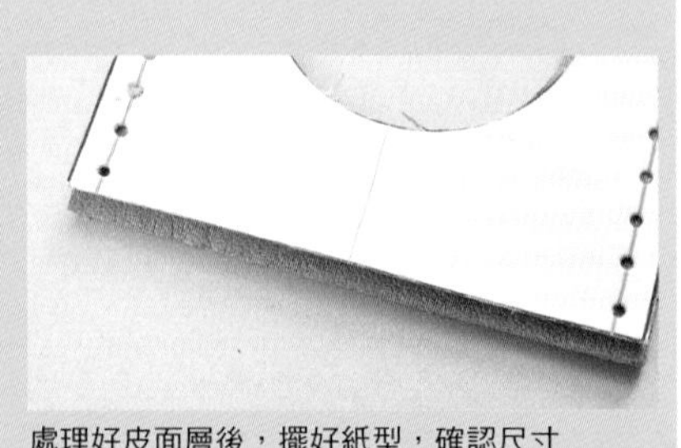

處理好皮面層後，擺好紙型，確認尺寸是否吻合。切掉皮革延展部分。

# 打上金屬配件的安裝孔

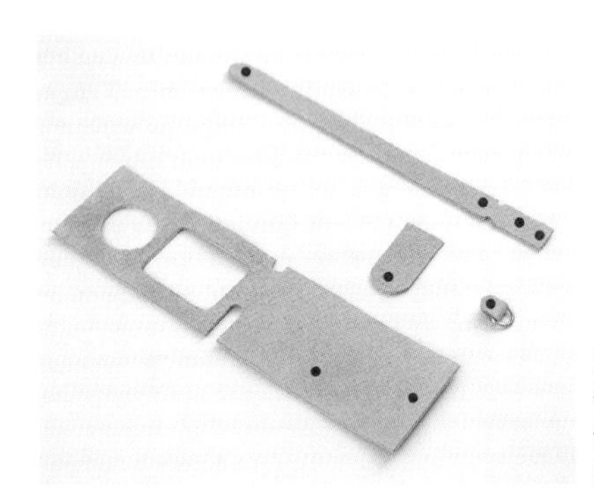

*1* 圓斬打上金屬配件的安裝孔，以便安裝金屬配件到做記號部位。

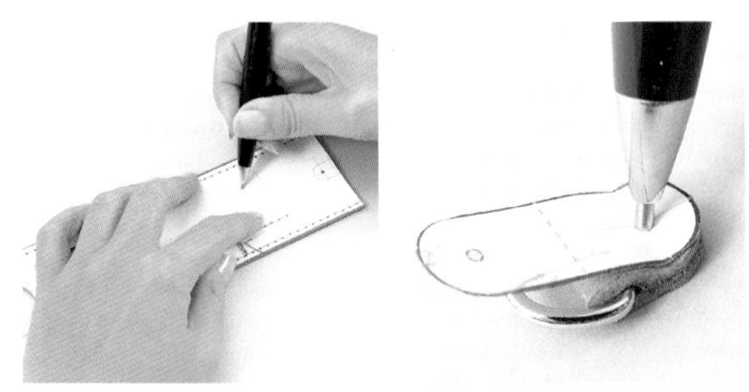

*2* 依紙型做上記號標出打孔位置。使用銀筆做記號容易消失，最好於打孔前做記號。

*3* 利用7號圓斬，在做記號的位置上打孔。全部都使用相同大小的圓斬。

# 車上裝飾針目

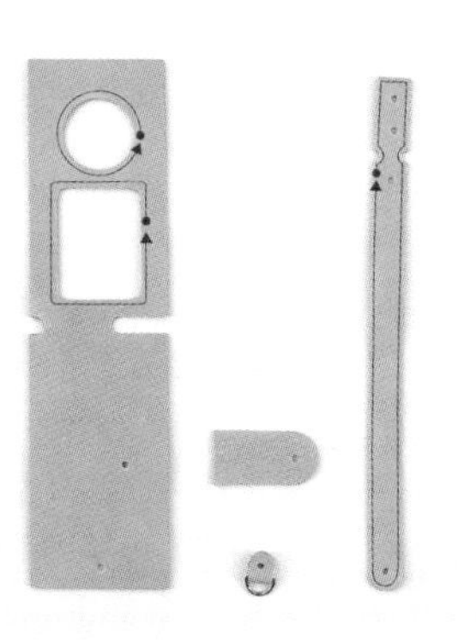

*1* 線圈起的部分車縫上裝飾針目。留意開始車縫的位置吧！

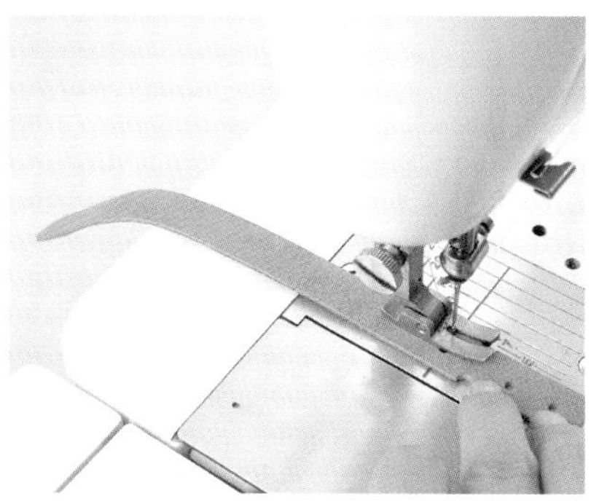

2 車縫吊帶時必須從四合釦隱藏部位開始車縫。車縫距離邊緣1.5㎜處。

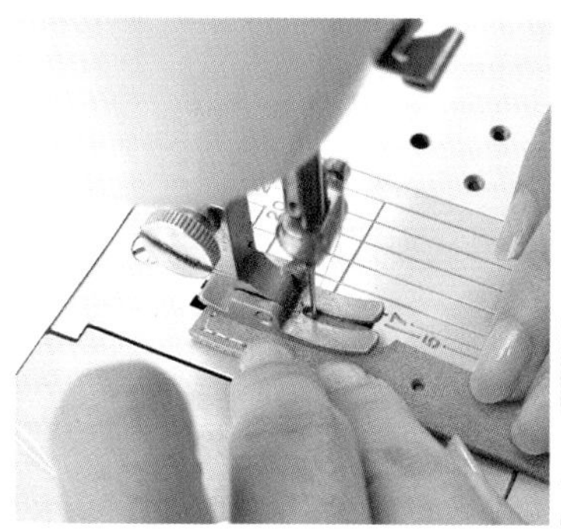

3 車縫小小的半圓形部位時，配合曲線用手轉動縫紉機，務必一針一針地確認落針位置。

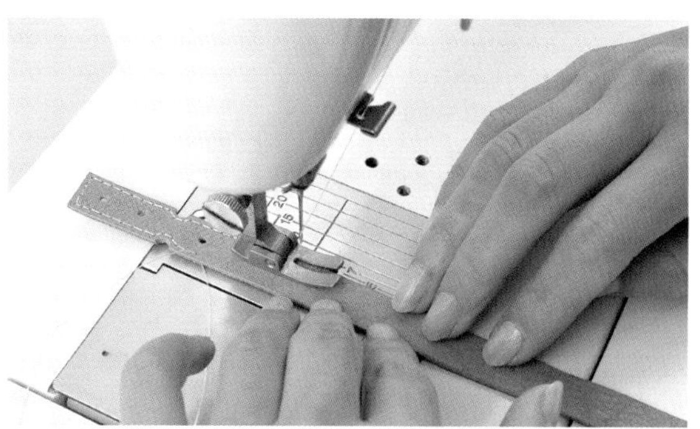

4 環繞吊帶周圍車上一整圈。3㎝距離內車上12個針目，看起來就很協調美觀。

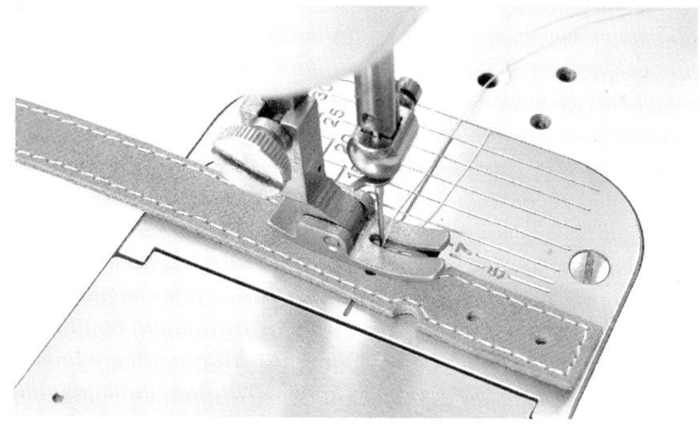

5 車縫一整圈後回縫1針。車縫時務必留意，車縫針必須插入同一個縫孔。

6 留下較長的縫線，剪斷後將所有的縫線都穿向肉面層並處理線頭。

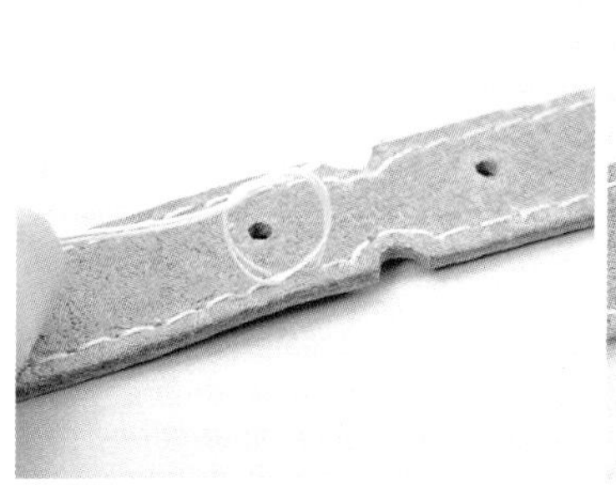

7 將起縫與終點的縫線分成一邊2條後打兩次結，打結時注意必須將打結處調整到縫孔上方。

8 留下2mm縫線，利用打火機燒燙線頭，再以鐵鎚敲打固定線頭。

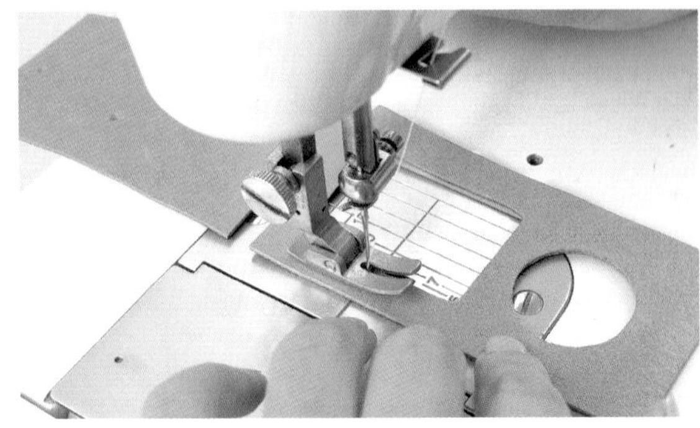

9 車縫裁切成四方形的部位，從裁切面內側1.5mm的長邊中央部位開始車縫。

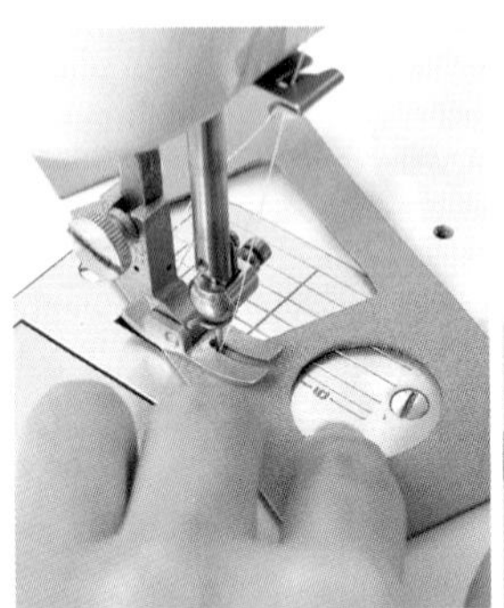
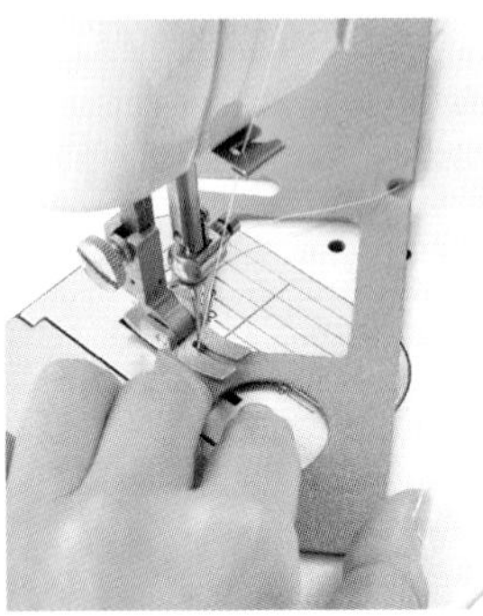

10 縫呈曲線的角落部位時，請一針針確認落針位置，以便車出漂亮的針目。

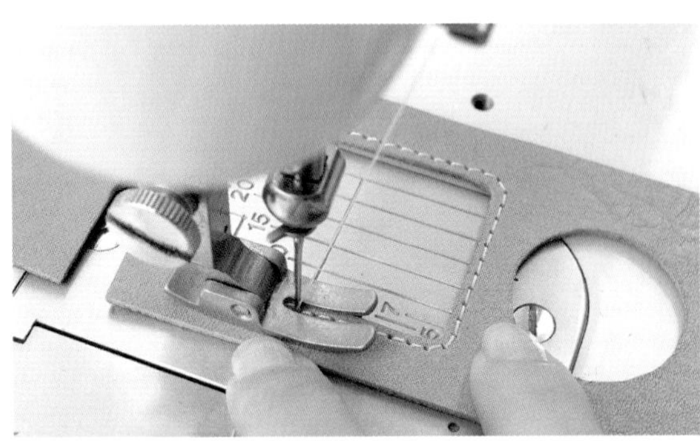

11 回到起縫孔時，最後一針必須扎入第一針的縫孔。不需回縫。

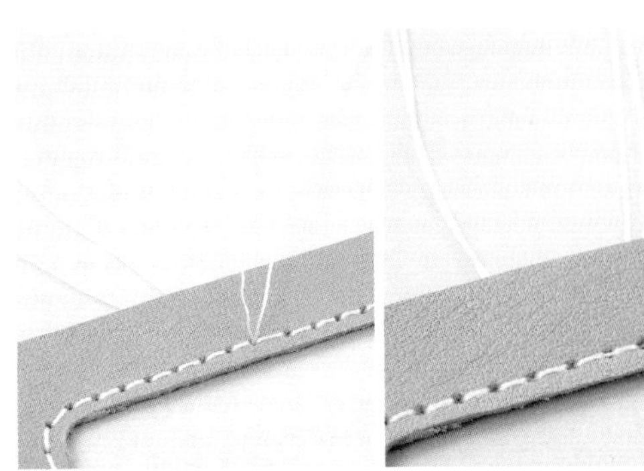
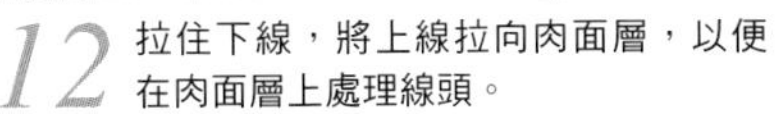

12 拉住下線，將上線拉向肉面層，以便在肉面層上處理線頭。

13 參考步驟6～8，固定線頭。聚酯材質的縫線經燒燙就會融熔並黏住線頭。

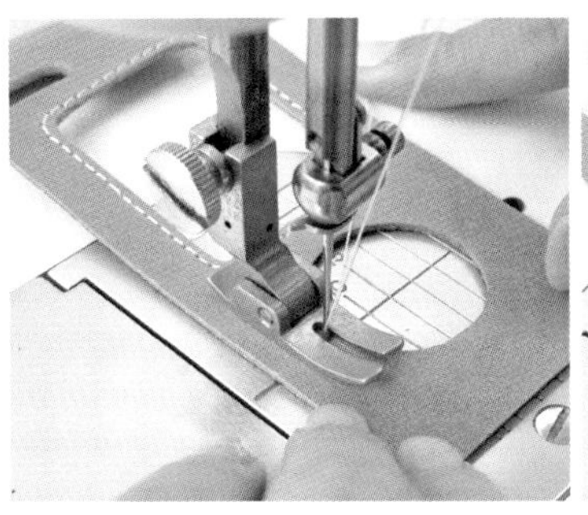
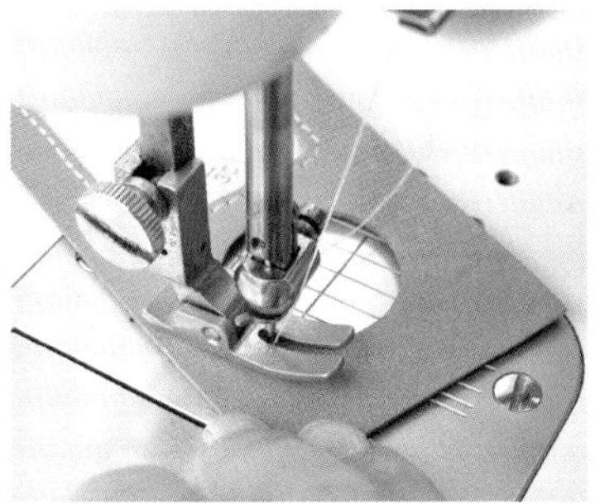

14 操作部位也必須由側面車縫距離裁切面1.5mm處。車縫所有曲線部位，都必須一針針地抬起壓腳，確認落針位置。

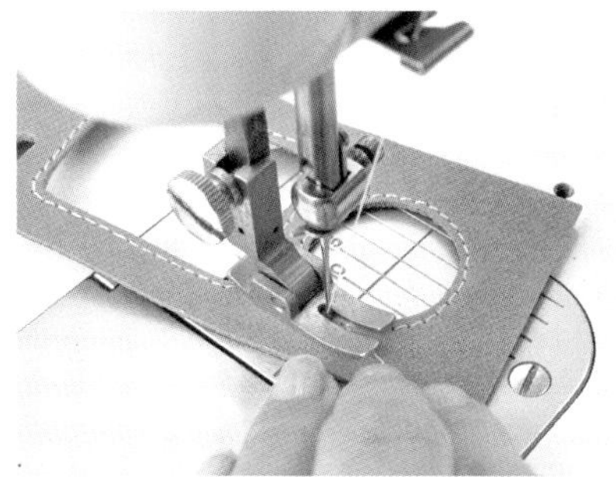

15 最後將車縫針插入第一個縫孔。不需回縫，參考步驟12、13整理線頭。

# 安裝金屬配件

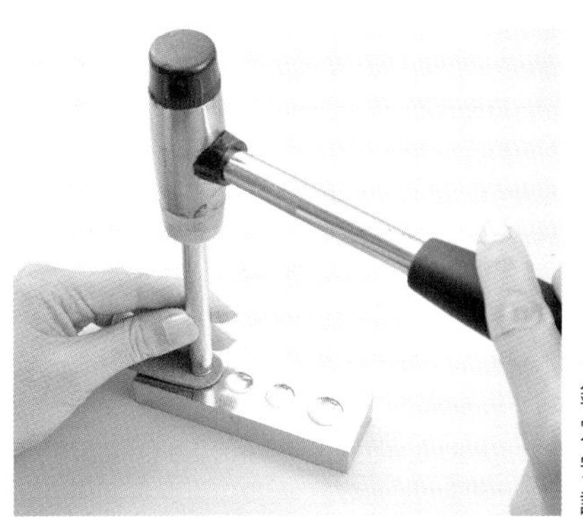

1 釘上彈簧部位固定在耳機座上。安裝配件及工具請參考P107。

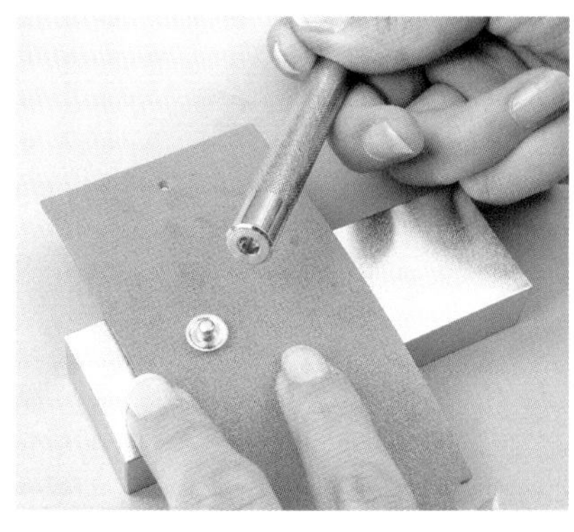

2 四合釦的釦腳套在本體上。安裝彈簧部位和釦體部位時，使用不同的斬具。

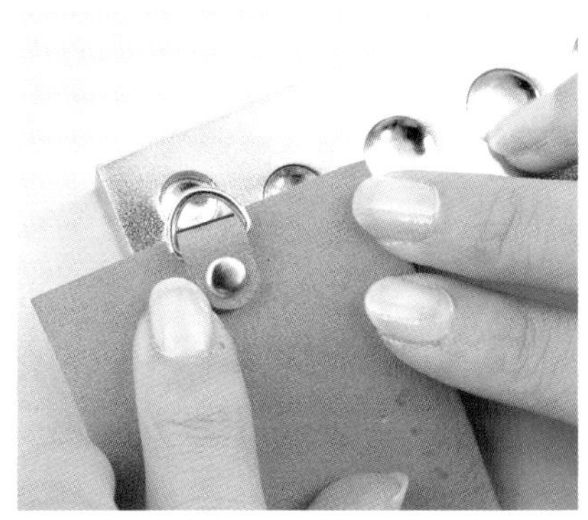

3 扣帶和本體邊緣對齊，利用雙面固定釦將D型環固定在本體上。

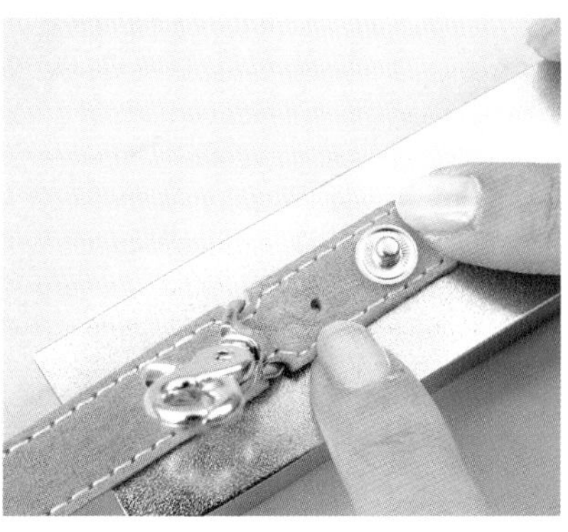

4 活動鉤套在吊帶上，再將四合釦的釦腳固定在端部的釦孔中。

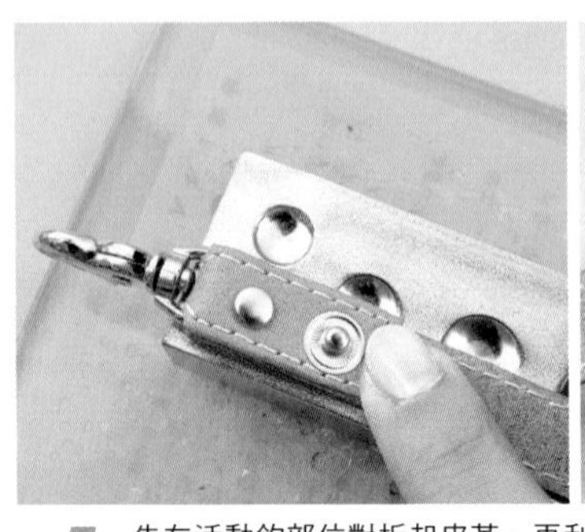

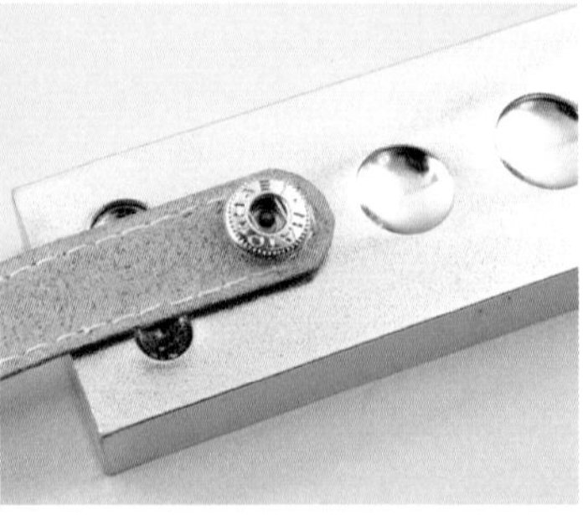

5 先在活動鉤部位對折起皮革，再利用雙面固定釦固定住活動鉤的下方部位。

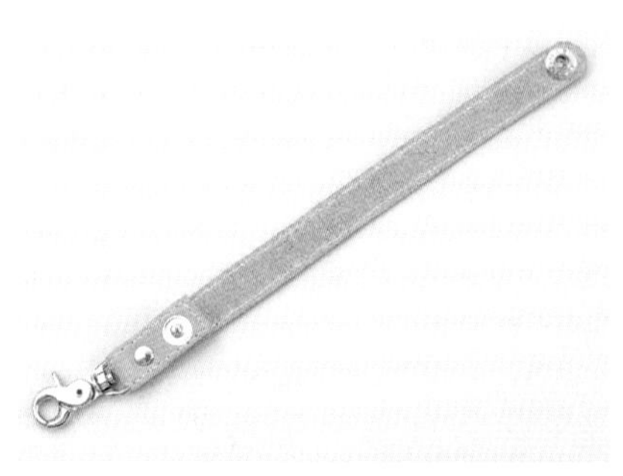

6 上圖為車上漂亮針目的吊帶完成後的模樣。

# 組裝各部位

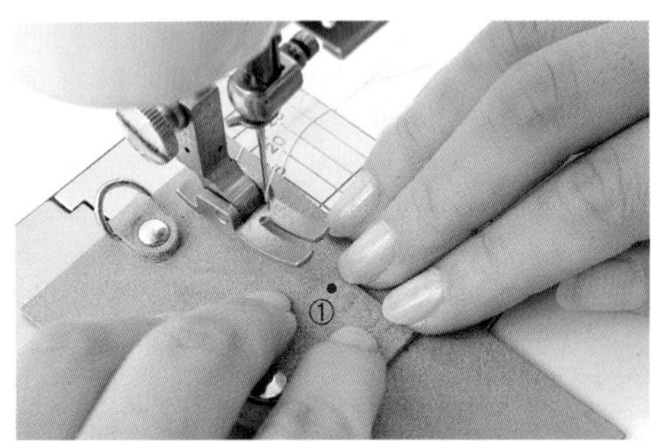


1 對齊耳機扣帶安裝位置，將車縫針插入距離邊緣1個縫孔前的①。

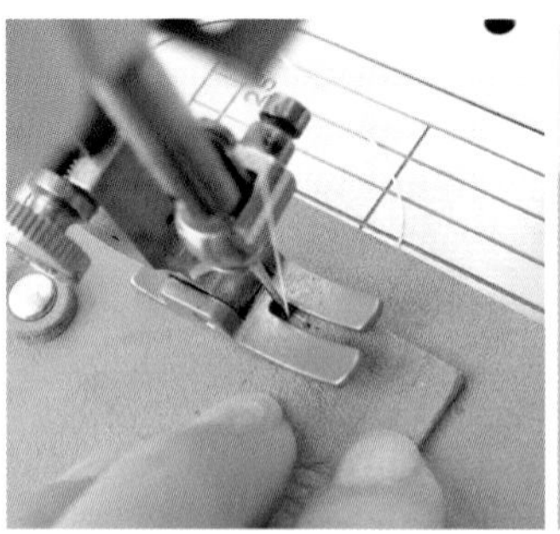

2 將車縫針插入後方，回到①的縫孔，再次插入後方之後才開始車縫。邊緣部分呈現出車縫兩次〝1針回縫〞狀態。

## Point 耳機扣帶的特徵

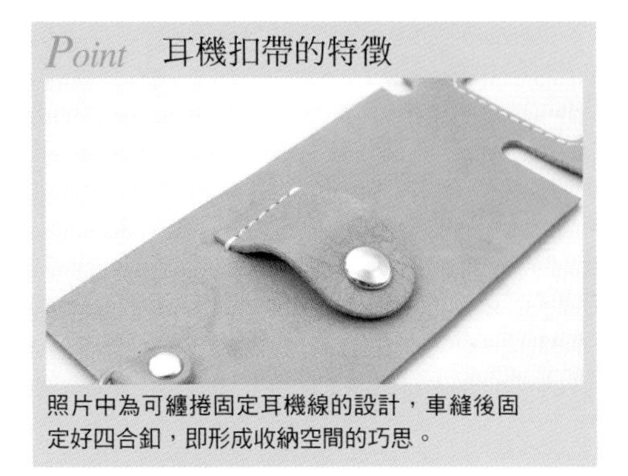

照片中為可纏捲固定耳機線的設計，車縫後固定好四合釦，即形成收納空間的巧思。

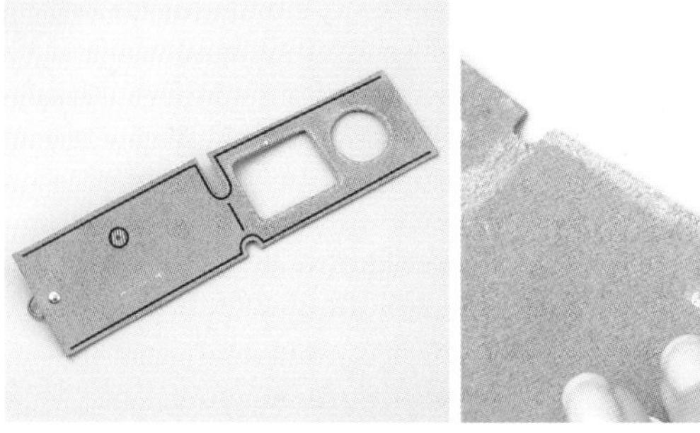

3 為了黏合覆蓋釦件部位的皮革、內側台座、本體縫合部位，用砂紙打磨已整磨過一次的肉面層以提升強力膠黏合效果。

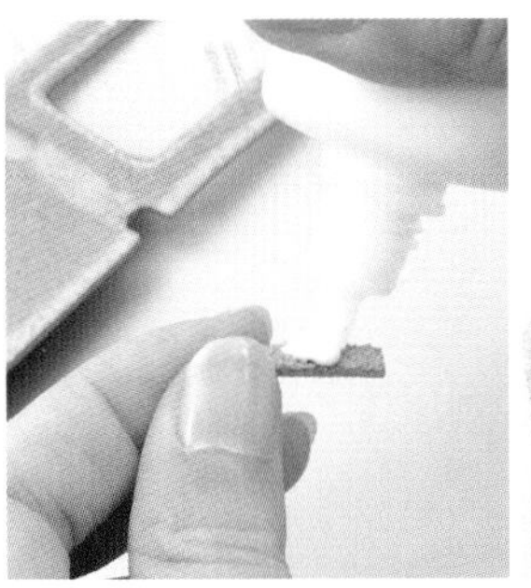

4 內側台座部位的肉面層和本體上都塗抹白膠，等微乾後黏合。

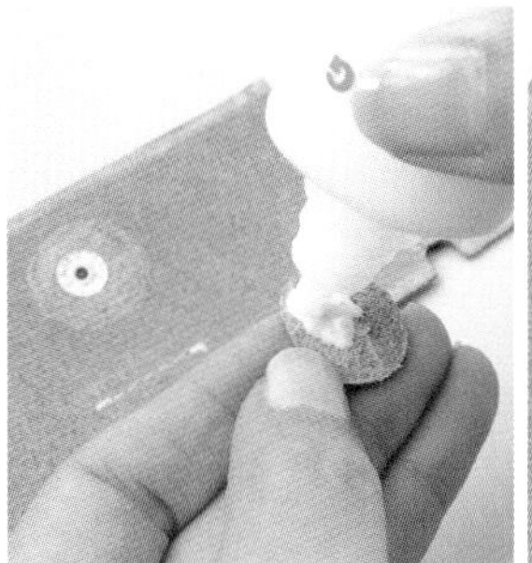

5 釦蓋部位的皮革和已打磨的本體部位上也都塗抹白膠後黏合。

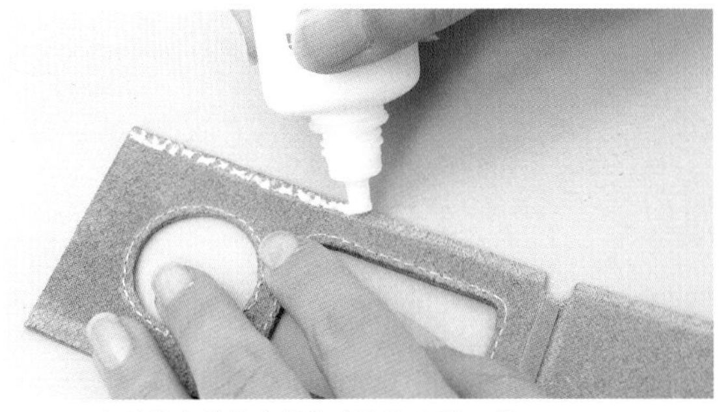

6 本體與本體縫合部位也塗抹白膠。儘量薄薄地塗抹。

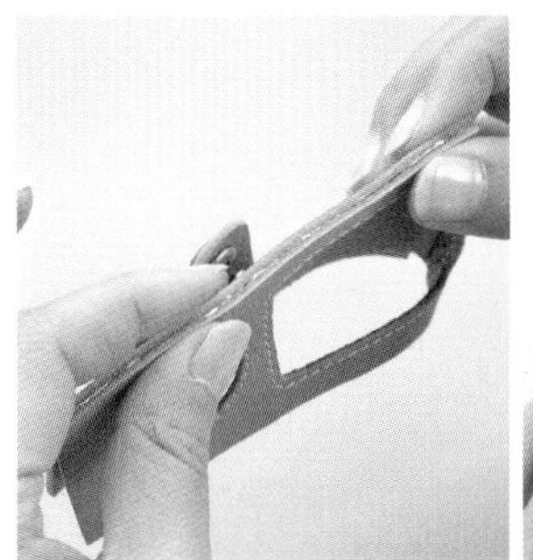

7 在白膠呈現半乾狀態下對齊端部並黏合，再以木槌敲打以促使緊密黏合。

# 車縫本體的側邊

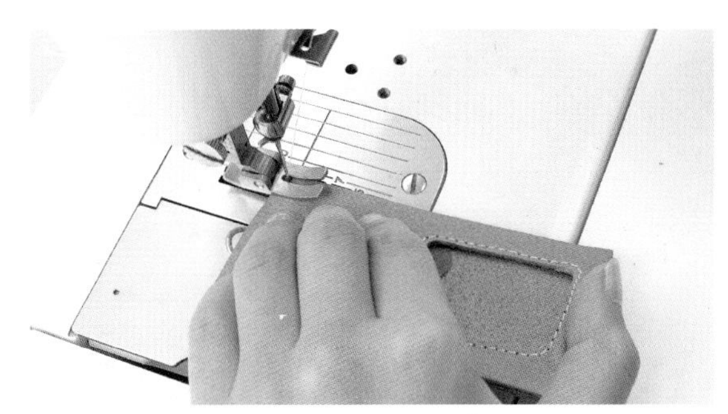

1 與縫合耳機扣帶時一樣，從距離邊緣1個縫孔前的3mm處開始車縫。

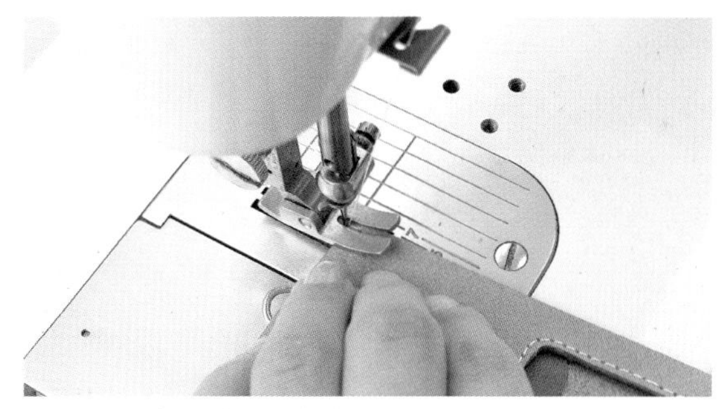

2 縫針插入裁切面部位，鉤住下線後回到第1次插針的縫孔，共回縫2回。

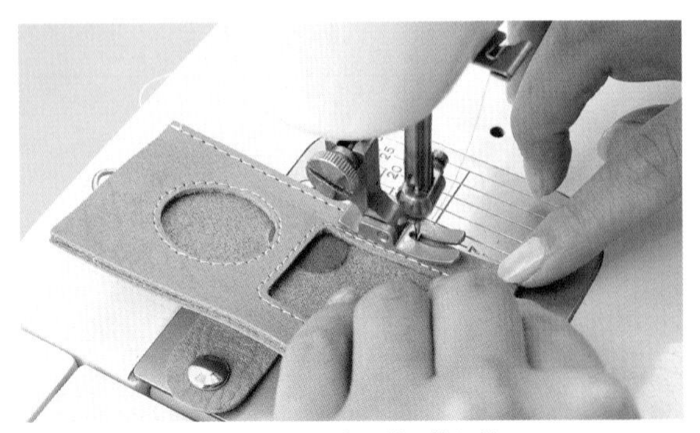

3 依序車縫距離邊緣2㎜處。將耳機扣帶壓向側邊比較容易車縫。

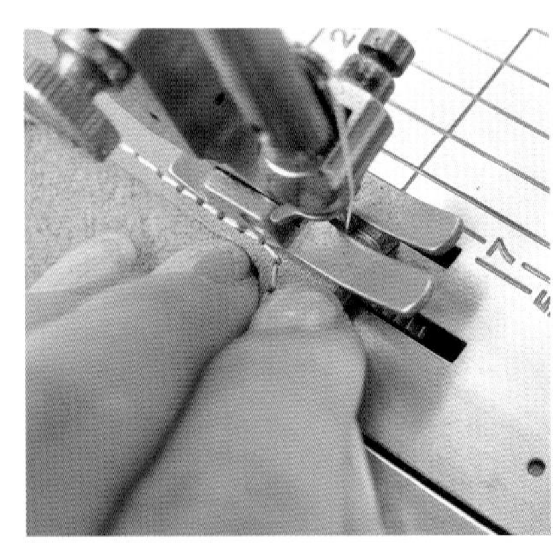

4 最後部分時也必須留意，車縫針必須插入相同的縫孔，並回縫1針，共回縫2回。

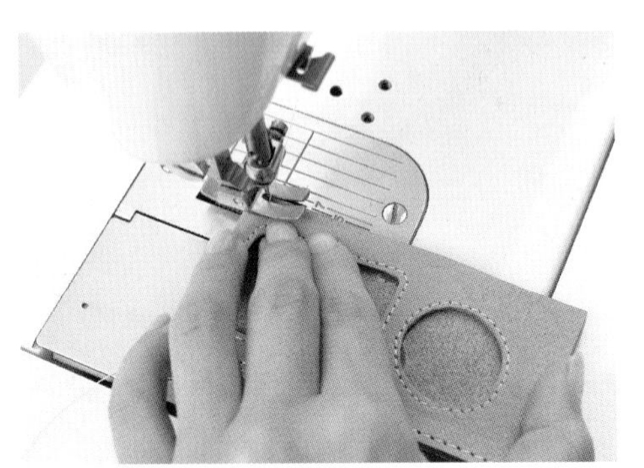

5 為了使作品正面部位朝上車縫，另一側從相反方向開始車縫。

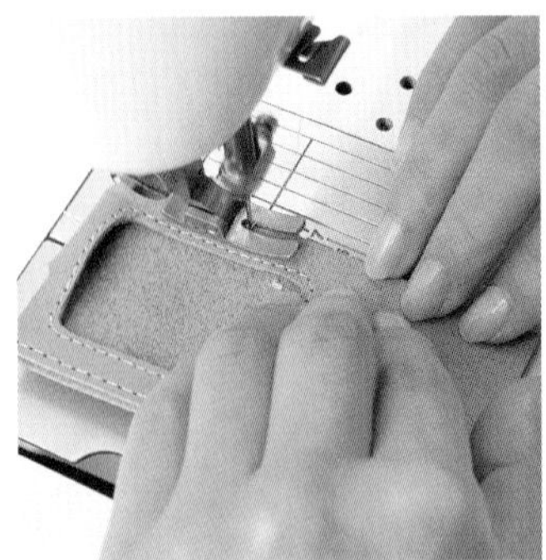

6 車縫另一側時也必須邊留意步驟1～4的注意事項。還不是很習慣縫紉機的人，慢慢地車縫即可縫得很漂亮。

7 拉緊裡側的下線，再將上線拉向裡側。採用整理線頭後溶黏的固定方法時，將線頭留長一點，操作起來更方便。

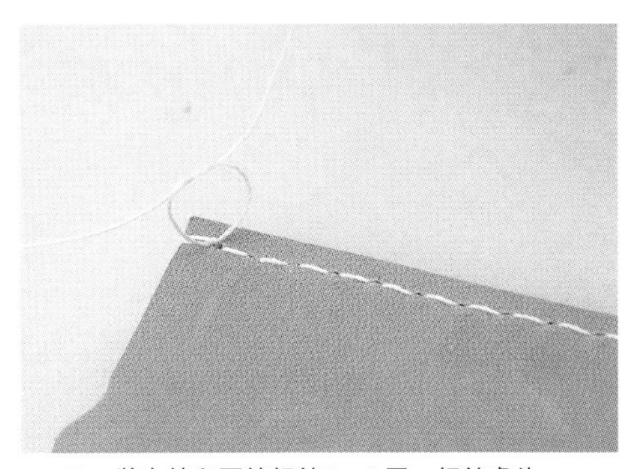

8 將上線和下線打結2～3回。打結處位於扎針處上方，線頭就能收得漂亮。

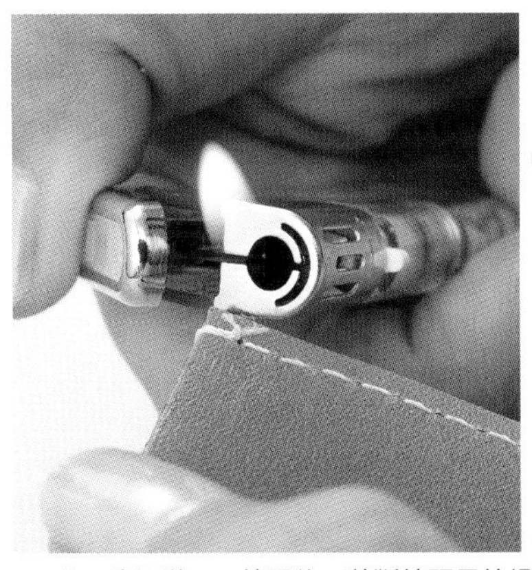

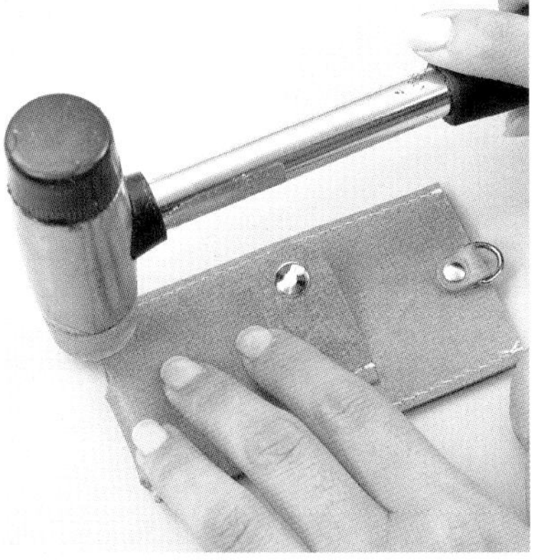

9　留下約2㎜線頭後，剪斷線頭用燒燙以促使線頭融熔。線頭融熔速度快，發現融熔時必須馬上用槌子敲打以固定住線頭。

## 打磨皮革裁切面

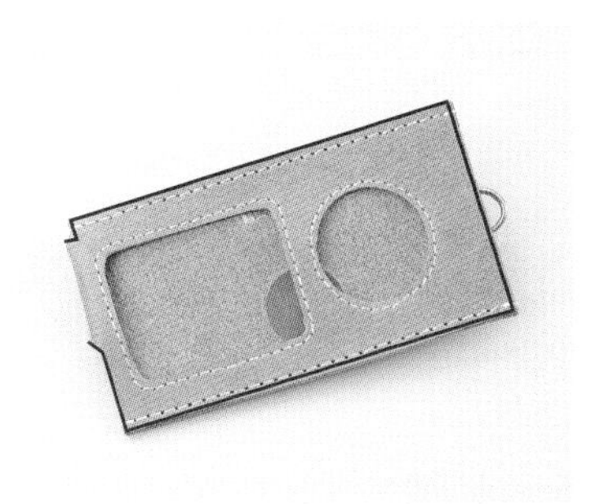

1　紅線為尚未打磨裁切面的部位，必須打磨此部位以完成作品。

1　首先，利用砂紙打磨，將表面磨得非常平整。

3　用手指將透明床面處理劑塗抹在皮革裁切面上，再利用磨緣器等打磨裁切面。塗抹時務必小心避免抹到皮面層。

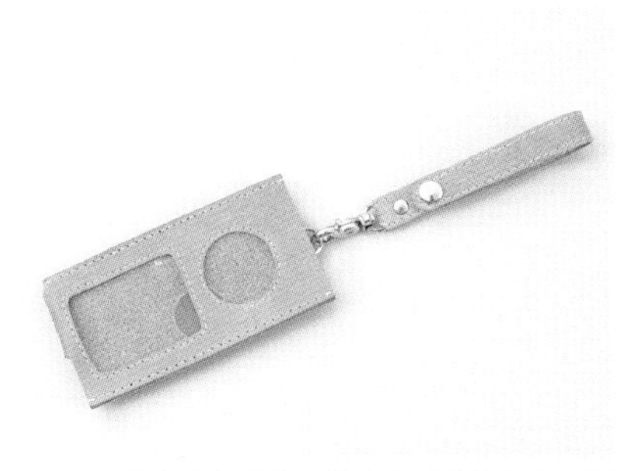

4　將事先完成的吊帶上的活動鉤扣在D型環上即完成作品。

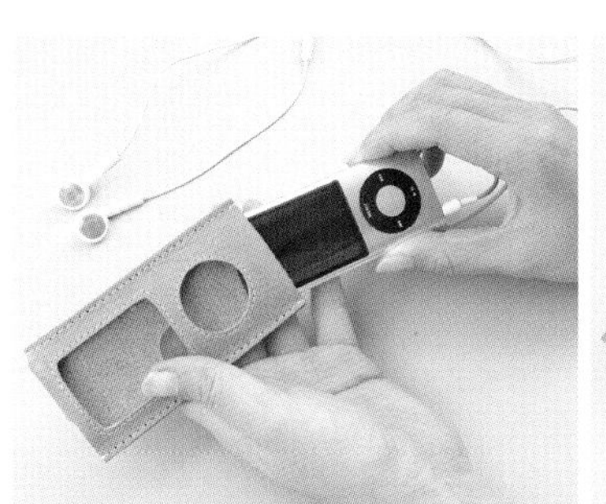

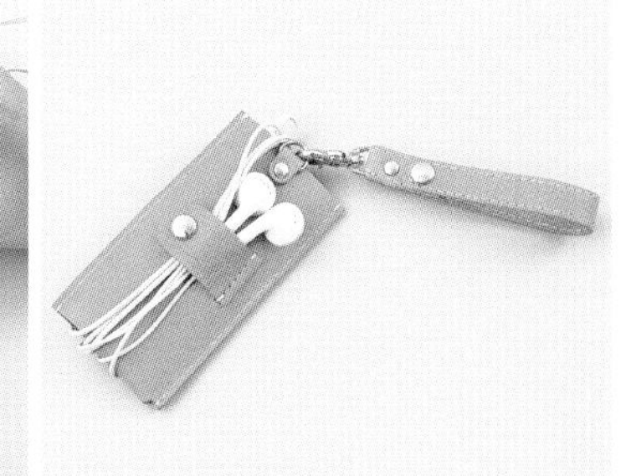

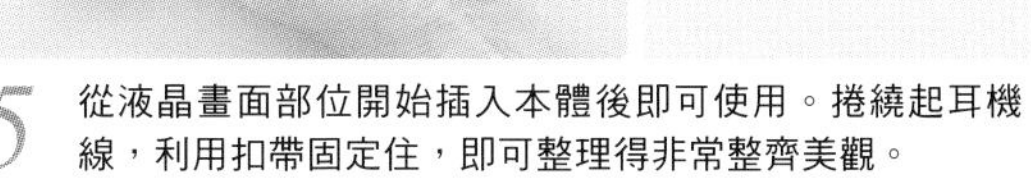

5　從液晶畫面部位開始插入本體後即可使用。捲繞起耳機線，利用扣帶固定住，即可整理得非常整齊美觀。

# 數位相機皮套的作法

以觸感光滑細緻和顯色效果絕佳為重要特徵的鉻鞣革，輕易地做出數位相機皮套。皮革與裡布之間加入雙面棉襯以及縫上可擺放SMART MEDIA（簡稱SM卡）的內袋，實用性非常高。從皮革色澤或裡布圖案上發揮點巧思，製作一個專屬於自己的數位相機皮套吧！

製作 SOVGA

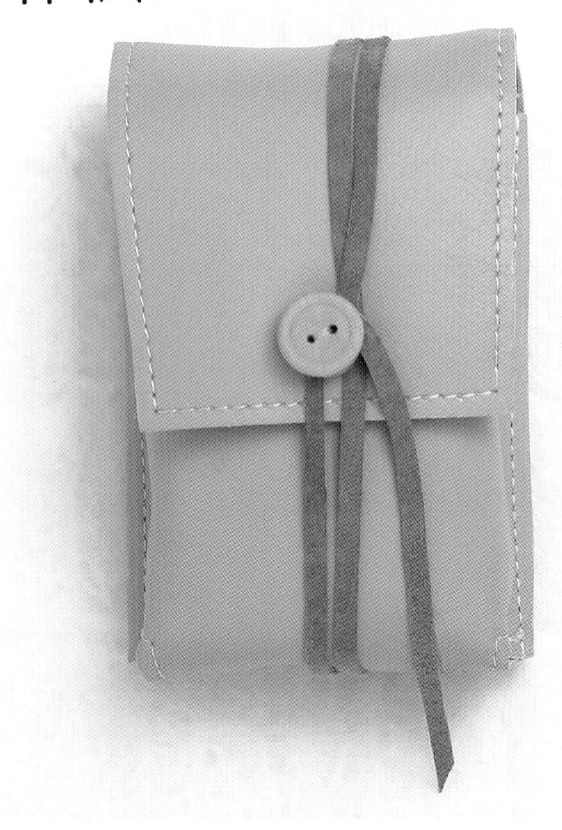

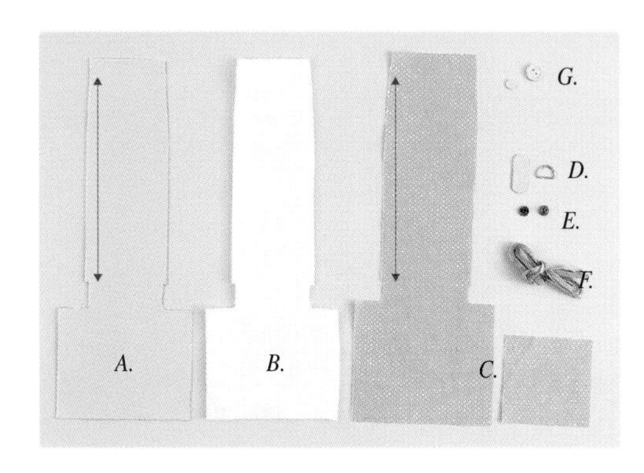


## 材　料

*A*：鉻鞣牛皮（厚1.6㎜）150㎜×340㎜。*B*. 雙面棉襯（薄）150㎜×340㎜。*C*：平織棉布（裡布）150㎜×340㎜。*D*：D型環（內徑12㎜）2個。*E*：雙面固定釦[中]（ϕ9㎜）1個。*F*：麂皮繩（寬4㎜）650㎜。*G*：釦件（直徑14㎜）1個。聚酯材質的車縫線＃30。

## 製作要點

裁好皮革和平織棉布材質的裡布，裁剪方向為可往箭頭方向伸縮。使用的皮革比較大張時，約略裁好輪廓後才正式裁切更方便裁斷。其次利用剩下的皮塊裁出固定D型環的扣帶和用於固定釦件的小皮塊。裡布用料可依個人喜好選用，不過格紋裡布比較不好搭配。

# 紙　型

請將紙型放大300%後使用。採用車縫方式時，先在紙型上描出導引線，並以圓錐等工具鑿孔，再利用銀筆在皮革上描上該點，縫合起來更方便。使用這回的紙型即可做出可容納寬110×高58×厚23㎜的照相機。

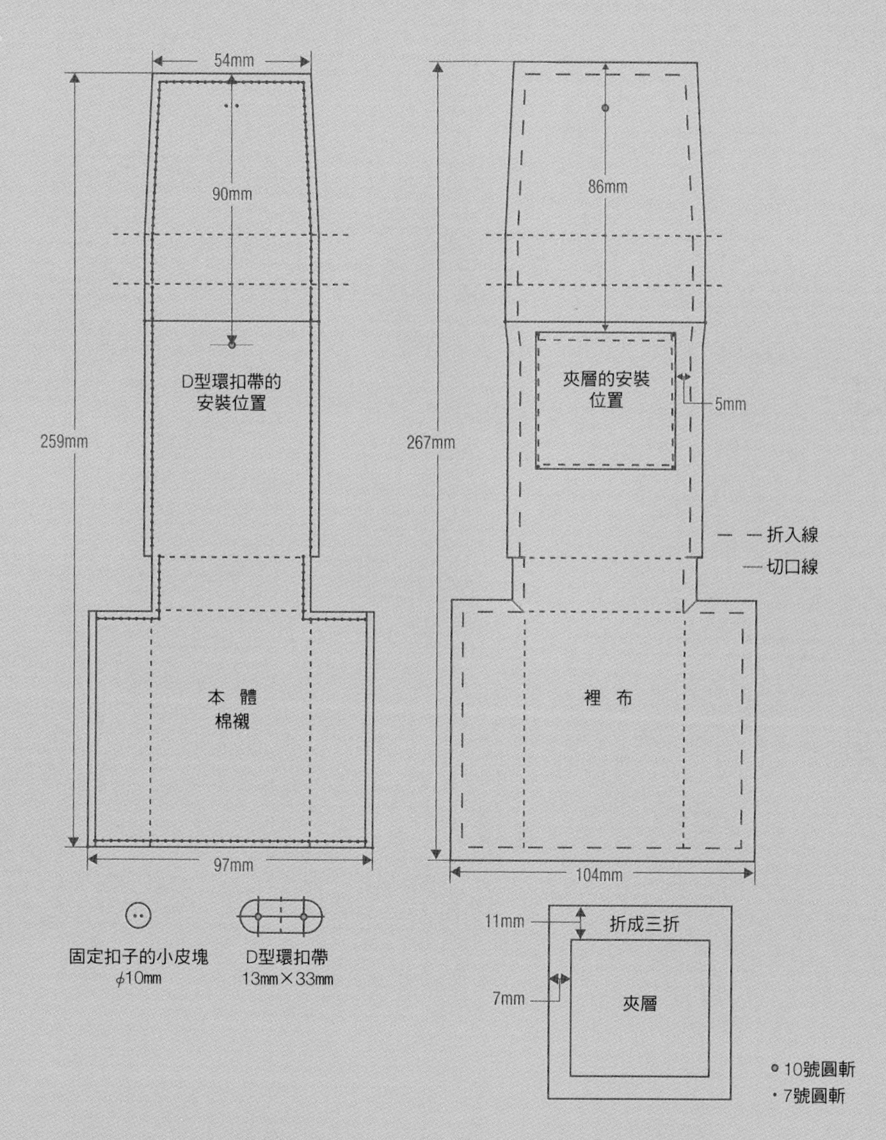

# 將夾層車在裡布上

*1* 將透明的塑膠板等擺在紙型上，然後正面朝下，將裡布鋪在紙型上。

*2* 裡布上壓著文鎮，在距離布邊約5㎜處，薄薄地塗上白膠。

*3* 紙型上的線，折起裡布後黏合。稍微擺放以便陰乾膠料。

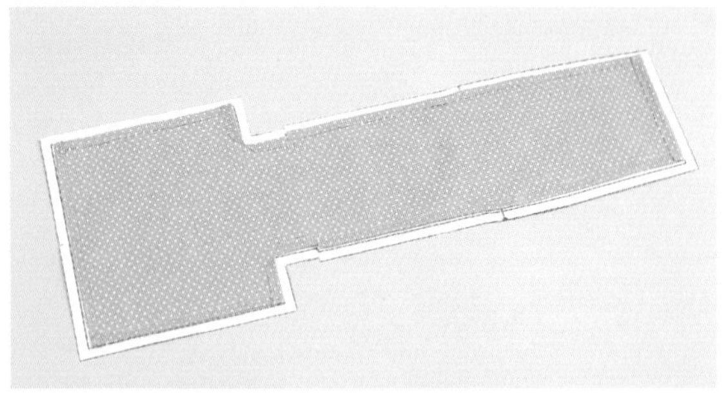

*4* 照片中為裡布的邊完全貼好後狀態。因步驟*1*時擺在塑膠板上，因此紙型上不會沾到強力膠。

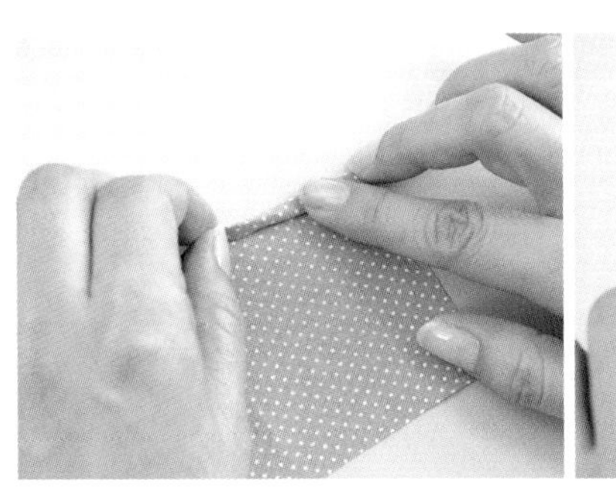

*5* 準備夾層。夾層上方、放置SM卡入口部位，折成三折以避免縫線鬆脫。

*6* 夾層兩側和下方依照紙型中記載壓出摺痕。

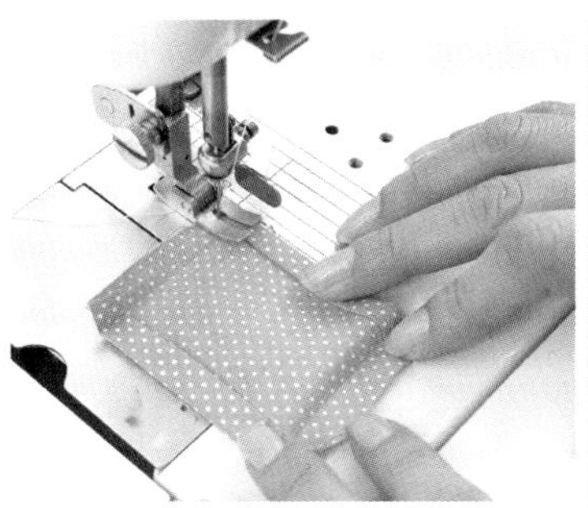

7 車縫折成三折的夾層開口部位，最初和最後回縫2～3針。車縫距離摺痕1㎜處，即可車出漂亮的外觀。

8 對齊描在裡布上的記號，以珠針固定住。避免上下顛倒。

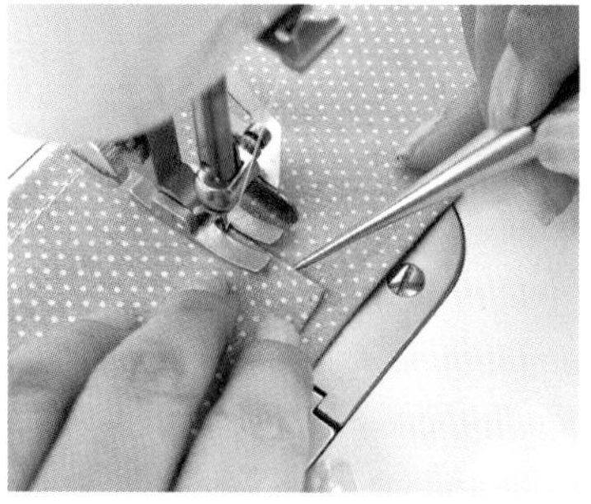

9 縫上夾層，入口部位回縫3針。車縫折合部位時，邊車縫邊利用錐子調整端部。

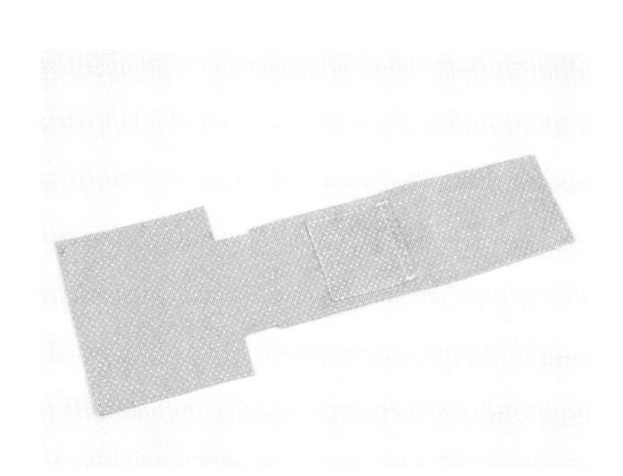

10 車縫夾層後即完成內裡準備工作。

# 準備棉襯

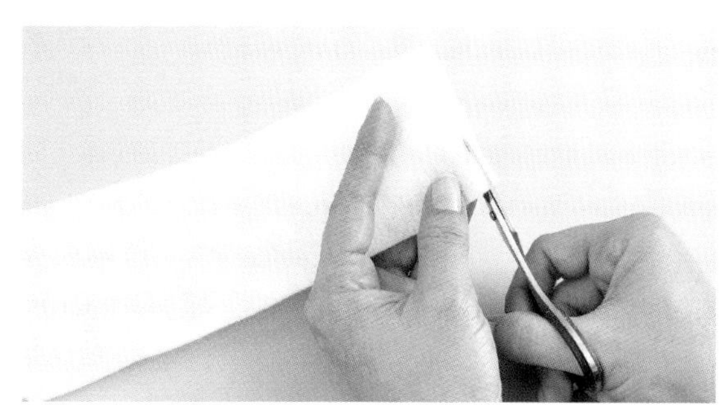

1 配合本體皮革的紙型，裁剪棉襯後，每邊分別修掉5㎜。

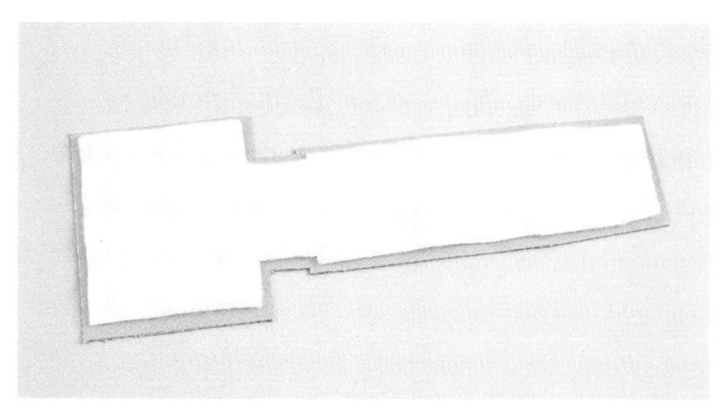

2 由於比皮革小5㎜而降低車縫部位的厚度，所以縫合皮革與裡布時更輕鬆。

# 修整裁切口

1 將透明床面處理劑塗抹在皮革的裁切面和距離肉面層邊緣約3㎜處，磨擦入纖維之中以降低起毛現象，仔細處理表面。

2 調配壓克力顏料，調出皮面層色澤，利用質地較硬的海綿等工具，以拍打方式，將皮革裁切面染上漂亮色澤。

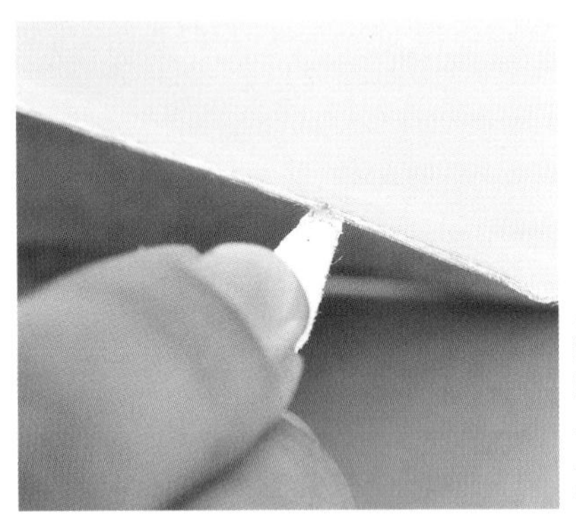

3 裁切面塗上2圈顏料。像要埋入皮革纖維似地拍入顏料後輕輕撫平，仔細處理。

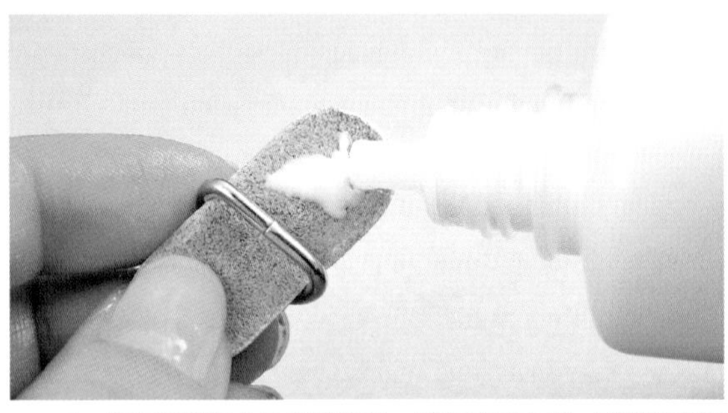

4 將D型環套入D型環扣帶，然後塗抹白膠，再對折起扣帶部位並黏合。

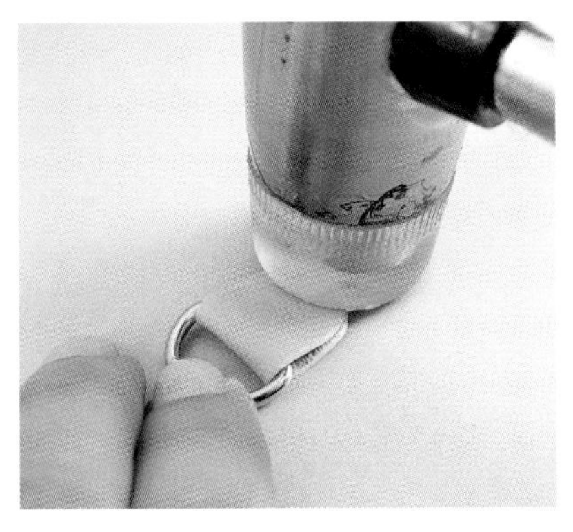

5 利用鐵鎚輕輕敲打以促使皮革緊密黏合。

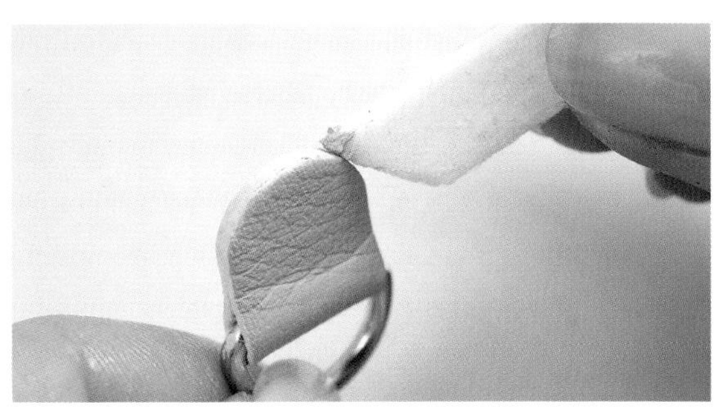

6 利用透明床面處理劑黏合皮革裁切面後，以拍打方式，將顏料塗抹在步驟4的黏合部位以染上漂亮色澤。

# 對齊各部位

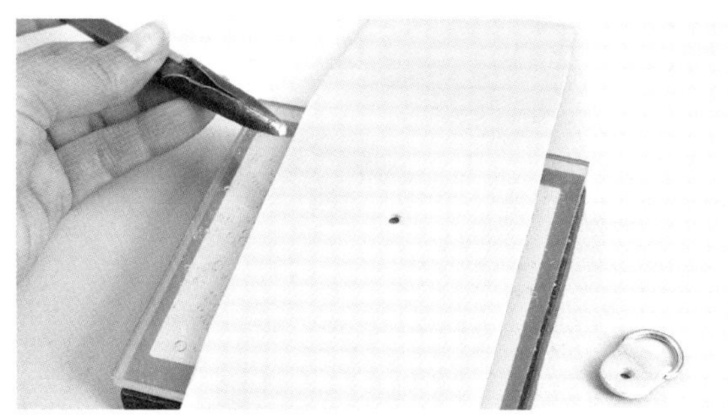

*1* 利用10號圓斬，在D型環扣帶和本體皮革上打孔。

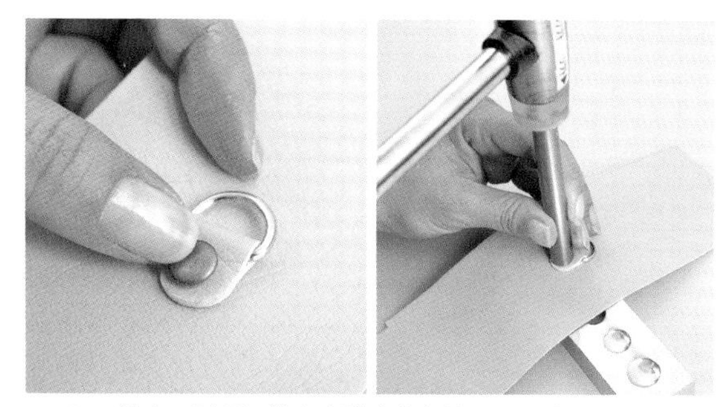

*2* 對齊D型環扣帶和本體皮革上的孔，以雙面固定釦固定住。此部位皮革厚達3層，必須使用釦腳較長的固定釦。

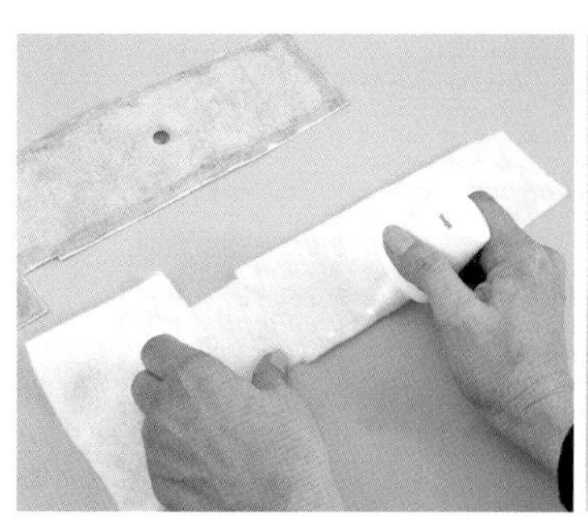

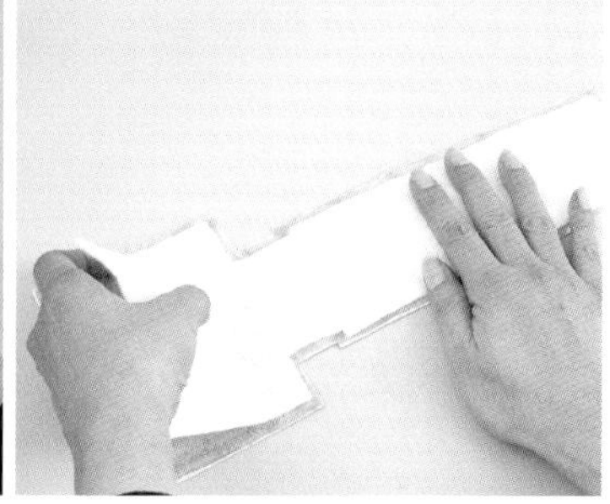

*3* 抹上白膠，暫時黏合本體皮革和棉襯，更方便後續作業之進行。在棉襯表面點上白膠後，黏貼於皮革中心。

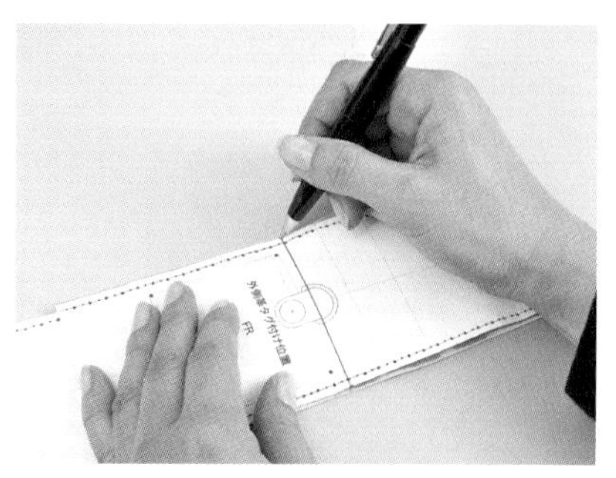

*4* 將紙型與本體背面對齊，用銀筆做記號，標出相機皮套的蓋子折返部位。

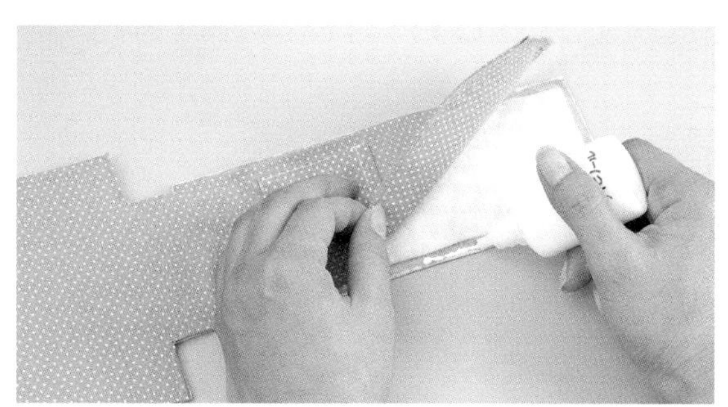

*5* 將白膠抹在肉面層上，然後黏合裡布，一直黏到相機皮套的蓋子折返部位為止。

*6* 皮革與內裡完全重疊在一起似地，黏合蓋子部位。用錐子壓住，更容易對齊角落部位。

7
與內裡完全重疊後，利用錐子的柄部緊壓以促使緊密黏合。

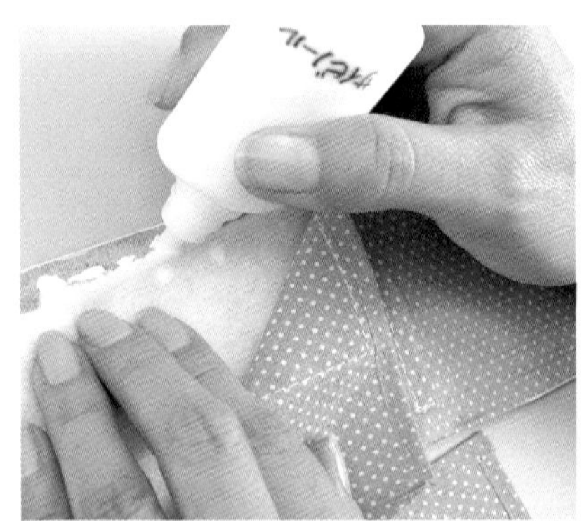

8
黏合後成形的部位塗抹白膠，從皮革裁切面一直抹到內側棉襯邊緣為止。

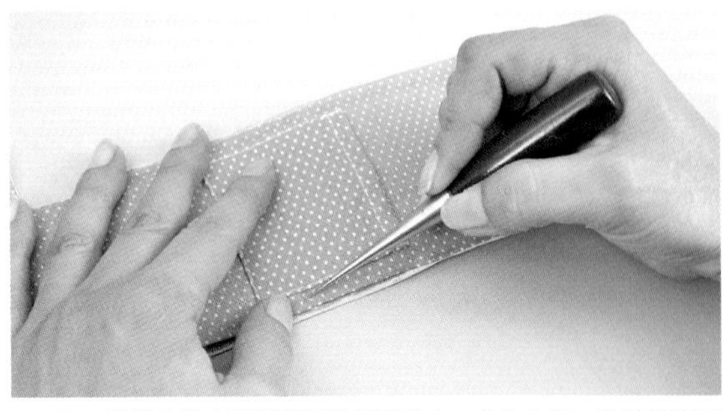

9 將裡布貼在距離皮革裁切面約1㎜處的內側。黏貼時利用錐子，邊留意位置邊慎重地黏貼。

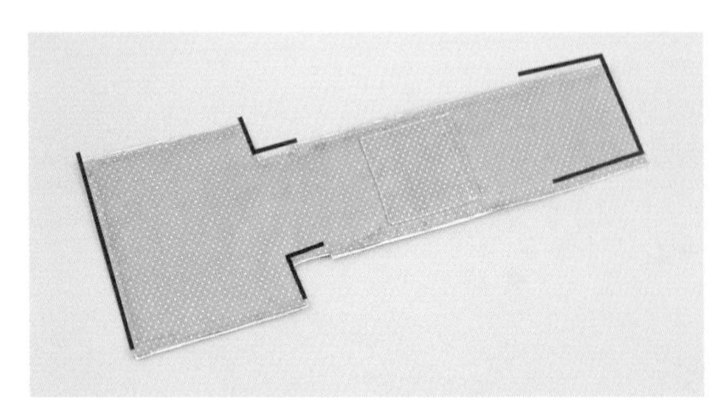

10 紅線部位的皮革和內裡邊緣確實重疊並黏貼。上圖中，內裡、棉襯和皮革完全合而為一。

## 車縫針目

1 對齊紙型，描好導引線以便車縫皮套底部和開口部位。

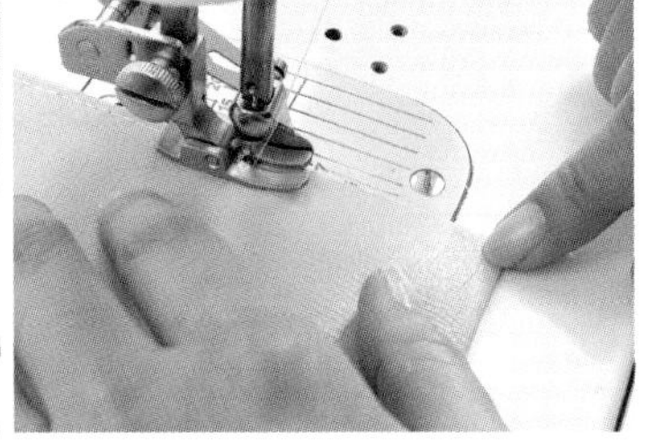

2 透過試縫，確認縫紉機與縫孔狀況後，從開口部位開始車縫。皮革在上，起縫和終點必須回縫2針。

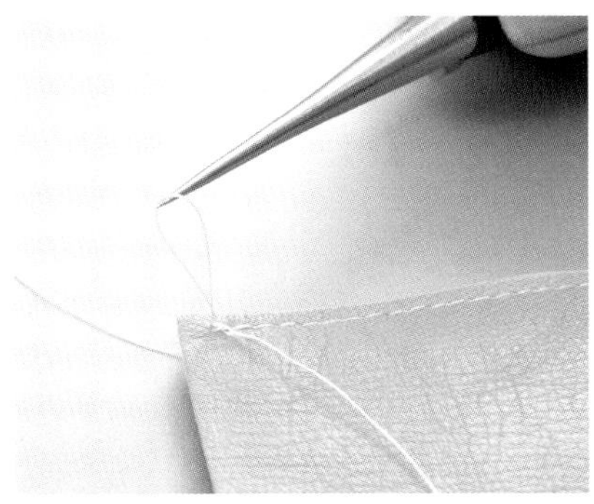

3 車縫至終點時，拉緊上線，將下線引出表側。

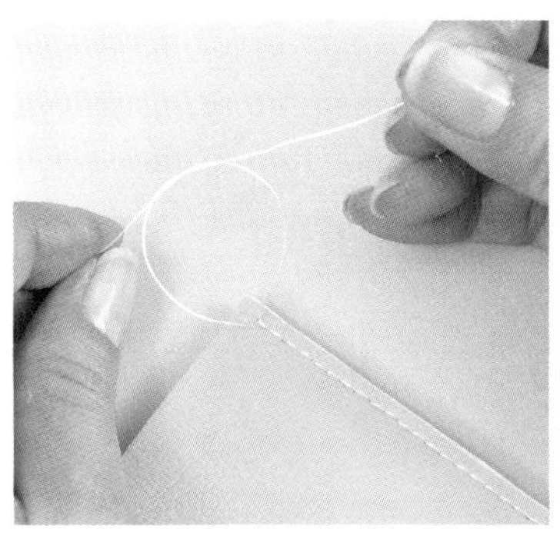

4 將拉到表側的2條縫線打結2回，於打結處調整到端部的針目上。讓打結處拉到縫孔上方，處理線頭後更美觀。

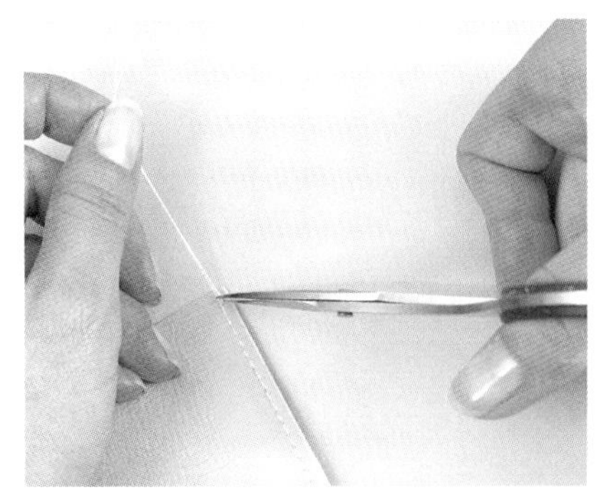

5 留下2㎜縫線後利用剪刀剪斷縫線。

6 利用打火機燒燙線頭，溶化線頭後以鐵鎚敲打，將線頭埋入縫孔中以固定住線頭。

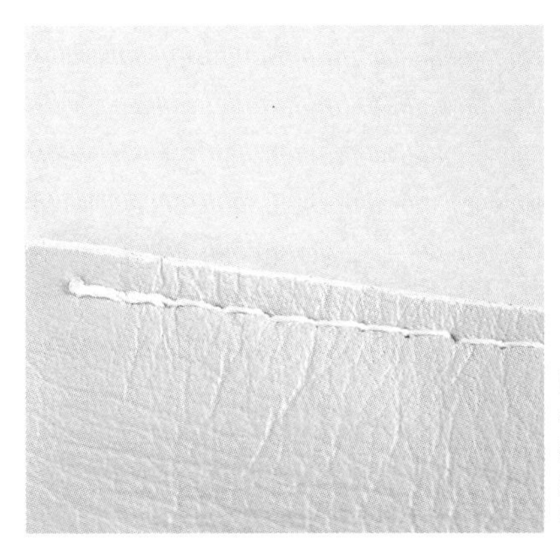

7 圖中為固定線頭後狀態。採用燙黏方式，因此線頭固定在表側而不是在裡側。

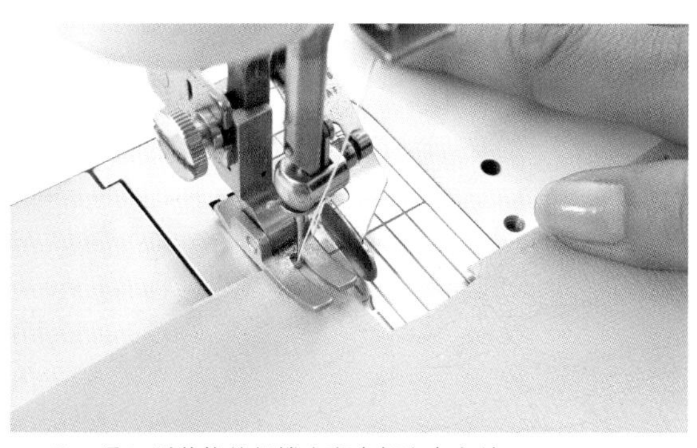

8 呈L型狀態的相機皮套底部也車上針目。沿著記號車縫，最後回縫2針。

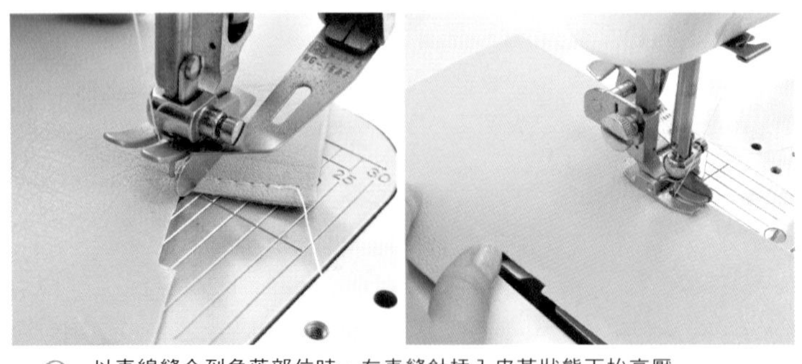

9 以直線縫合到角落部位時，在車縫針插入皮革狀態下抬高壓腳，轉動皮革繼續車縫另外一邊。

10 起縫和終點都必須回縫2針，請參考步驟3～6，處理線頭。

## 縫合

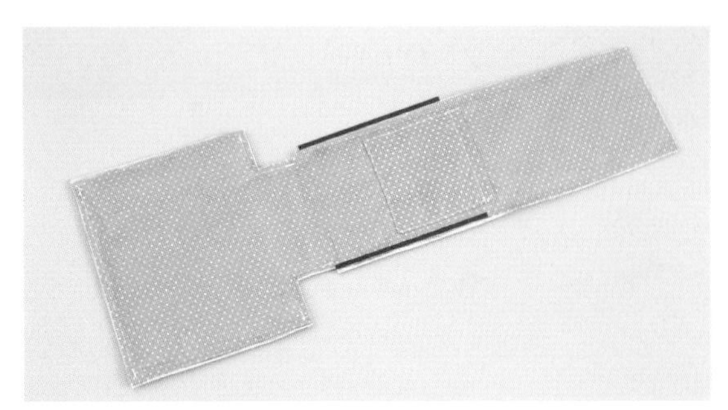

1 在紅線位置塗抹膠料後縫合並整理出套子形狀。

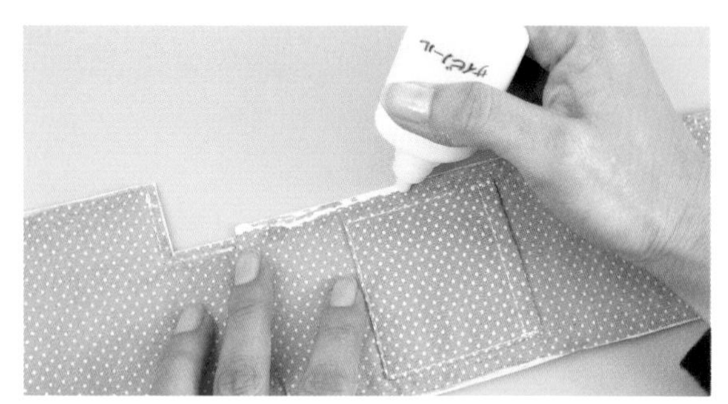

2 將白膠抹在P164步驟9時將裡布貼在1㎜內側之部位。

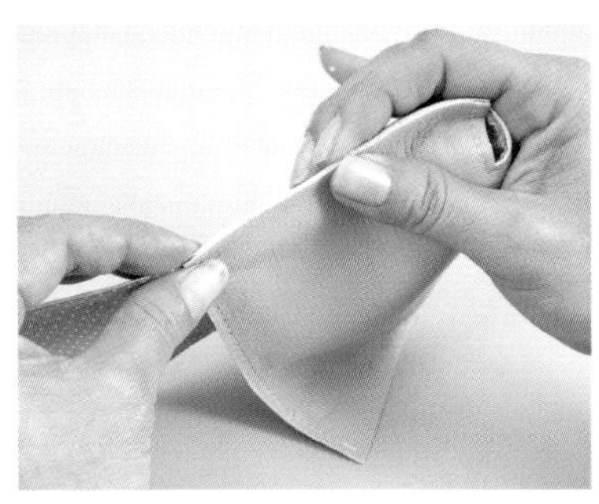

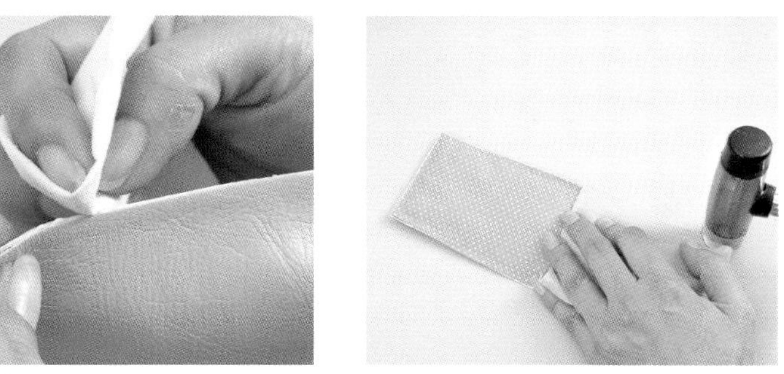

3 將底部的裁切面、開口部位和紙型對齊後，瞄準事先做好的記號後黏合。用質地柔軟的布塊，將溢出邊緣的白膠擦乾淨。

4 利用鐵鎚敲打促使緊密黏合，以避免步驟3黏合部位出現落差。

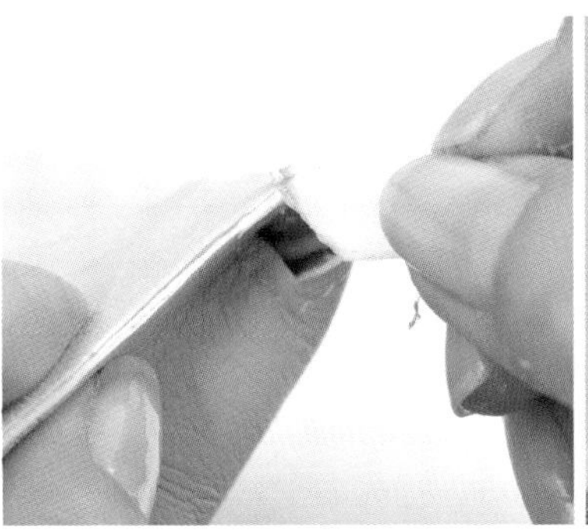

5 因黏合部位的皮革裁切面出現高低落差而必須分好幾次敲入顏料。上圖（左）：塗抹顏料後狀態。（右）：黏合後狀態。

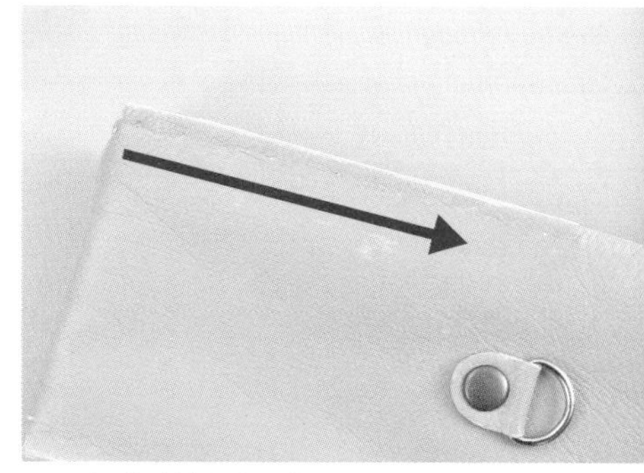

6 等塗抹在皮革裁切面上的顏料確實乾了以後才依箭頭指示縫合。

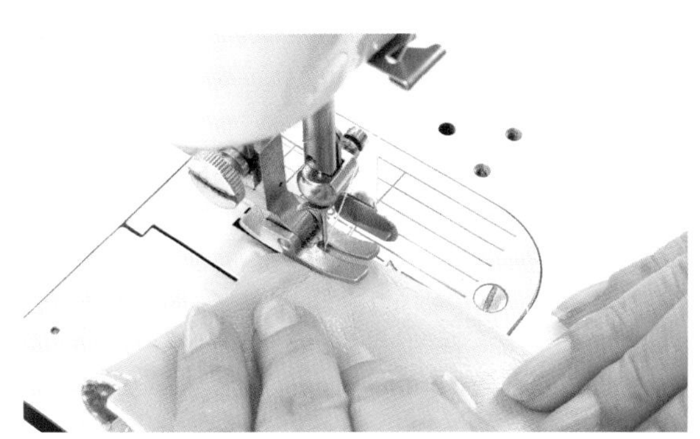

7 先將縫針插入邊緣起算第1針的內側後車縫1針，然後回縫2針才繼續車縫。

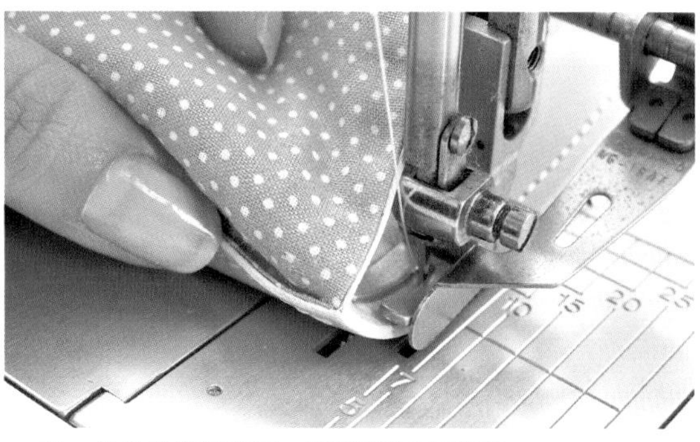

8 慢慢地往前車縫，車到套子入口和蓋子銜接處後，回縫2針以補強針目。

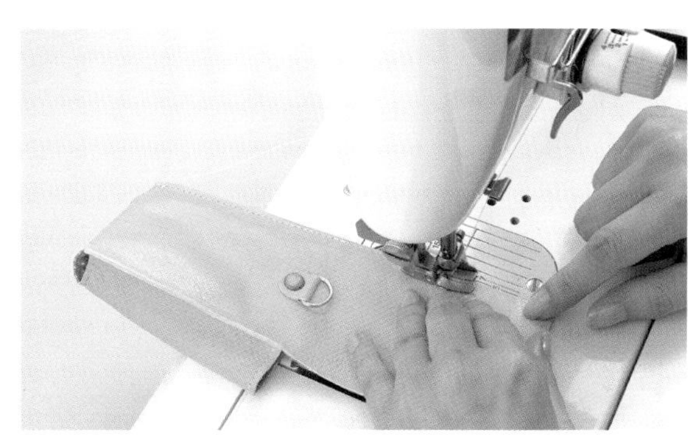

9 蓋子部位也經過車縫。因厚度降低而顯得容易，必須慢慢車縫調整縫線。

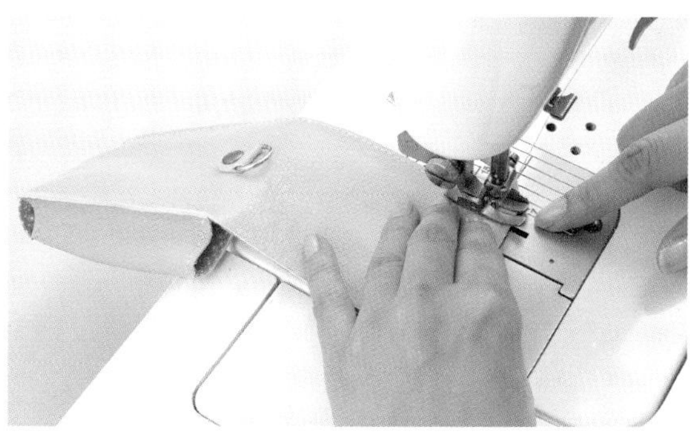

10 車縫到蓋子的角落部位時，暫時停止縫紉機，瞄準皮革上的記號。

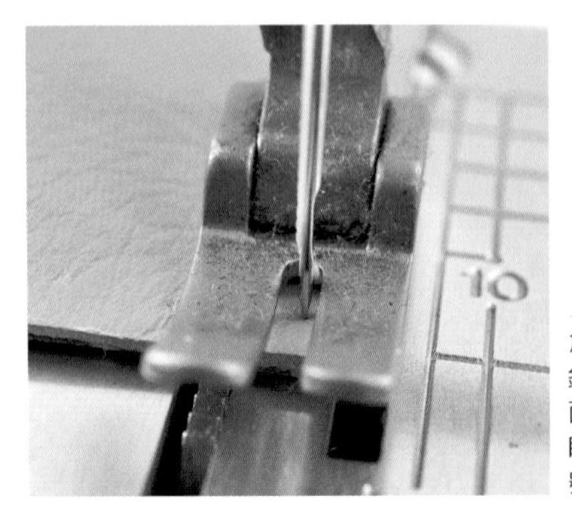


11 角落部位時，縫針輕輕地靠在皮面上，確認是否瞄準皮革上的記號後下針車縫。

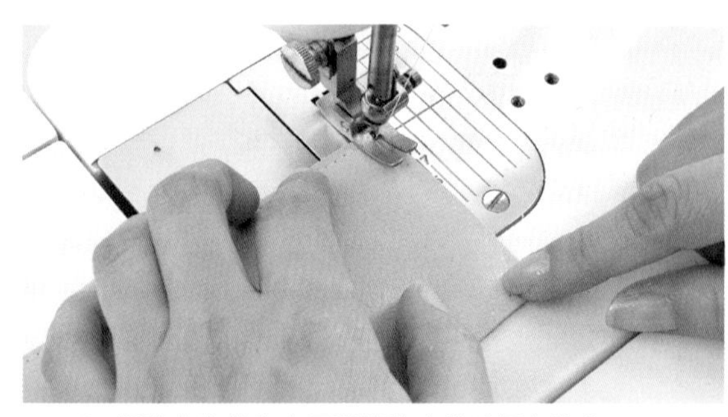

12 插著車縫針抬高壓腳轉動皮革以便車縫套蓋。車縫另一個角落時，也必須瞄準記號。

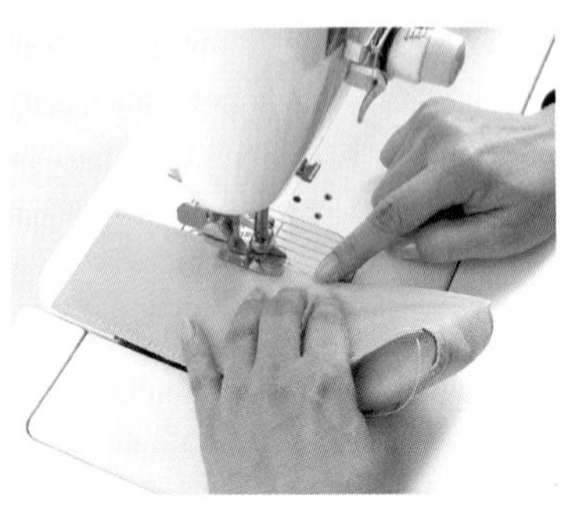

13 在2片皮革重疊在一起的部位回縫2針，一直車縫到套子底部。

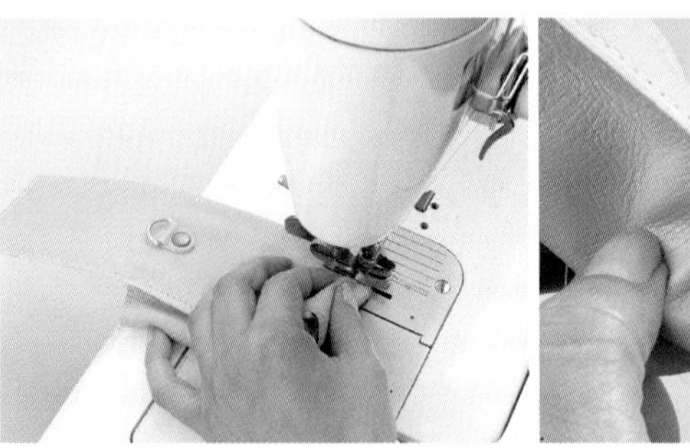

14 車縫到終點時也回縫2針，起縫和終點的線頭則參考P165溶黏的技巧。

## 釘上釦件

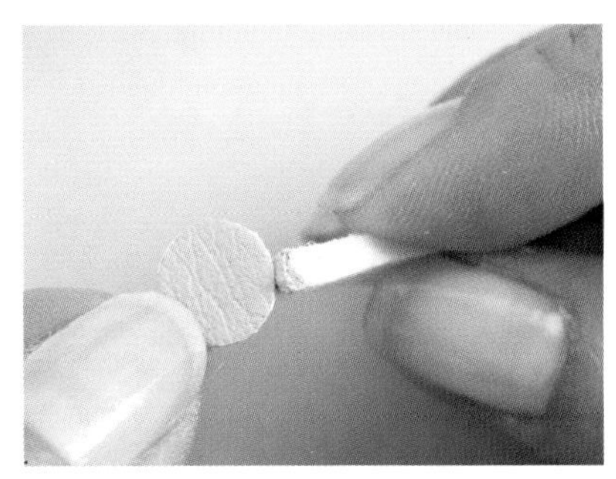

1 固定釦子的小皮塊裁切面塗抹透明床面處理劑後打磨，著色、陰乾備用。

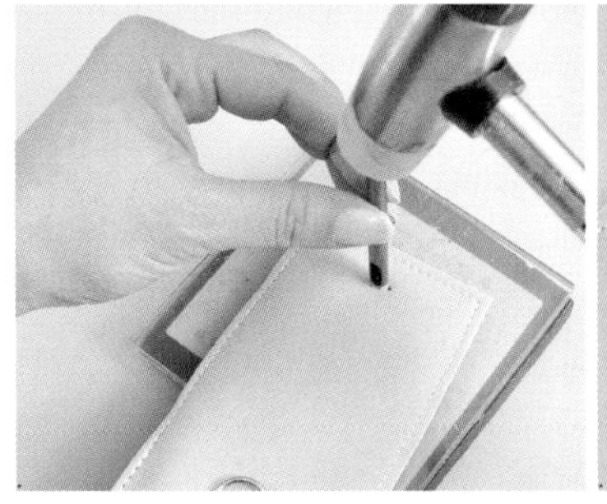

2 利用7號圓斬，分別在套子的釦件安裝部位、固定釦子的小皮塊和距離麂皮繩端部5㎜處打孔。

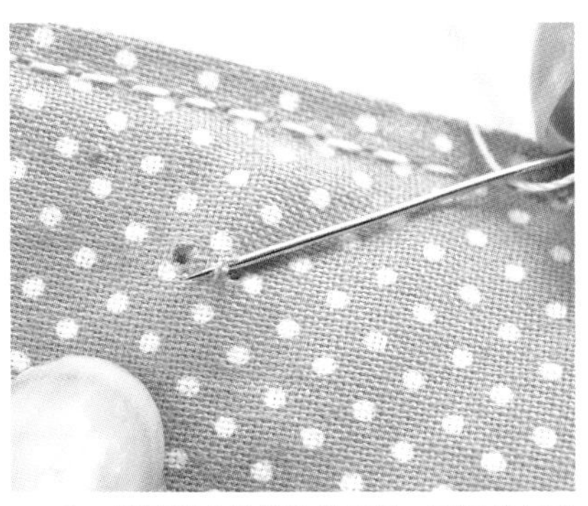

3 縫線穿入手縫針後打結，再將縫針穿過裡布上的孔，挑起裡布拉出縫線。

4 將縫針穿過本體上的孔洞後，拉到表側以便將皮繩縫在本體上。分別於左右縫上3～5針，確實固定後將縫線穿向裡側後打結固定住線頭。

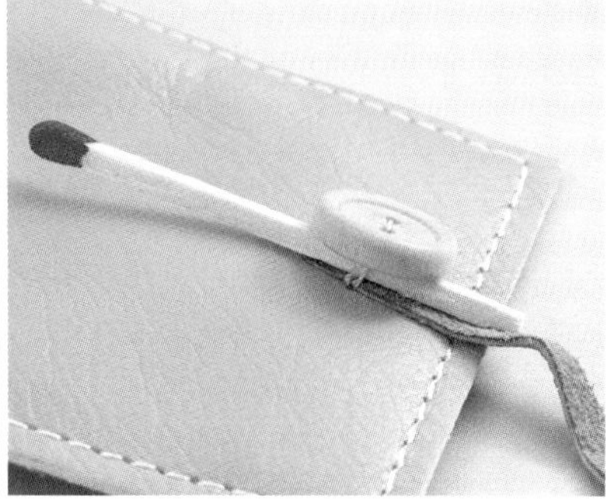

5 縫針從裡側穿出，穿過釦孔後插入裡側以便固定住釦子。利用火柴棒等調節縫線，以便鈕釦下方形成釦腳狀態。

6 將回到裡側的縫線穿過小皮塊，縫針穿向表側以便固定住釦子。

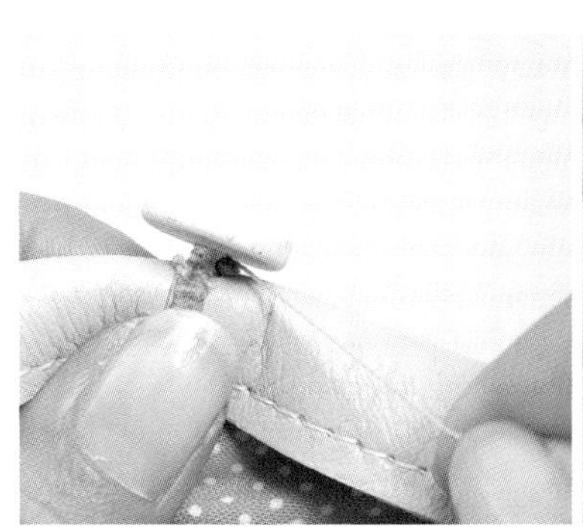

7 縫上3～5針後，拔出火柴棒，然後在呈釦腳狀態的縫線上纏繞數圈後拉緊縫線，再將手縫針穿向裡側，於固定釦子的小皮塊裡側打結後固定住。

8 數位相機皮套完成後狀態。可將裡布、釦件、皮繩等換成自己喜歡的素材。

# 小皮件永遠保持乾淨漂亮的方法

小皮件經過維護保養，除可保持得像新品外，還可享受到越使用越能展現出獨特韻味的種種樂趣。正因為是自己親手打造而越想做出經久耐用的好東西。本單元中要介紹的就是如此迷人的小皮件保養方法。

## 欣賞饒富變化的皮革風采

皮革原本為生物的外皮，非常容易受到乾燥或濕氣等種種影響。人們覺得自己的皮膚太乾燥時，就會利用護手霜等保養自己的肌膚。皮革的情形也一樣，補充油脂成分即可使皮革顯得更柔軟、更有彈性。建議兩、三個月保養一次，比較乾燥的冬季期間，每兩個月保養一次吧！其次，皮件淋到雨水時，絕對不能坐視不管，最好確實地擦乾水份，擺在陰暗處，等陰乾水份後才補給油脂成分。如前所述般，經過勤快的維護保養，皮革的風味就會慢慢地醞釀出來。

## 希望欣賞到皮革的迷人風采

**牛腳油**

有助於為皮革表面補充良質油份的加脂劑。具備增添皮革柔軟度和耐人尋味色澤等效果。最適合用於保養天然植鞣革。

1 以羊毛片沾取少量牛腳油後擦拭，質地柔軟不會刮傷皮革表面。

2 沾取牛腳油後，仔細地搓揉以便油脂均勻分布在羊毛片上。

3 將牛腳油均勻地塗抹在小皮件上。以塗抹兩次為大致基準。很可能因塗抹過度而造成損傷，影響皮革風味，務必留意。

## 希望皮件隨時呈現新品風貌

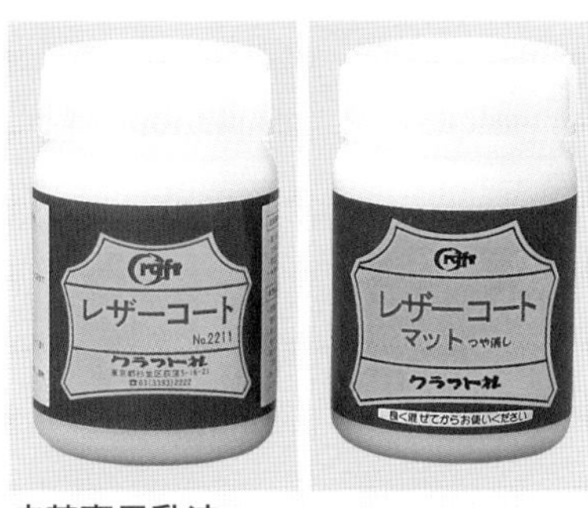


**皮革專用乳液**

不會產生煙霧，無毒性的水溶性保養劑。左為皮革亮光乳液，可增添柔美光澤。右為皮革霧面乳液，可消除光澤呈現出穩重氣氛。

1 以棉紗布沾取適量乳液後均勻地塗抹在皮革表面。可視使用的各部位皮革狀況，事先塗抹。

2 不希望類似馬鞍革等未經塗層處理的皮革表面上沾染汙垢時使用。

## 希望同時用於保養光面皮或染色皮

**皮革專用蠟**

富含保養皮革、營造光澤的高品質油脂成分，具備潤飾皮革或防止移染等效果，含蠟質成分，是保護皮革表面效果非常好的皮革保養油。

1 以棉布沾取適量皮革保養油後均勻地塗抹，以促使油質滲透入皮革裡層。

2 陰乾約30分鐘左右，再以乾棉紗布擦拭，即可在皮革表面營造出絕佳光澤或色澤。

3 擦拭後油脂成分就會滲入皮革裡層，蠟質成分留在皮革表面，保養出亮麗的皮面，亦適用於保養皮外套等物品。

# 材料&工具店家一覽表

## SHOP

專賣店有豐富的皮革材料及各式工具，找一家信任的店家成為你的補給工廠與諮詢夥伴吧！本書保留原來資訊供讀者參考與比較，讀者可就近尋找適合的店家去探險與摸索！

**And Leather浅草橋店** 東京都台東区浅草橋1-27-3
TEL/FAX：03-3865-8017 営業時間 10：00-18：30
URL：http://www14.plala.or.jp/kutuya/ e-mail：d-west@imail.plala.or.jp

**浅草橋西口店**
東京都台東区浅草橋1-24-5
TEL/FAX：03-3851-8039 営業時間 10：00-19：00

**日暮里店**
東京都荒川区東日暮里5-3-11
TEL/FAX：03-3805-8041 営業時間 9：30-18：30

**日暮里アネックス店**
東京都荒川区東日暮里5-24-1
TEL/FAX：03-3805-8014 営業時間 9：30-18：30

---

**ヴィシーズ高崎店** 群馬県高崎市上中居町487番1
TEL：027-310-6011 FAX：027-321-2411 営業時間 10：00-20：00
URL：http://www.vivahome.co.jp/vcs/default.htm

**スーパービバホーム鴻巣店ヴィシーズ館**
埼玉県鴻巣市大字箕田1771-1
TEL：048-595-2818 FAX：048-595-2817 営業時間 9：00-20：00

**スーパービバホーム埼玉大井店ヴィシーズ館**
埼玉県ふじみ野市西鶴ヶ丘1-3-15
TEL：049-278-7931 FAX：049-278-7930 営業時間 9：00-20：00

**スーパービバホーム三郷店ヴィシーズ館**
埼玉県三郷市彦倉2-111
TEL：048-949-5631 FAX：048-949-5630 営業時間 9：00-20：00

**スーパービバホーム長津田店ヴィシーズ館**
神奈川県横浜市緑区長津田みなみ台4-6-1
TEL：045-988-6331 FAX：045-988-6330 営業時間 10：00-21：00

**スーパービバホーム新習志野店ヴィシーズ館**
千葉県習志野市茜浜1-1-2
TEL：047-408-2731 FAX：047-408-2730 営業時間 10：00-20：00

---

**エル・シブヤ** 東京都渋谷区渋谷2-8-11
TEL：03-3407-8641 FAX：03-3407-8624 営業時間 10：00-18：00

---

**株式会社　麻生商店** 北海道札幌市中央区南一条西7-10
TEL：011-231-4844 FAX：011-231-4845 営業時間 10：00-17：00
URL：http://www.lucifer-g.jp/aso/ e-mail：tomfuk@mx31.tiki.ne.jp

---

**株式会社　すずらん** 長野県松本市南松本1-2-2
TEL：0263-25-3311 FAX：0263-28-7887 営業時間 10：00-18：00 (日祝日 11：00-17：00)
URL：http://www.leather-suzuran.jp/ e-mail：info@leather-suzuran.jp

---

**株式会社　東急ハンズ** URL：http://www.tokyu-hands.co.jp/

**札幌店**
北海道札幌市中央区南1条西6-4-1
TEL：011-218-6111 営業時間 10：00-20：00

**渋谷店**
東京都渋谷区宇田川町12-18
TEL：03-5489-5111 営業時間 10：00-20：30

**新宿店**
東京都渋谷区千駄ヶ谷5-24-2 タイムズスクエアビル2F-8F
TEL：03-5361-3111 営業時間 10：00-20：30

**池袋店**
東京都豊島区東池袋1-28-10
TEL：03-3980-6111 営業時間 10：00-20：00

**銀座店**
東京都中央区銀座2-2-14 マロニエゲート5F-9F
TEL：03-3538-0109 営業時間 11：00-21：00

**横浜店**
神奈川県横浜市西区南幸2-13
TEL：045-320-0109 営業時間 10：00-20：00

**名古屋店**
愛知県名古屋市中村区名駅1-1-4 JR名古屋タカシマヤ4F-10F
TEL：052-566-0109 営業時間 10：00-20：00

**心斎橋店**
大阪府大阪市中央区南船場3-4-12
TEL：06-6243-3111 営業時間 10：30-21：00

**三宮店**
兵庫県神戸市中央区下山手通2-10-1
TEL：078-321-6161 営業時間 10：30-20：30

**広島店**
広島県広島市中区八丁堀16-10
TEL：082-228-3011 営業時間 10：00-20：00

---

**株式会社　まきの商店** 鹿児島県鹿児島市東千石町15-10
TEL：099-226-3551 FAX：099-226-7851
営業時間 月-土 10：00-19：30 日曜 10：30-19：00
URL：http://www.makino-hobby.com/ e-mail：rakuraku@makino-hobby.com

---

**(有) ローハイド** 北海道函館市東山2-1-33
TEL：0138-56-1564 FAX：0138-56-7887 営業時間 10：00-18：00
URL：http://www.rawhide.jp e-mail：info@rawhide.jp

---

**唐澤商店** 東京都千代田区外神田4-4-3
TEL：03-3253-7921 FAX：03-3253-7922 営業時間 10：00-19：00
URL：http://www.kawaya.co.jp/ e-mail：karasawa@as.airnet.ne.jp

---

**革工芸品の店　きくや** 沖縄県那覇市松尾2-17-26
TEL/FAX：098-862-4426 営業時間 12：00-18：00
e-mail：hrmm11187@estate.ocn.ne.jp

---

**革工房MOROA** 神奈川県横浜市中区曙町2-14
TEL/FAX：045-252-2036 営業時間 12：00-19：00
URL：http://www.moroa.jp e-mail：kawa-kobo@moroa.jp

ユザワヤ浦和店
埼玉県さいたま市浦和区高砂2-5-14
TEL：048-834-4141（代表） FAX：048-832-8686 営業時間 10:00-19:00

ユザワヤ大和店
神奈川県大和市大和東1-2-1
TEL：046-264-4141（代表） FAX：046-261-8686 営業時間 10:00-20:00

ユザワヤ津田沼店
千葉県習志野市谷津7-7-1
TEL：047-474-4141（代表） FAX：047-472-8686 営業時間 10:00-20:00

ユザワヤ神戸店
兵庫県神戸市中央区三宮町1-3-26
TEL：078-393-4141（代表） FAX：078-321-5252 営業時間 10:30-19:30

■ レザークラフト ぱれっと 愛知県名古屋市緑区池上台3-110-27
TEL/FAX ：052-892-6075 営業時間 11：00-18：00
URL ：http://p-leather.net/ e-mail：palette@p-leather.net

■ レザークラフト フェニックス 大阪府大阪市浪速区敷津東1-4-17
TEL ：06-6632-1327 FAX ：06-6643-7391 営業時間 9：00-17：30
URL ：http://www.1-phoenix.jp/ e-mail：kaz@wonder.ocn.ne.jp

■ レザーショップ アンダーウッド 愛知県名古屋市東区矢田南1-6-27
TEL ：052-712-0722 FAX ：052-712-5538 営業時間 10:00-17:30
URL ：http://www.na.rim.or.jp/~milc e-mail：milc@na.rim.or.jp

■ レザーショップ すずき 神奈川県藤沢市鵠沼1-16-1
TEL/FAX ：0466-27-3466 営業時間 10:00-18:00
URL ：http://www.leather-suzuki.jp e-mail：info@leather-suzuki.jp

■ LEATHER SHOP めいむ 岩手県盛岡市大通2-2-15さわや書店3F
TEL ：019-653-3525 営業時間 11：00-18：00
URL ：http://www.meimu.com/ e-mail：shop@meimu.com

■ レフティーズ レザークラフト 島根県益田市津田町698-9
TEL ：0856-27-2102 FAX ：0856-27-2102 営業時間 9:00-18:00
URL ：http://leftysleathercraft.com/ e-mail：lefty-info@h8.dion.ne.jp

## *WEB SHOP*

琳琅滿目的皮革材料及工具，都可以在全世界網路店家中找到你想要的東西，更重要的是不用出門就能上網購買。網路商店各有特色，購買前應仔細瀏覽說明，確保自身的權益。

■ LLツール（レフティーズ レザークラフトweb店）
URL ：http://leathertools.jp/（LLツールズ） e-mail：lefty-info@h8.dion.ne.jp

■ グラスロードカンパニー（クラフトハウス楽天市場店）
TEL/FAX ：092-713-4300 営業時間 オーダーは年中無休、24時間受付
URL ：http://www.rakuten.co.jp/grass-road/

■ クラフトパーツ屋
大阪府八尾市東町1-37-2
TEL ：072-922-4595 FAX ：072-923-3095
URL ：http://www.rakuten.co.jp/auc-craftparts/ e-mail：suwawa2006@craftparts-wayuu.co.jp

■ シュゲール
愛知県名古屋市名東区猪子石2-1607
TEL ：0120-081000 FAX ：0120-766233 営業時間 9：45-17：00
URL ：http://www.shugale.com/

■ 総合レザークラフトすずらん
長野県松本市南松本1-2-2
TEL ：0263-25-3311 FAX ：0263-28-7887 営業時間 10：00-18：00/日・祝10：00-15：00
URL ：http://www.leather-suzuran.jp/ e-mail：info@leather-suzuran.jp

■ パーリィー
東京都練馬区上石神井1-11-10
TEL ：03-3920-3850 FAX ：03-3920-3886
URL ：http://www.parley.co.jp/ e-mail：info@parley.co.jp

■ Hand made Custum Leather's Awake （株式会社 I☆N FACTORY）
神奈川県横浜市中区曙町3-32 ワインプラザ1F
TEL ：045-241-8620 営業時間 11：00-22：00
URL ：http://www.kawazairyo.com/ e-mail：kawazairyo@lake.ocn.ne.jp

■ レザークラフト・タカタ（高田革工房）
広島県広島市幟町12-20 雅富ビル2階
TEL ：082-222-5340 FAX ：082-222-5657 営業時間 10：00-18：00
URL ：http://www.kawakobo-tkt.com/ e-mail：tkt-kobo@crest.ocn.ne.jp

■ レザークラフト・ドット・ジェーピー
TEL ：0867-42-8004 FAX ：0867-42-8884
営業時間 9：00-18：00（オーダーは24時間）
URL ：http://www.leathercraft.jp/ e-mail：info@leathercraft.jp

■ レザーマーケットTARUGO
沖縄県那覇市安謝2-5-3
TEL/FAX ：098-988-0317 blog：http://tamasiro.ti-da.net/
URL ：http://tamasiro.cart.fc2.com/ e-mail：tarugo4521@yahoo.co.jp

■ レザーマニア
愛知県知多郡武豊町字口田13-2
TEL ：0569-89-6500 FAX ：0569-89-6501 営業時間 13：00-19：00（オーダーは24時間）
URL ：http://leathermania.jp/ http://www.kawazou.com/ e-mail：arigato@leathermania.jp

■ LEATHER WORKS
URL ：http://www.leatherworks.jp e-mail：info@leatherworks.jp

# Special Thanks

## クラフト社

### 荻窪店
東京都杉並区荻窪5-16-15　TEL: 03-3393-2229
http://www.craftsha.co.jp/

### 受注センター
東京都葛飾区奥戸4-13-20　TEL: 03-5698-5511

### クラフト学園
東京都杉並区荻窪5-16-21 2F　TEL: 03-3393-5599

## PAPA-KING

代表　小林徹也　氏

### PAPA-KING
東京都世田谷区上北沢4-12-8 鳴川ビル403
TEL: 03-3393-5599
http://www.papa-king.com/

## LEATHER WORKS HEART

代表　鴨志田昌子　氏

### LEATHER WORKS HEART
東京都品川区小山3-23-5 宝屋2階
TEL: 03-3781-8818
http://www.heart49.com/

## SOUGA

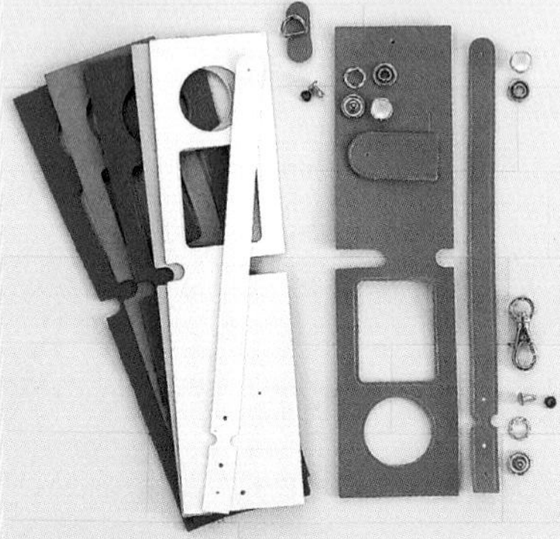

代表　狩野雅代　氏

### SOUGA／想画（ソーガ）
iPod nanoケースの制作キットを販売中。売切次第終了のため、詳しくは下記HPまで
http://souga.net/

# INDIAN

## LEATHER CRAFT
## 皮革創意工場

- 門市地址:新北市三重區中興北街136巷28號3樓
- NO.28,LANE136,CHUNG HSING N .ST. SAN CHUNG,TAIWAN
- TEL +886-2-29991516 (週一至周六 AM09:00~PM17:00)
- FAX +886-2-29991416

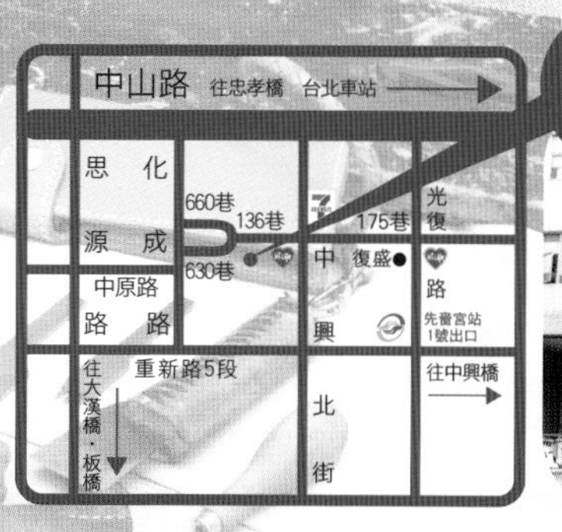

www.silverleather.com

TITLE

# 愛上皮革小物

STAFF


出版　三悅文化圖書事業有限公司
作者　高橋矩彥
譯者　林麗秀

總編輯　郭湘齡
責任編輯　闕韻哲
文字編輯　王瓊苹
美術編輯　李宜靜
排版　執筆者設計工作室
製版　明宏彩色照相製版股份有限公司
印刷　桂林彩色印刷股份有限公司

代理發行　瑞昇文化事業股份有限公司
地址　新北市中和區景平路464巷2弄1-4號
電話　(02)2945-3191
傳真　(02)2945-3190
網址　www.rising-books.com.tw
e-Mail　resing@ms34.hinet.net

劃撥帳號　19598343
戶名　瑞昇文化事業股份有限公司

本版日期　2013年7月
定價　320元

國家圖書館出版品預行編目資料

愛上皮革小物 ／ 高橋矩彥作；林麗秀譯.
-- 初版. -- 台北縣中和市：三悅文化圖書，2010.10
176面；18.2×21公分

ISBN 978-986-6180-15-6 (平裝)

1.皮革　2.手工藝

426.65　99019383



國內著作權保障，請勿翻印 ／ 如有破損或裝訂錯誤請寄回更換
KAWAII TEDUKURI NO KAWAKOMONO-KANTAN NI TSUKURERU KAWA NO KOMONO
Copyright © 2009 STUDIO TAC CREATIVE CO. , LTD.
All rights reserved.
Original Japanese edition published in Japan by STUDIO TAC CREATIVE CO. , LTD.
Chinese (in complex character) translation rights arranged with STUDIO TAC
CREATIVE CO. , LTD. , through KEIO CULTURAL ENTERPRISE CO. , LTD.